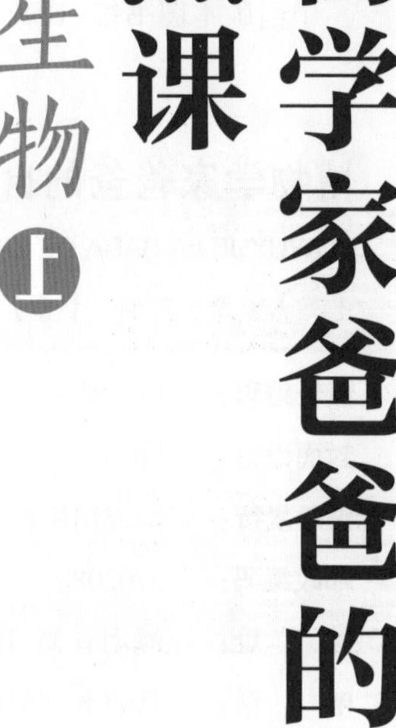

博物学家爸爸的自然课

陆地生物（上）

〔英〕威廉·霍顿 著
田烁 译

南方出版社
海口

图书在版编目（CIP）数据

陆地生物 / (英) 威廉・霍顿著；田烁, 李坤钰译
. —海口：南方出版社, 2022.7（2022.9重印）
（博物学家爸爸的自然课）
ISBN 978-7-5501-7668-3

Ⅰ. ①陆… Ⅱ. ①威… ②田… ③李… Ⅲ. ①生物学
—儿童读物 Ⅳ. ①Q-49②Q94-49

中国版本图书馆CIP数据核字(2022)第116114号

博物学家爸爸的自然课：陆地生物

BOWUXUEJIA BABA DE ZIRANKE：LUDI SHENGWU

〔英〕威廉・霍顿 【著】　田烁 【译】

责任编辑：高　皓
封面设计：Lily
出版发行：南方出版社
邮政编码：570208
社　　址：海南省海口市和平大道70号
电　　话：（0898）66160822
传　　真：（0898）66160830
经　　销：全国新华书店
印　　刷：河北鹏润印刷有限公司
开　　本：710 mm×1000 mm　1/16
印　　张：31
字　　数：347千字
版　　次：2022年7月第1版　2022年9月第2次印刷
定　　价：298.00元（全四册）

出版说明

这是一套轻松有趣的博物学少儿读物，共分《陆地生物》（上、下）、《海洋生物》（上、下）四册。作者威廉·霍顿（William Houghton）是英国博物学家，担任过大英博物馆研究员，书中内容是他陪自己的三个孩子（儿子威利、杰克，女儿梅）去野外探索大自然的过程。作者带着孩子们去田野、沼泽、树林、河边、海岸等地，观察了哺乳动物、鸟类、鱼类、昆虫、软体动物、环节动物、植物、菌类、藻类等多种多样的生物，在互动与交流中，向孩子传达了丰富的博物学知识。

这套书的英文原版在出版之初，就以其新颖的表达方式、生动的语言、丰富而准确的知识赢得了广大小读者的欢迎，并且得到了科学界的认可，权威科学刊物 *Nature*（《自然》杂志）上刊登了新书推荐，被牛津大学、耶鲁大学等世界级名校收藏。

书中内容是作者以第一人称向孩子们讲述的，所以他对孩子们说的话没有加引号。他对其他人说的话、引用部分，以及孩子们与其他人的话则加了引号，以示区分。

这套书一共配有四百三十余幅图片，能够让孩子们更加直观地了解书中提到的各种生物的形态、结构与特征。

为了使内容表达更加科学准确，本书对各种生物的称呼均采用中文正式名，且附有拉丁学名，如果某一种生物有接受度较为广泛的俗称，也会标注出来。比如我们俗称的知更鸟，它的中文正式名是欧亚鸲，拉丁学名是 *Erithacus rubecula*。

希望孩子们在阅读完这套书后，能更加愿意去观察自然、了解自然，体会大自然的妙趣。

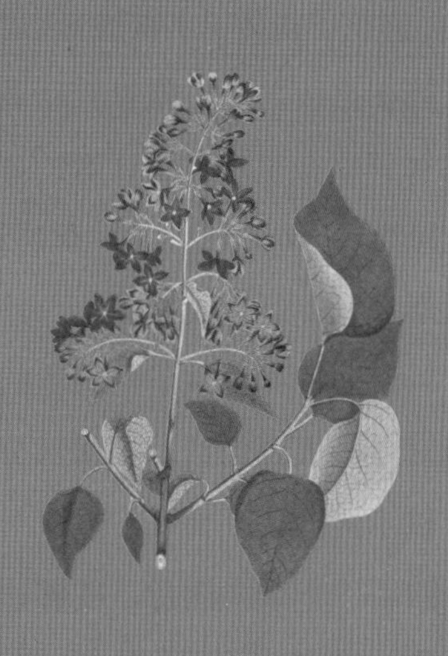

目录

第一课　去沼泽探索

第二课　沿运河漫步

第三课　探索池塘和田野

第四课　再次沿运河漫步

第五课　去河边观察生物

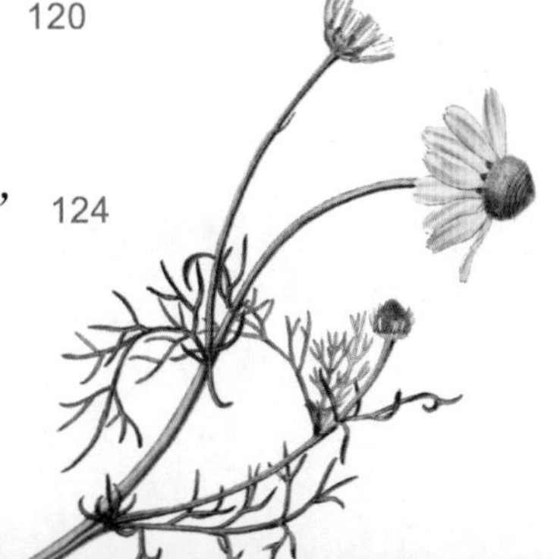

第一课 去沼泽探索

1 燕子：飞越大海的旅行家

孩子们，要想去田野中漫步，今天可是再合适不过了。风和日丽，阳光明媚，鸟儿们快乐地歌唱，尽情享受阳光，羊儿们跳来跳去地赛跑。放下手里的课本，我们放个假吧！

“今天会是非常开心的一天！我要带上一两个瓶子和捕虫网，因为我们肯定能带回家一些有趣的东西。我们要去哪儿？”威利说。

我觉得去哪儿并不重要，因为在这乡野之间，到处都有值得观察和欣赏的东西。

“那我们去沼泽吧。”杰克说，“爸爸，村子里的一个小男孩儿告诉过我，他找到了一个凤头麦鸡的巢，里面有四个蛋呢。我也要试着找一个。”

看，我们到了。我们在游玩的路上要跳过一两道小水沟，岸边的泥土很软，所以要小心一些，不要陷进去。

你们看到了吗？那里有两只崖沙燕，这是我今年头一次见呢。看它们飞得多快啊，一会儿在高空翱翔，一会儿又紧贴着地面飞行。我今年还没有见到过家燕和白腹毛脚燕，但过不了几天，它们肯定会出现。

崖沙燕（*Riparia riparia*）

“爸爸，它们是从哪儿来的呀？”梅问，“我们在冬天是不是从没见过这些鸟？您经常说，燕子在春天到来，在夏天结束的时候飞走。”

来，坐在这堆木头上，听我讲讲有关燕子的知识。

在英国，我们每年能见到四种不同的燕子，它们都来自非

家燕（*Hirundo rustica*）

白腹毛脚燕（*Delichon urbicum*）

洲：我们刚刚见到的两只是崖沙燕，此外还有家燕、白腹毛脚燕和普通楼燕（简称“楼燕”）。

区分这些燕子的方法很简单：崖沙燕个头儿最小，在它从我们身边掠过时，你会看到它的背部是深灰褐色的——也就是小老鼠的颜色，腹部是白色的；白腹毛脚燕的背部是带有光泽的黑色或蓝黑色，腹部也是白色的；家燕的体型比前两种都大，背部和白腹毛脚燕一样，黑得发亮，但它的腹部或多或少带一些米黄色。

看，现在就有一只家燕飞了过去。

今天是4月12日，正是家燕来到我们这里的时节。现在你们能清楚分辨出它的颜色了。你们也注意到了吧，家燕尾巴的形状

普通楼燕（*Apus apus*）

非常特殊。看它的尾巴分叉分得多厉害，比崖沙燕和白腹毛脚燕明显不少呢。这是因为家燕最外侧一对尾羽的长度比里面的尾羽多出不少。

现在，我希望你们能分辨出它们的不同之处，叫得出它们的正式名称，而不是笼统地叫作“燕子”。

最后只剩楼燕了。它到五月份才会来这里，是整个燕子家族里体型最大的。它全身上下都是黑褐色的，只有下颚是灰白色的。

“爸爸，”杰克问，“这四种燕子都来自非洲吗？它们怎么认得从非洲到这里的路，又是怎么精准地找到去年曾待过的地方的？这太奇妙了。”

的确非常奇妙。不过已经有实验证明，这些燕子每年都会回到同一个地方。

许多年前，琴纳[①]从格洛斯特郡的一所农舍弄来一些楼燕。他选出其中的十二只，然后分别剪掉它们的两个趾甲，作为标记。第二年，琴纳趁夜里楼燕睡觉时，查看了它们栖息的地方，发现了许多他曾标记过——被剪掉两个趾甲的楼燕。他接连观察了两三年，都能找到一些被标记过的楼燕。在第七年的年末，一只猫将一只楼燕叼进了农夫的厨房，这正是琴纳曾标记过的一只楼燕。

威利，我现在要考考你的地理知识。既然燕子是从非洲来的，那么你知道它们必将飞过哪个海洋吗？

“地中海，爸爸。”

非常正确。你能告诉我地中海最狭窄的部分叫什么名字吗？

“直布罗陀海峡。”

又答对了。直布罗陀海峡最狭窄的地方只有十三千米，在那里经常能看到家燕、楼燕、崖沙燕和白腹毛脚燕，还有许多前来英国的其他鸟儿。船上的乘客曾见过家燕穿梭于欧洲和非洲之间。有时候，有些可怜的鸟儿飞得太累了，就得在桅杆、甲板和绳索上歇歇脚。这情形通常发生在多雾的天气。

---

① 爱德华·琴纳（Edward Jenner），英国医生、医学家、自然科学家，以研究及推广牛痘疫苗、防治天花而闻名，被称为“免疫学之父”。

2 水鼯：被冤枉成家鼠的小家伙

嘿！杰克，大约六米之外的水里突然“扑通”响了一声，那里有什么吗？安静，我们来看看究竟是什么东西。

它是我们的好朋友——水鼯（píng）。我看到那个小淘气了，它的牙齿黄黄的，眼睛黑黑的。你们看到了吗？它在水沟的另一边，正在啃着什么东西。

水鼯（*Arvicola amphibius*）

人们通常把水鼯叫作“水家鼠”，但它和家鼠（俗称老鼠，常见的有褐家鼠、屋顶鼠、小家鼠）完全没有关系，也不是有害动物。

“但是，爸爸，”威利说，“村子里的

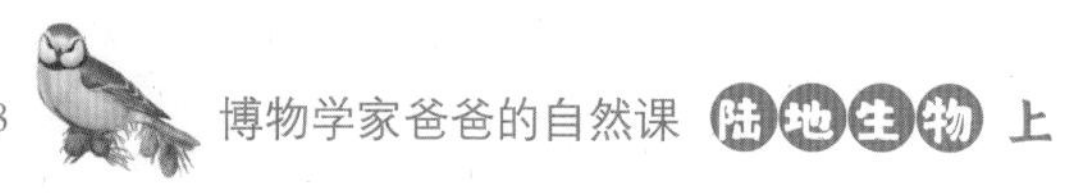

褐家鼠（*Rattus norvegicus*）

屋顶鼠（*Rattus rattus*）

小家鼠（*Mus musculus*）

人就是叫它水家鼠，而且只要一逮到就会杀死。我觉得人们把它当作普通家鼠了。您是说它无害吗？”

几乎无害。水䶄不会吃小鸡和小鸭，也不会躲进粮食堆里偷吃谷物；它们只吃植物，比如水草的根茎。但是，我敢肯定水䶄喜欢吃豆子，如果河流或小溪岸边有一片刚播种的豆田，它们偶尔也会捣蛋，它们的洞就在岸边。

我拍拍手，这位穿着褐色衣服的小朋友就钻入水中不见了，当它再次出现的时候，大概就是在岸上的一个洞口了。以后我给你们看看水䶄和家鼠的头骨，你们会发现，它们牙齿的形状和排列差别很大，就像我刚才说过的，这两种动物毫无关系。水䶄的亲戚是一种你们在书中见过的有趣生物——河狸。

3 凤头麦鸡：喜好争斗的农夫帮手

“爸爸，”杰克说，“我不想继续坐在这儿了，我们去找凤头麦鸡吧。”

好的，杰克。但凤头麦鸡是非常有价值的鸟类，并且益处很多，我们不能拿走它们的蛋。我们最好分头行动，这样找到巢的机会更大。

不一会儿，我们就听到了威利的喊声，他的眼睛很敏锐，找到了一个巢，里面有四个蛋。我们全都朝他跑去。

看，鸟妈妈在尖叫着拍打翅膀，来到了离我们很近的地方。它知道我们已经找到了它的蛋，想把我们引开，所以假装受伤，让我们去追它。

杰克果然跑去捉它了。哈哈！孩子们都去了。我会帮凤头麦鸡一把，不让杰克靠近。你们不再捉它了吗？那就喘口气，歇一歇吧。

你们看，凤头麦鸡筑出来的甚至算不上巢，只是在地上挖一个洞，再放一些干草。凤头麦鸡会误导人们，让人们认为它的蛋在别的地方。这是一种非常神奇的本能。

一位很善于观察的博物学家说：“只要有人出现在凤头麦鸡

凤头麦鸡（*Vanellus vanellus*）

的巢附近，它就会弯着身子，悄悄离开巢，迅速跑开一段距离后再大叫着发出警报，让人认为巢就在它所在的地方。同样，孵化出的凤头麦鸡雏鸟，它们的栖身之地并不在鸟爸爸和鸟妈妈尖叫、扑腾翅膀的地方，反而在稍远处。一旦你真的靠近了雏鸟所在的巢，鸟爸爸和鸟妈妈会飞到离你大约一百米的地方，盯着你的一举一动。如果你抓起一只雏鸟，无论是鸟爸爸还是鸟妈妈都会丢掉一切伪装，尖叫着在你的头顶周围盘旋，好像要飞到你的脸上来。”

当雏鸟身处险境时，凤头麦鸡是非常勇敢的。查尔斯·圣约

冠小嘴乌鸦（*Corvus cornix*）

翰[1]先生说，他经常看到冠小嘴乌鸦像猎犬一样侵扰凤头麦鸡出没的田地，在离地面几米高的空中盘旋，搜寻凤头麦鸡的蛋。狡猾的乌鸦总会挑鸟爸爸和鸟妈妈离家去岸边的时候行动。鸟爸爸和鸟妈妈一旦发现了乌鸦，就会一起把它赶走。凤头麦鸡会攻击任何在它们的巢穴附近猎食的鸟。

凤头麦鸡十分好斗，如果两只雄鸟离得太近，它们就会正面交锋。有一次，一只雄鸟攻击了另一只受了伤的雄鸟，因为后者靠近了它的巢——好斗的小家伙追赶着那只入侵者，见它受了伤，便趁势跳到它身上，啄它的头，像斗鸡一样凶猛地把它拖在地上跑。圣约翰先生亲眼看到了这一过程。

"我经常听到凤头麦鸡发出奇怪的叫声，通常还是在半夜。"威利说，"它们吃什么？我好想养一只温顺的小凤头麦鸡。"

凤头麦鸡吃昆虫、蠕虫、蜗牛、蛞蝓（kuò yú），以及各种昆虫的幼虫。它们消灭了许多害虫，帮了农夫不少忙呢。

---

① 查尔斯·威廉·乔治·圣约翰（Charles William George St. John），英国博物学家、运动员，著有《苏格兰高地的野外运动和自然史简图》《莫里郡的自然史和运动笔记》。

4 驴蹄草：开在水边的“五月花”

“爸爸，”梅叫道，“快来这儿，水沟的这一侧长了一簇美丽的金色花朵！”

的确，多美的一簇花啊。这是驴蹄草，看起来像放大版的毛茛（gèn）。它通常在三月就开花了，能一直开三个多月呢。

驴蹄草被乡下人叫作“五月花”，是编花环的材料之一——我敢说你们曾见过挂在村舍门上的花环。

我还在某本书里读到过，人们有时会用驴蹄草的嫩芽腌菜，以替代酸豆，但我是不会尝试的。

驴蹄草（*Caltha palustris*）

5 水罗兰：被叫错名字的水生花

“水下那丛鲜绿色、像羽毛一样的植物是什么？它们很漂亮，但没有开花。”梅问。

是的，它们现在没有开花，但是再过一个月，你就会看到很多花了。一根长长的茎会从中间长出来，上面会长出四至六朵淡紫色的花，每两朵花之间都相隔一定距离。

它叫水罗兰，但这个名字并不恰当，因为它和紫罗兰家族完全没有关系，而是属于报春花科。所以，我们更应该叫它“水生报春花”。它的拉丁文学名叫 *Hottonia palustris*，这是为了纪念来自莱顿（荷兰城市）的霍顿[①]教授，他是一位植物学家。

“我知道 *palustris* 的意思是‘沼泽的’，指的就是水罗兰生长的地方。”威利说。

没错，这种植物在沼泽地的小水沟里随处可见，等它开花的时候，我会带你们来看看它漂亮的、长长的茎。

① 本名为佩特鲁斯·胡图因（Petrus Houttuyn），荷兰医学家、植物学家，通常被称为彼得·霍顿（Peter Hotton）。

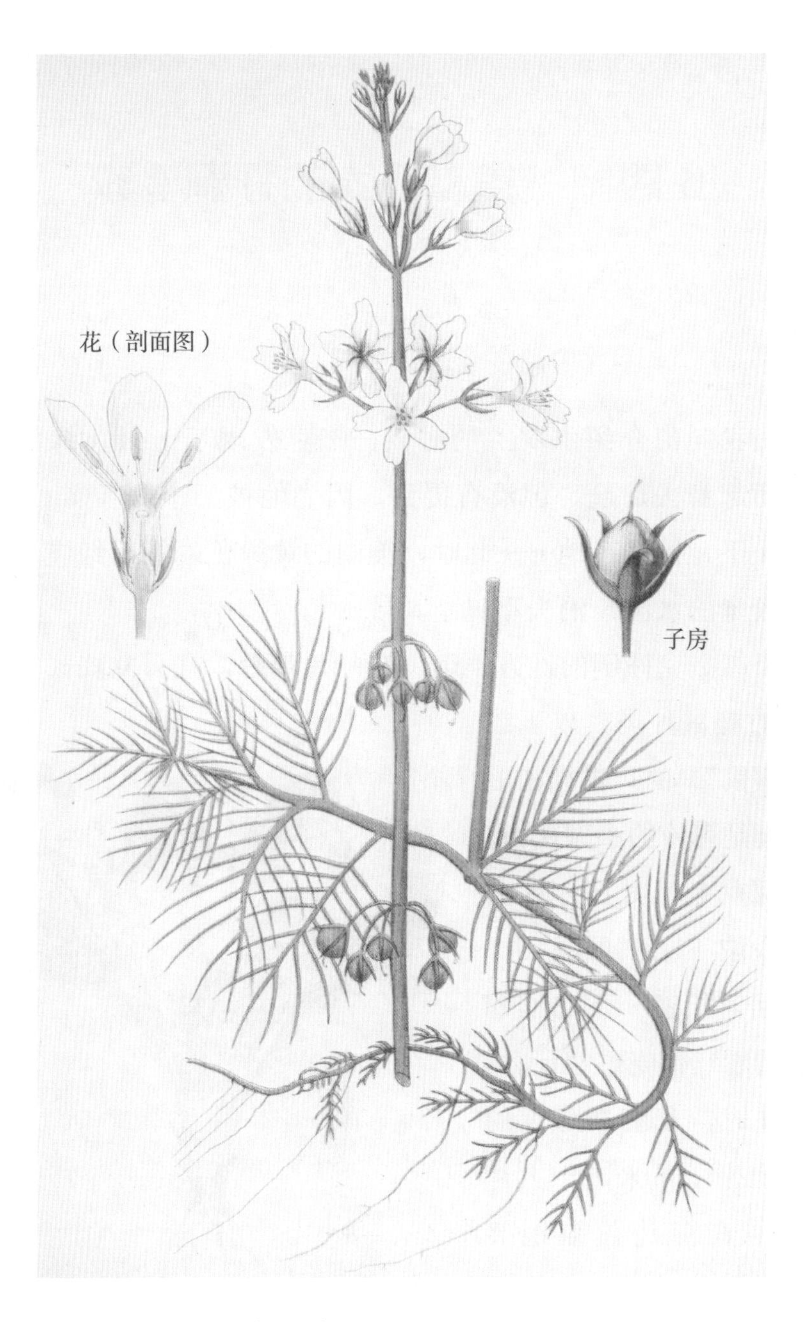

水罗兰（*Hottonia palustris*）

6 鼹鼠：食量巨大的打洞专家

在我向梅介绍水罗兰的时候，杰克发现了一只黄绿色的蝴蝶，便起身去追赶，但没有捉到，因为他被一个鼹（yǎn）鼠丘绊了一下，摔倒在地——此时，美丽的黄绿色蝴蝶已经飞过了一个比较宽的水沟，消失不见了。

距离杰克摔倒的地方不远，有一片荆棘，几只欧鼹（分布于欧洲的鼹鼠种类，以下统称“鼹鼠”）的尸体挂在上面，真是可怜的小家伙们。有些鼹鼠是近几日才死去的。我取下了三四只，打算带回家检查一下它们的胃，看看它们吃过些什么。

欧报春（*Primula vulgaris*）

此时，我们在邻近的河岸上坐了下来，一大片欧报春在旁边盈盈地笑着，散发着香气。

威利想知道关于鼹

鼠的故事，想知道为什么人们通常认为杀死它们是合情合理的，还想知道它们是不是真的瞎子。梅则沉浸在摘下欧报春，回家送给妈妈的快乐之中。两个男孩儿对动物更感兴趣，我便回答了他们有关鼹鼠的问题。

欧鼹（*Talpa europaea*）

我首先告诉他们，鼹鼠的脚有着惊人的力气，皮毛光滑柔软，身体灵活轻盈，能适应地下通道的形状，让自己快速通行。瞧它那身能弯向各个角度的柔软皮毛，并且每根精致的毛发都垂直地生长在表皮上，这样它就可以很轻松地向前或向后快速移动。鼹鼠的皮毛可以朝向任意方向，使得它在后退时也毫无压力。

我用手指拨开了鼹鼠眼睛周围的毛发，你们如果仔细看，会看到两个小小的黑眼睛，所以它并不是瞎子。但由于鼹鼠长期生活在地下，所以它的视力非常差。它的前爪既能做锹又能当铲。它的嗅觉非常灵敏，这当然对寻找食物有很大帮助。它的听力也很灵敏。

“但是，爸爸，”杰克说，“鼹鼠没有耳朵，它怎么能听到呢？”

的确，从表面上看，鼹鼠似乎没有耳朵。但你们看，只要把毛发吹开，就能清楚地看到一个洞，这个洞连接着它的内耳。许多动物耳朵的构造都很神奇，能让它们接收到声音。你们不能因为一些动物——比如鼹鼠、海豹、鲸鱼等——没有外耳，就以为它们听不到。等你们再长大一些后，我会仔细解释这一原理。听小骨造型奇特，所有哺乳动物都有，鼹鼠也不例外。我房间的抽屉里就有一块听小骨，是我从鼹鼠身上解剖下来的。

幸运的是，今天来了一位抓鼹鼠的专家，让我们听听他是怎么说的。

"早上好，抓鼹鼠的先生。您今天布下陷阱了吗？我猜那些死在荆棘上的可怜的小家伙们是您抓的吧。"

"没错，先生，"他回答道，"我猜我已经阻止了它们的捣乱，但它们带来的麻烦还多着呢。"

"您认为鼹鼠能作什么恶呢？"我问。

"作恶？先生，看看它们堆出的小丘。我向您保证，农夫们可不喜欢这些丑陋的土丘。"

"也许吧，不过毕竟要是推平这些土丘，土壤就会像施了肥一样。您知道鼹鼠吃什么吗？"

"先生，我认为它们吃蠕虫。"

"是的，它们主要吃蠕虫，但也吃金针虫（叩甲科幼虫的统称）和其他残害庄稼的生物。我觉得鼹鼠还是功大于过的，我查看过许多鼹鼠的胃，个人认为杀害它们是不对的。"

"天啊，您这种绅士还会查看鼹鼠的胃？您或许是个聪明人，但鼹鼠就是坏家伙。"说完这些，老者向我们道了早安便离去了。

"爸爸，"威利说，"鼹鼠是不是会在地下挖一些奇妙的通道，它时常住在哪里呢？我想我曾在哪儿见过鼹鼠在地下安营扎寨的图片。”

鼹鼠和它的地洞

确实如此，但我只听别人描述过，看过图片。鼹鼠通常会将堡垒建造在土丘下面，其中遍布着纵横交错的通道，正中央有一个小房间，与各条通道连接在一起。

你们还记得吗？去年夏天，有人送给我们一只小鼹鼠，我们把它养在一个装满松土的盒子里，还放进去一些蚯蚓。可惜它只活了一两天。一天早上，我发现它已经死了。我猜测是因为食物不够。

鼹鼠的食量巨大，据一些博物学家的观察，鼹鼠还会吃鸟类。贝尔[①]先生说过，在特殊情况下，残忍的鼹鼠就连虚弱的同类也不放过——如果一个盒子里装了两只鼹鼠，食物却不够，那么较弱的那只一定会被较强的那只吃掉。纯种斗牛犬在猎捕食物时，都没有鼹鼠那么又准又狠。

杰克逊先生是一位十分聪颖的抓鼹鼠高手，他说在他小的时候，曾有一只鼹鼠狠狠地抓住了他的手，怎么甩也甩不掉。最终，他只好用牙咬住鼹鼠，把它拽开。

---

① 托马斯·贝尔（Thomas Bell），英国动物学家、外科医生、作家，著有《英国四足动物志》等。

7 苍鹭：爱吃鳗鱼的长腿大鸟

我们继续向前漫步，然后我看到在大约一百米之外，有一只苍鹭站在岸边。它一开始没有发现我们，但我们走近后，它便飞走了，将长长的腿在身后伸展开来，头弯向自己的肩膀。显然，它刚刚在捉鱼，因为我们能看到岸边的鱼鳞。

威利问苍鹭的巢是不是建在树上，而杰克想知道苍鹭坐下的时候，那长长的腿该怎么摆放。

苍鹭在繁殖期里会聚集在一起，把巢筑在高高的冷杉或橡树上，有时也会筑在海岸边的石头上，偶尔也会在地面筑巢。和秃鼻乌鸦的巢相比，苍鹭的巢更大、更宽敞。苍鹭用树枝筑巢，再铺上毛和粗糙的草。雌苍鹭一次会下四五个绿色的蛋，坐的时候会将长腿藏在身下。秃鼻乌鸦和寒鸦有时会住在苍鹭巢的附近。你们知道吗？这些盗贼会偷苍鹭的蛋，并且吃掉。

苍鹭爸爸和苍鹭妈妈都会悉心照料它们的宝宝，给它们喂食。除了鱼，苍鹭还吃水蛙、家鼠、小鸭子和白骨顶[①]。在苍鹭眼中，鳗鱼可是美味佳肴，然而有些时候，苍鹭用它尖利强壮的喙把鳗鱼剥皮后，鳗鱼还会设法弯起身子，缠绕在苍鹭的脖子上，让它窒息而死。

在中世纪，英国国王颁布过狩猎法，将苍鹭规定为王室专属

---

① 详见《陆地生物》（下）第177页。

苍鹭 (*Ardea cinerea*)

秃鼻乌鸦 (*Corvus frugilegus*)

寒鸦 (*Corvus monedula*)

猎物。王室成员们觉得，亲眼观赏游隼（sǔn）猎捕苍鹭是非常刺激的。

游隼（*Falco peregrinus*）

8 翠鸟：羽毛鲜亮的捕鱼能手

就在我们顺着溪流慢慢走时，岸边直冲冲地飞出两只普通翠鸟（简称“翠鸟”），它们速度极快，并且发出尖厉的叫声。它们飞了约二百米之后，落在水边的栏杆上。

看看我们能不能再靠近一点儿，然后坐下来观察它们会做些什么。

“爸爸，”梅说，“翠鸟非常漂亮，是英国最鲜亮的鸟，对不对？”

普通翠鸟 (*Alcedo atthis*)

是的，它绚丽夺目的羽毛让人想起华丽的热带鸟类，英国再没有比它更艳丽的鸟了。

你们看到了吗？其中一只翠鸟如箭似的冲进了水中。我敢肯定，它抓到了一条小鱼。现在，它又回到了那根栏杆上，我能从望远镜里看到它抬头吞下了那美味的食物。人们经常能看到翠鸟像红隼一样盘旋在水面上空，它会突然俯冲进水中，再浮出水面，通常能抓一条鱼当晚餐，很少失败。

“爸爸，您找到过翠鸟的巢吗？”威利问道。

是的。几年前，我在河岸上发现了一个洞，洞里就是翠鸟的巢。巢里有四个蛋，我得把整条胳膊伸进去才够得到。巢里有沙子，混杂着很多非常小的鱼骨。翠鸟的蛋非常漂亮，带着点儿精致的粉色，壳很薄，几乎是完美的球形。

“但是，”杰克问，“巢里的小鱼骨是哪儿来的？”

我想我曾经告诉过你们，许多鸟——隼、雕、猫头鹰、伯劳等——会把食物中无法消化的部分从嗉（sù）囊[①]里吐出来。我们漫步的时候留意一下，不难在地上发现这些东西。翠鸟也有这种能力，它们会吐出无法消化的鱼骨。说来也怪，翠鸟最后竟会把鱼骨留在巢里，至于它们是随意吐在巢中，还是有意用来筑巢，这一点一直存在争议。

几年前，我曾在大英博物馆里看到过一个翠鸟巢标本，是著名鸟类学家、杰出画家古尔德[②]先生费尽心思得到的，或许你们将来能在莱顿博物馆的图书馆里看到他的画作。如果我没记错的话，那个巢是扁平的，足有十二毫米厚。翠鸟总是选择有上升坡度的洞来筑巢，这样一来，即使大雨将河流水位抬升到洞口的高度，翠鸟的蛋也会保持干燥。

一些博物学家曾说过，翠鸟不会自己挖洞，而是利用其他动物已经挖好的洞。但是，古尔德先生认为翠鸟的洞是它们自己挖的。正如我所说，洞内的通道总是向上倾斜，尽头是一个形如烤箱的小房间，里面是翠鸟的巢。古尔德先生认为，有鱼骨的巢就是翠鸟真正的巢，目的是让鸟蛋远离潮湿的地面。对此，有人持不同意见，而我保留自己的看法。

---

① 嗉囊，位于鸟类食管的后段，暂时贮存食物的膨大部分。

② 约翰·古尔德（John Gould），英国鸟类学家，著有《英国鸟类》《欧洲鸟类》等。

9 五福花：有着麝香味的绿色小花

梅，你知道你摘的是什么植物吗？

“我实在不知道，爸爸，但这株小植物很特别。我是在岸边的篱笆底下采到的。”

这是五福花，我很熟悉这种植物，而且非常喜欢。你看，它大约高十二厘米，花和叶子都是浅绿色的；花朵们聚集在茎的上方，四朵在周围，一朵在顶端，共五朵；它带着高雅的麝香味，清新怡人。

带几枝回家吧，和欧报春一齐插在花瓶里。我知道妈妈非常喜欢这些漂亮的小五福花。

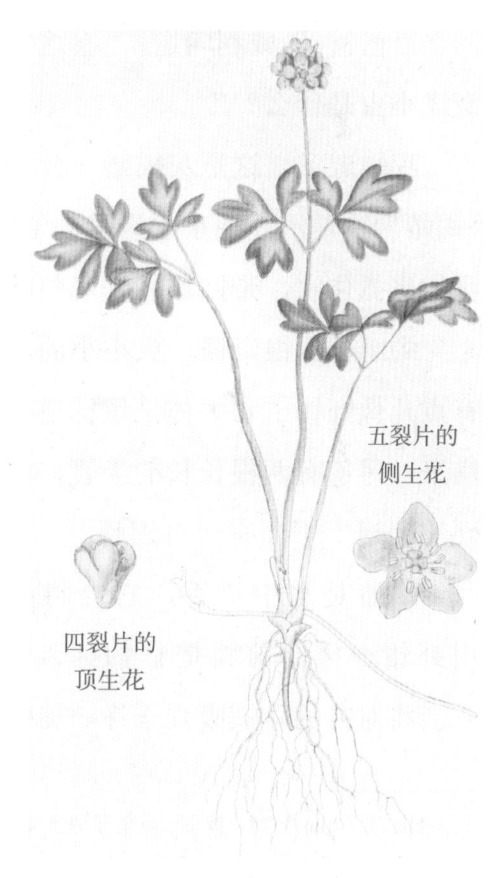

五福花（*Adoxa moschatellina*）

10 蝎蝽：野蛮的水中杀手

“爸爸，”威利叫道，“看这条水沟底部。在下面慢慢爬着的奇怪小虫是什么？”

我知道了，这是灰蝎蝽（分布于欧洲的蝎蝽种类，以下统称“蝎蝽”），是沼泽地小水沟里的常客，实际上，在哪里都很常见。我们来抓住它，带回家好好观察吧。

蝎蝽长得很奇怪，头小小的，口器（嘴）尖尖的；它的前足有点儿像虾钳；它大体呈黑棕色，和身下的泥土一样；它的躯干扁平，尾部有两根长长的半管，能贴合为一根完整的呼吸管；坚硬的鞘翅[①]下面有一对翅膀。

蝎蝽是水中杀手，它会将尖嘴插进其他昆虫的身体，再用虾钳一样的前腿把猎物拥入怀抱——真是一个致命的拥抱。它会将对方的体液吸食干净，徒留猎物苦苦挣扎。柯比[②]和斯宾

---

① 鞘（qiào）翅，瓢虫、金龟子等昆虫的角质前翅，又硬又厚，没有明显的翅脉，静止时会覆盖在膜质的后翅或躯体上，像鞘一样具有保护作用。

② 威廉·柯比（William Kirby），英国昆虫学家、林奈学会创始成员、英国皇家科学学会院士。

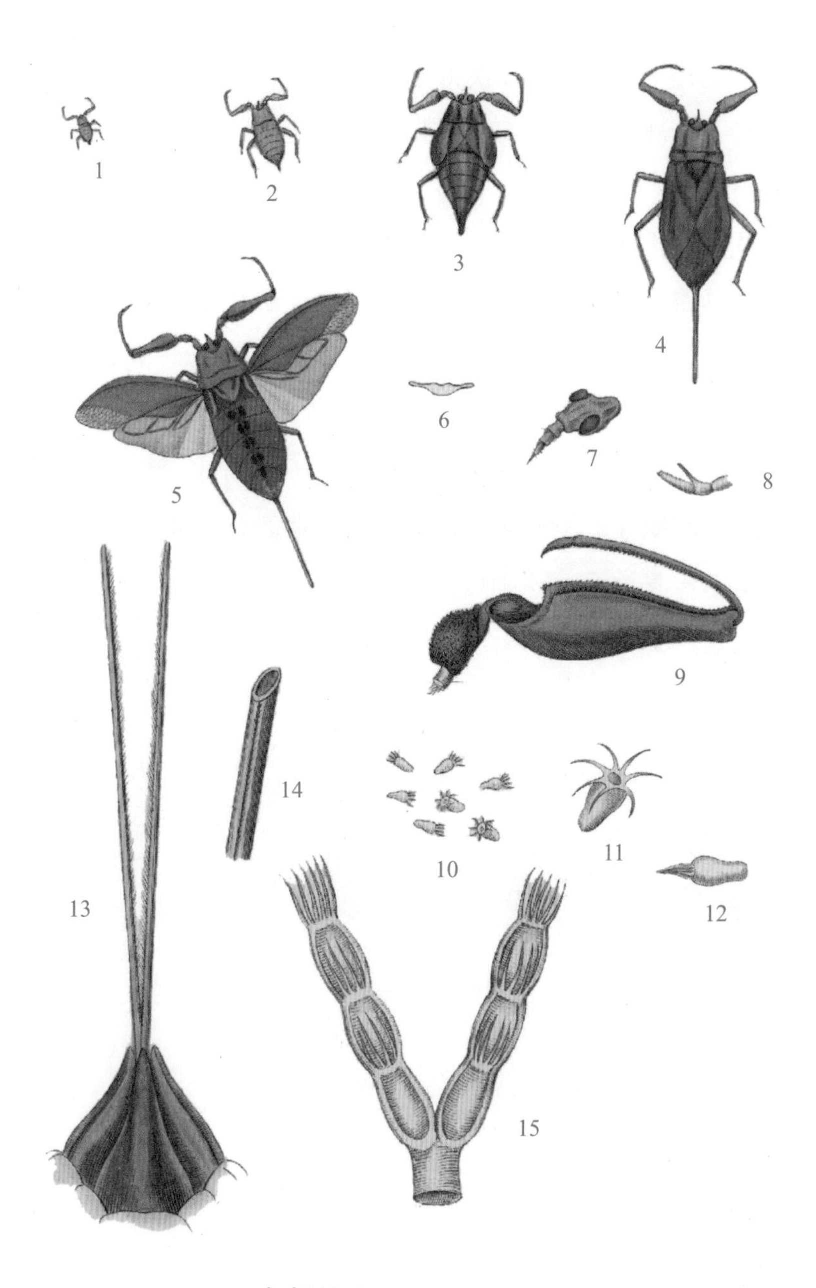

灰蝎蝽（*Nepa cinerea*）：
1—5 灰蝎蝽的发育过程；6 躯干横截面；7 头部及口器；8 后足的脚；9 前足；10—12 卵；13 分开的呼吸管；14 贴合在一起的呼吸管；15 卵巢。

塞[1]说，蝎蝽所属的昆虫族群非常野蛮，甚至会为了破坏而破坏。当一只蝎蝽与一盆蝌蚪共处时，它会杀死所有蝌蚪，却一只都不吃。

我要告诉你们，蝎蝽尾部的呼吸管十分重要。蝎蝽将它们伸出水面，再将空气送进身体尾部的呼吸孔。以后我再和你们讲讲这一细节。我时常能发现蝎蝽的卵，呈椭球形，一侧有七根毛发一样的触须。

现在该回家了，今天的漫步到此结束。让我们期待下一个假日，以及下一场乡间漫步吧。

① 威廉·斯宾塞（William Spence），英国经济学家、昆虫学家，伦敦昆虫学家协会的创始人之一。他与威廉·柯比一同撰写了经典著作《昆虫学导论》。

第二课 沿运河漫步

1 纤毛虫：曾被当作植物的微小动物

今天，我们要沿着运河河岸一直走到高架水渠，然后走公爵路回家，路上会经过鲁布斯特公园。这一路上，我们会发现、欣赏许多东西。

运河的水十分清澈，我们能看到水中有许多漂亮的、果冻状的绿色小球，它们一到春天就会出现。这些小球大小不一，小的如豌豆，大的如杰克的拳头。你看，它们大多依附在水草上。

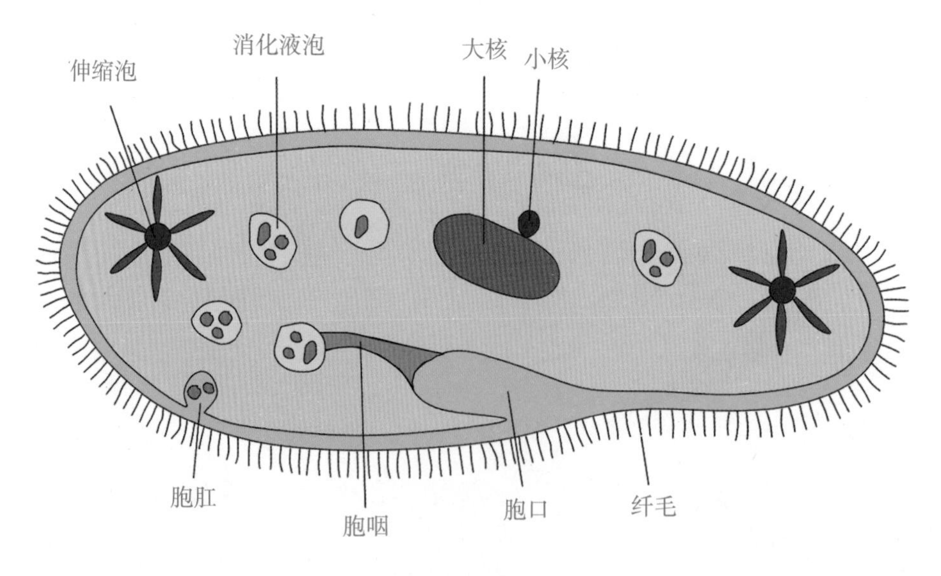

纤毛虫（*Ciliophora*）

实际上，这些小球是由大量非常微小的纤毛虫组成的，被一个白白的“果冻”包裹着，这些小家伙也能离开“果冻”自由游动。当然，我们得用显微镜才能看到这些绿色的微生物。如果用高倍显微镜把一只纤毛虫放到足够大，我们就能看到它的样子呈长长的柱形，在一端有一张嘴（胞口），周围有一圈非常细微的毛发，这类微生物一般都长这样子。这种毛发叫纤毛（cilia），词源是拉丁语“cilium”，意思是“睫毛”。

纤毛虫的嘴巴张开后会形成狭长的通道（胞咽），直接连接着胃。它的身体越向下越窄，最后只剩一根极长的、发丝般的尾巴，固定在果冻状的球上。如果这个小家伙想在水中自在地游一会儿，它便把尾巴抛在身后，这就和小波比的羊[①]不一样了！人们曾经认为这些小球是一种植物，如今对它们本质上是动物的观点已经没有争议了。

纤毛虫（草图）

① 出自英国童谣《小波比》，大意为“小波比丢了她的羊，不知道去哪里找；别管了，羊会回来，摇摆着身后的尾巴”。

2 芦鹀：会骗人的黑脑袋小鸟

“爸爸，有一只黑色脑袋的鸟从运河那边飞到了篱笆上，那是什么？”威利问，“在那儿，您看到了吗？”

芦鹀（*Emberiza schoeniclus*）

我看到了。孩子，那是芦鹀（wú），在河流、运河和池塘边都很常见。篱笆上的那只是雄鸟，雌鸟体型更小一些，脑袋也不是黑色的。看它头上的黑帽子和脖子上的白衣领形成对比，多漂亮啊！

芦鹀是在春夏两季常见的鸟，它们通常雌雄成对出现；冬天，它们和家族里其他鸟组成大型鸟群。芦鹀通常把巢筑在地面上，材料是莎草和粗草。芦鹀在五月繁殖，一窝有四五个蛋，有时还会在七月下第二窝蛋。

要找到芦鹀的巢是很难的，至少我自己很少发现过。你们知道，凤头麦鸡总能狡猾地施下障眼法，让人们远离它们的巢和雏鸟。有些鸟类观察者认为芦鹀也会这样。一位作家曾写道："去年春天，我走在河边的灯心草丛中，被一只芦鹀吸引了注意。它拖拉着身体穿过草丛，似乎断了一只腿或是翅膀。我跟在后面，想看个究竟。它带着我走了很长一段路之后，却张开翅膀飞走了。它显然很高兴，它的小伎俩成功了，保护了孩子的安全。"

"哈哈！"杰克插话道，"作者一定被骗到了吧！"

并没有。他接下来写道，他随后发现了鸟巢，里面有五只雏鸟。我还要告诉你们一件事——不要把芦鹀和芦苇莺搞混了，这二者差别很大。今天我们或许也能看到芦苇莺。

芦苇莺（*Acrocephalus scirpaceus*）

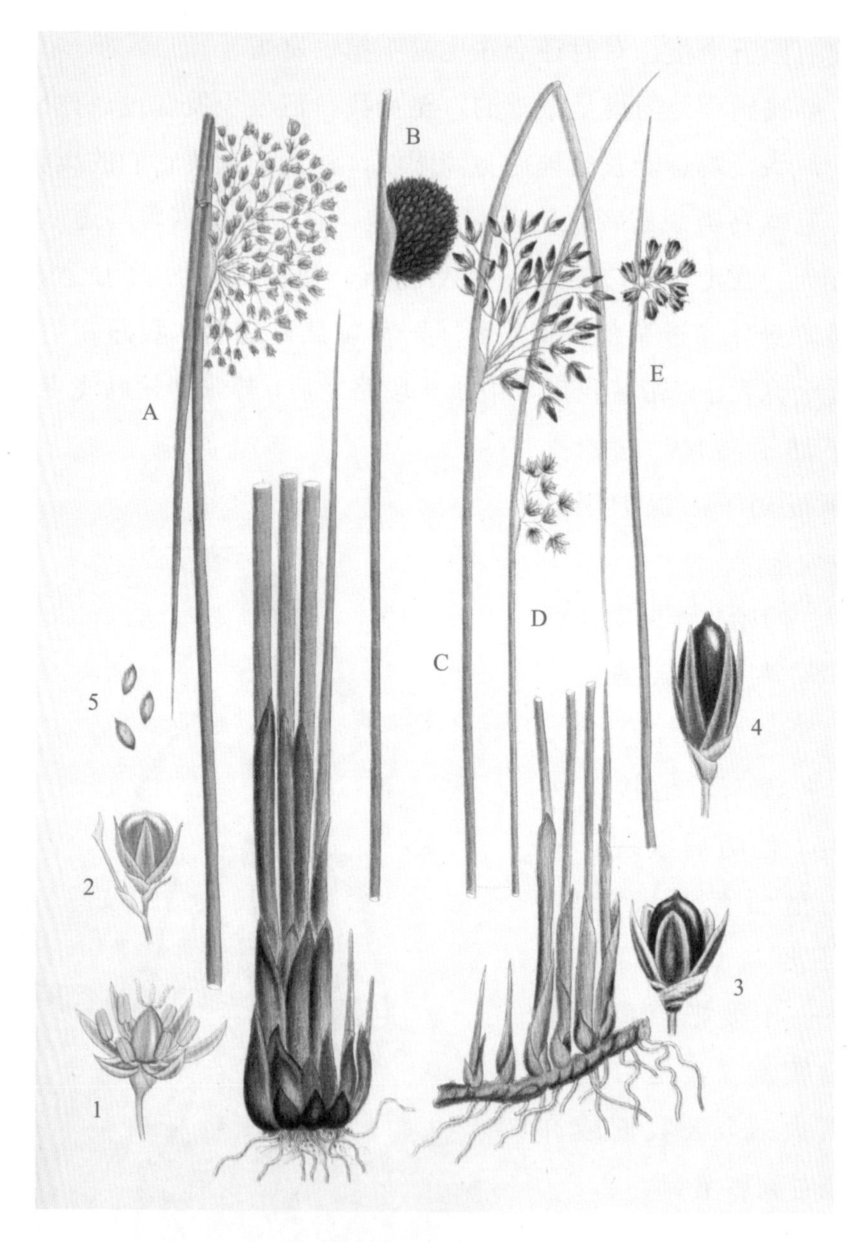

A 灯心草（*Juncus effusus*）：1 花；2—4 不同阶段的子房；5 种子。
B 密花灯心草（*Juncus glomeratus*）；C 片髓灯心草（*Juncus inflexus*）；
D 丝状灯心草（*Juncus filiformis*）；E 北极灯心草（*Juncus arcticus*）。

3 豉甲：长着四只眼睛的“小陀螺”

再来看看运河里面，有好多小小的豉（chǐ）甲在玩“旋转木马”，它们掠过水面的速度快极了。还有一些潜到了水下，另一些在叶子上休息。

如果我们用捕虫网抓一只，近距离观察，就会发现它的形状像一只迷你船。有人管它们叫“小陀螺”“小旋风”或是“亮晶晶”。它们旋转时相互之间离得非常近，却不会相撞，就算观察得再久，也不会发现有任何一只豉甲撞上另一只。想象一下，好几百人在一块小小的冰面上滑冰，那可不是会撞来撞去嘛！

豉甲 (*Gyrinidae*)

仔细看豉甲的头部，你们会发现它有两对眼睛，每一对都分为上下两部分——上半部分看向天空，下半部分看向水面。现在，我们保持不动——它们停下了；我们再动一动——看，它们看到了我们的动作，于是又开始玩“旋转木马”了。用来观察我们的是眼睛的上半部分，而一旦有奸诈的鱼想从水下偷袭，它们便能用眼睛的下半部分发现敌人，迅速躲开。

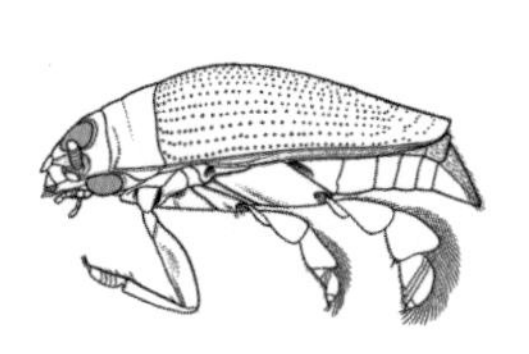
豉甲侧视图
（灰色部位为眼睛）

4 河蚌：能孕育珍珠的神奇动物

杰克，你抓到了什么？不管是什么，把它捞上来。

是一只河蚌，也是一种非常有趣的动物。从这儿一直到纽波特，沿线的运河里有许多这种小家伙。

“它们好吃吗，爸爸？”威利问。

我没吃过，但我经常解剖它们，肉硬得像鞋底。我没听说过谁会吃它。

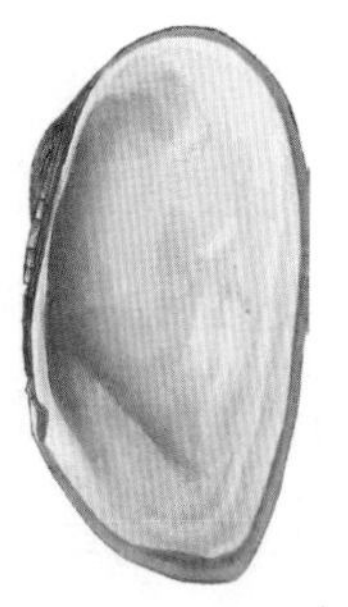

河蚌 (*Unionidae*) 的壳

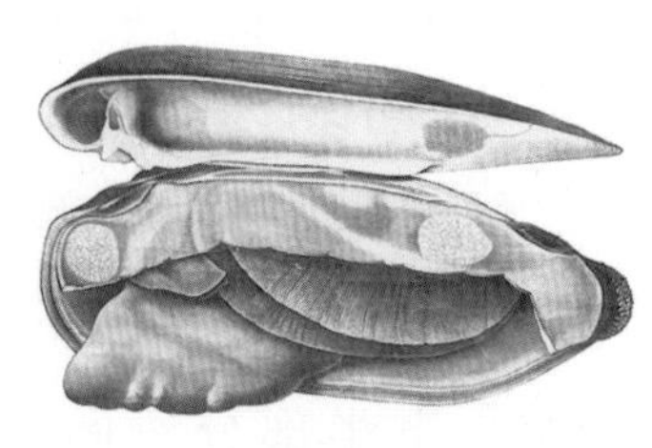

河蚌内部

河蚌的产卵时间在每年四月至五月。这种软体动物能产很多卵，然后在鳃腔中孵化，生出一种叫钩介幼虫的小动物。钩介幼虫长得十分特别，有着三角形的壳。神奇的是，它们在被排出母

体后，会将外壳紧紧夹在鱼的鳍或尾巴上，待上数周或者数月时间，直到长成幼年体才会脱落。

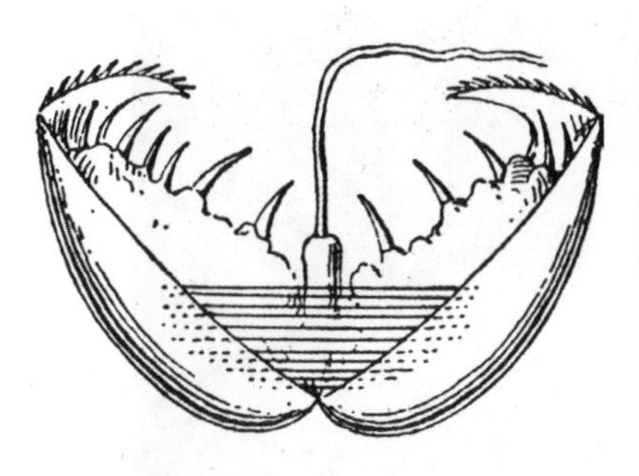
钩介幼虫（*Glochidium*）的结构

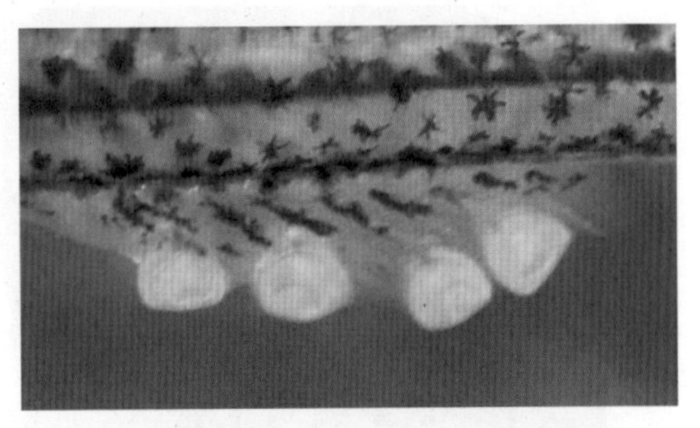
夹在鱼鳍上的钩介幼虫

河流和小溪中还有另一种蚌——珍珠蚌，有时能在里面发现珍珠。一位朋友曾送给我一颗珍珠，是从马恩岛的一条河里找到的。我把珍珠拿给利物浦的一位珠宝商看，对方估了价。最终，我把珍珠送给了你们的亚瑟叔叔，他把珍珠镶嵌在金子上，做成了别针。

“我希望珍珠蚌能生活在这条运河里，如果能从里面得到珍珠该多好啊。”一直认真听故事的梅说。

带有珍珠的河蚌是很少的，你打开几百个也不一定能找到珍珠，而我并不想仅仅为了一颗珍珠就害死那么多无辜的动物。

“这儿还有一个河蚌。”杰克说，“看，爸爸，上面还紧紧贴着一些其他贝壳。”

确实是这样。这是斑马贻贝，漂亮又奇特。看它外壳上那曲曲折折的红棕色条纹，多美啊！它的幼年体标本更漂亮。与你们经常在新布莱顿看到的海贝类似，斑马贻贝也会制造丝线，也就是足丝[1]。你们看，这就是。它用足丝把自己紧紧粘在其他贝壳上，或是石头、根茎等物体上。

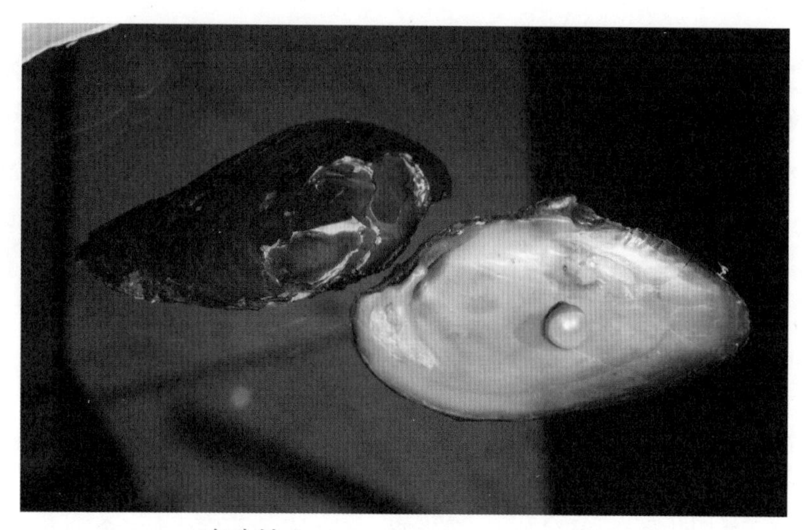

珍珠蚌（*Margaritifera margaritifera*）

斑马贻贝（*Dreissena polymorpha*）

① 详见《海洋生物》（下）第214页。

5 银喉长尾山雀：把巢筑成“水瓶”的艺术家

看，飞来了一只漂亮的小鸟，这是银喉长尾山雀。虽然这是一种常见的鸟，但我之前只注意到公爵路旁的篱笆和杨树上的那几只。

英国有很多种山雀，我来数一数：大山雀、蓝山雀、银喉长尾山雀、煤山雀、沼泽山雀、褐冠山雀和文须雀。这有多少种了？七种。但是褐冠山雀很少见，而什罗浦郡没有文须雀。其他五种都很常见，我敢说，我们今天能看到所有这五种山雀。

银喉长尾山雀因其尾巴很长而得名。它活泼可爱——实际上，所有山雀都很活跃。看这只小家伙是怎么从一根树枝跳到另一根上的，它几乎不会长时间待在同一地方。这种鸟很小，几乎是英国所有鸟类里最小的——当然，我指的是它的身体，不包括尾巴。它的羽毛很柔软，而且像纸一样薄。

和所有山雀一样，银喉长尾山雀也吃昆虫及其幼虫。我没听说过，也没看到过银喉长尾山雀会像大山雀和蓝山雀那样啄树干，但它们很有可能也会这样做。

“爸爸，它们为什么要啄树干？”梅问。

我认为它们是为了把藏在树干里的小虫子们吓出来，然后迅

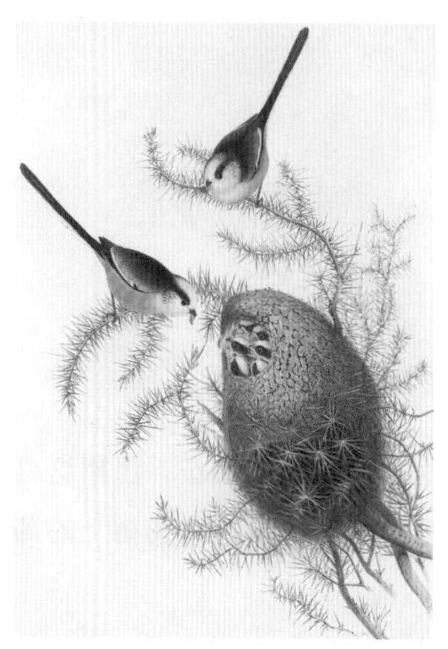
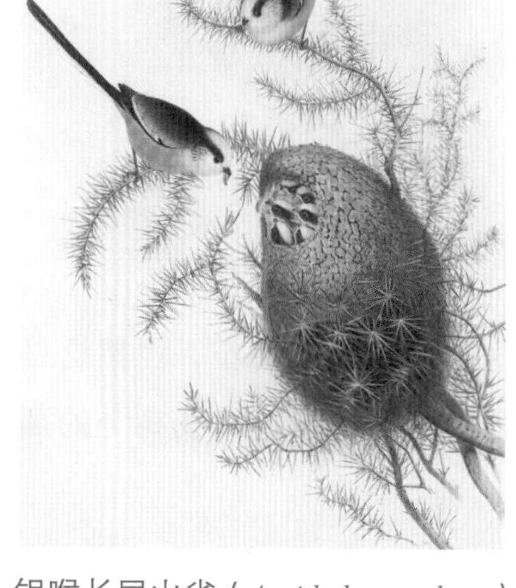

银喉长尾山雀（*Aegithalos caudatus*）

银喉长尾山雀（雏鸟）

速用尖尖的嘴捉住猎物，将其吃掉。

“这种鸟是不是当地人口中的‘水瓶山雀’，会筑非常漂亮的巢的那种？”威利问。

没错，银喉长尾山雀的巢非常精美，我觉得你们绝不会把它和别的鸟巢弄混，因为它的外壳是用苔藓和美丽而常见的白色地衣做的。鸟巢是椭球形的，上端有一个洞，里面铺满了最柔软的羽毛。梅，如果你把手指伸进去，一定会说里面和你的暖手筒一样舒服。银喉长尾山雀的蛋非常小，是白色的，上面有淡紫色的斑点。有时，一个巢里会有十几枚蛋。

6 蓝山雀：爱咬人的鸟大胆

刚刚飞过去了一只蓝山雀。这种鸟可爱活泼，在林间小道、树丛、花园随处可见。它们会把巢筑在墙洞或树洞中，一窝能下九或十个圆圆的蛋。

我还记得，我小时候经常去掏蓝山雀的巢，结果被它们的尖嘴狠狠地啄了。我甚至能回想起，当我用手粗鲁地入侵蓝山雀的家园时，它们发出了蛇一般的“嘶嘶”声。

蓝山雀会吃多种昆虫及其幼虫，通常会在树干和果芽间觅食。它们吃掉了不少害虫，是益鸟，但仍有一些果农以为蓝山雀会破坏果芽而猎捕它们。

看那个活泼的小家伙，真是一刻也闲不住。它站在树枝上的姿势真奇怪。听，它跳来跳去的声音一清二楚。

除了昆虫，蓝山雀也会吃死掉的家鼠。圣约翰先生说，曾经有一只蓝山雀被一只趴在窗户上的家蝇吸引，后来直接霸占了他的客厅。它热衷于用小尖嘴搜遍每一处角落和缝隙，把所有从女佣的拍子下溜走的苍蝇都揪出来。很快，它的胆子越来越大，会吃孩子们为它留在桌子上的面包屑，也会毫不畏惧地直视圣约翰先生的脸。家里的孩子们有时会管它叫“爱咬人的比利”，显然是领教过蓝山雀嘴巴的厉害。

蓝山雀（*Cyanistes caeruleus*）

7 欧歌鸫：会摔蜗牛吃的聪明鸟

“爸爸，快看！”威利叫道，“在离我们大约五米远的运河纤道上有几只鸟，它们在把嘴里的什么东西朝地上摔打，似乎是想把它打碎。”

是的，那些是欧歌鸫（dōng），我知道它们在做什么，而且能告诉你们，我们会在那里发现什么——我们会发现一些破碎的蜗牛壳。这些蜗牛是欧歌鸫在长满草的运河岸边找到的，它们会将蜗牛朝着地面或石头摔打，然后吃掉藏在壳里的肉。

看，就像我所说的，这里至少有十几片蜗牛壳的碎片。欧歌鸫能吃掉不少蜗牛和蛞蝓，为农业做了很大贡献，遗憾的是没有多少人赞美它们的功绩。一直以来，村子里的小伙子们和煤矿工人都会掏鸟窝、找鸟蛋、抓幼鸟，此外还大肆杀害了许多其他益鸟。

欧歌鸫（*Turdus philomelos*）

8 大山雀：爱啄其他鸟的脑袋的暴君

在我们家花园里的紫衫木下，不管什么时候都能发现大山雀。这种鸟在我们社区很常见，而且我敢说，要是我们今天漫步时留点儿心，一定能见到一只。

现在，我们走到公爵路了。看，在那根白杨树的树枝上，有一只大山雀。

大山雀是“山雀之王”，瞧瞧，它自己似乎也知道这一点。和所有山雀一样，它也非常活泼。看，它的脑袋和胸脯是黑色的，脸颊是白色的，而后背泛着绿色。

它用一只钩爪抓着树枝，倒挂了下来，这会儿又用双腿紧紧地攀附着树枝。看它多忙啊，在仔细查看树叶和树皮，寻找虫子。

但有时候，大山雀会化身暴君，用它那短而尖的喙不停地啄其他鸟的脑袋，造成致命伤害，直到把对方的头骨啄破，吃掉脑浆！

沼泽山雀和煤山雀也经常在附近出没，我们或许会碰到它们。

大山雀（*Parus major*）

9 龙虱：贪婪残暴的淡水暴君

如果威利能把他的捕虫网伸到栏杆那边，伸进池塘里的杂草中，我敢说他能捞到几只水生昆虫，装进瓶子里带给我。

威利听见要他把捕虫网伸进水里，十分兴奋——男孩子通常会从这种娱乐活动中收获巨大的快乐，衣服也经常会脏得不止一星半点儿。

长满杂草的池塘通常是博物学家的圣地，这里能找到许多种漂亮又奇特的生物。在浮萍和毛茛中，总能捉到许多小动物，威利的瓶子很快就满了。让我们看看里面都有什么。其中，一只大甲虫非常显眼，一会儿冲向水面，一会儿又沉入水底，几条腿强壮有力，游得快极了，水蚤和其他小家伙们只能四散奔逃。

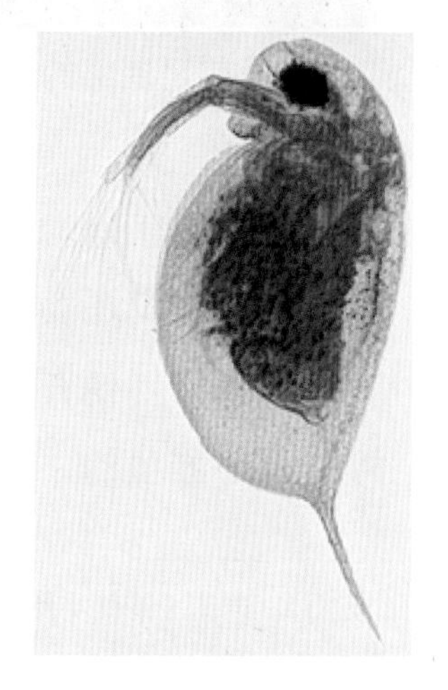

水蚤（*Daphnia*）

这是龙虱（shī）。我们来坐在路边的这堆白杨木上，把龙虱拿出来，好好观察观察。一定要小心别被它咬到手指，它的颚可是又尖又有力。

龙虱是最贪婪的水生昆虫之一，它的

拉丁学名 *Dytiscus* 来自一个希腊单词，意为“喜欢潜水”。

首先，我们来观察一下龙虱的外形。你们看，它带有明显的甲虫特征；看它长长的脚，像桨一样，而且长满了密密麻麻的毛，非常适合游泳；它的鞘翅顺滑有光泽，没有任何皱纹，从这一点我能判断出这是一只雄龙虱，因为雌龙虱的鞘翅是有皱纹的；它的前足结构非常奇特，下半部分形成了一个宽大的圆盾，上面布满吸盘，其中有两三个比别的都大，通过这些吸盘，龙虱可以吸附在任何物体上；它的后翅大而强壮，和所有种类的甲虫一样，位于鞘翅下方。

龙虱前足底部的吸盘

我把木棍的一端放在龙虱嘴边，看，杰克，看它的颚多有力，而且它会很好地利用这一武器。如果威利把一只龙虱和他最爱的刺鱼们放在同一个鱼缸里，那他很快就要为其中一些刺鱼哀悼了。可怜的鱼儿或蝾螈[①]一旦被这只淡水暴君的颚抓住，那可就遭殃了。我曾见过龙虱冲向一只成年蝾螈，后者无论如何挣扎，也无法逃脱龙虱的致命“拥抱”。它们还会攻击小金鱼和小银鱼。弗兰克·巴克兰[②]先生曾告诉我们，他在爱尔兰的一个池塘中，亲眼见到这些龙虱是如何杀害小鲑鱼的。

---

① 详见《陆地生物》(下)第154页。

② 本名为弗朗西斯·特里维利安·巴克兰(Francis Trevelyan Buckland), 英国外科医生、博物学家。

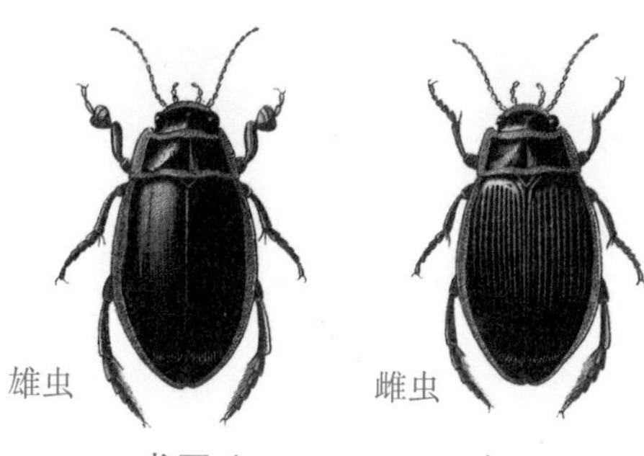

龙虱（*Dytiscus marginis*）

切眼龙虱（*Colymbetes striatus*）

你们看，龙虱的前足很小，但很强壮。它用前足来抓捕猎物，并送进嘴里。龙虱能轻松吞下一条幼小柔弱的鱼，这一点我们很容易就能想到，但它也会攻击和它一样大，甚至更大的甲虫——龙虱会抓住它们的脖子，因为那里是甲虫唯一柔软的部位。博物学家伯迈斯特[1]先生做过大量昆虫观察，他告诉我们，他曾养过一只和龙虱有亲戚关系的甲虫，并看到它在四十小时内吃下了两只青蛙。

龙虱在水中产卵，大约两周后孵化出幼虫。过一段时间，这些幼虫会长到约五厘米长。它们的长相很奇怪，很贪吃，也很可怕。

威利，借我用一下你的捕虫网，我敢说我们很快就能抓到一只。这个池塘到处都是龙虱，看看我们抓到了什么？

看，这儿有个宝贝！这会是什么呢？一条长长的、会动的玻璃虫——我们把它放进瓶子里，一会儿我再告诉你们这是什么。网里又有动静了，但还是没有龙虱幼虫。没关系，那首童谣怎么唱的来着——

---

① 赫尔曼·伯迈斯特（Hermann Burmeister），德裔阿根廷博物学家，出版了《昆虫学手册》。

如果你没有一次成功，
试一次，
试一次，
再试一次。

复习了这首优美的小诗后，我们再来试一试。我们的付出有了回报——看，抓到了龙虱幼虫，它的身体呈长条状，会让人想起小虾。

看看它的颚张得多大啊！它身体的最后一节有一对长长的、有毛的尾巴，用来漂浮在水面上。我经常在水瓶里养一些龙虱幼虫，观察它们的捕食习性。它们吃其他水生昆虫的幼虫，但颚和身体还不像成年龙虱那样强壮，无法杀死鱼类。快要成蛹时，幼虫会在池塘岸边挖一个洞，在里面化蛹，约三周后蜕变成一只成虫。

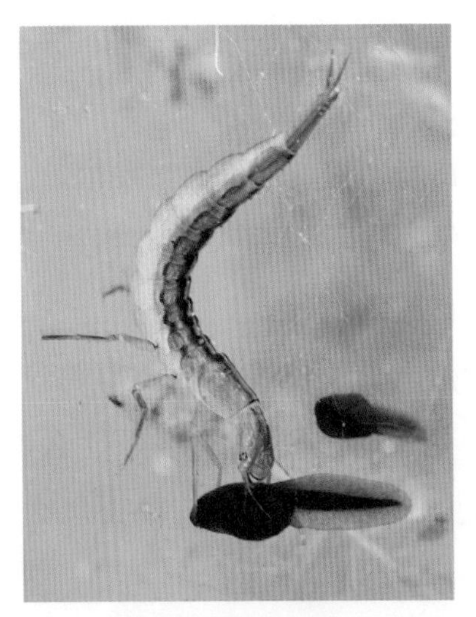
捕食蝌蚪的龙虱幼虫

“爸爸，”威利说，“我经常会抓到一种很像龙虱的甲虫，但没有这么大。那是什么虫？”

它们和龙虱属于同一类，叫作切眼龙虱。

走吧，我们在这个池塘里捞得够久了，继续行进吧。

10 玻璃虫：浑身透明的幽蚊幼虫

“但是，爸爸，”梅说，“您还没告诉我们，单独放在那只瓶子里的长长的、虫子一样的生物是什么呢。再让我们看一看吧。它长得真奇怪，为什么像玻璃一样透明呢？它一会儿把自己伸长拽直，一会儿又在水中静止不动。”

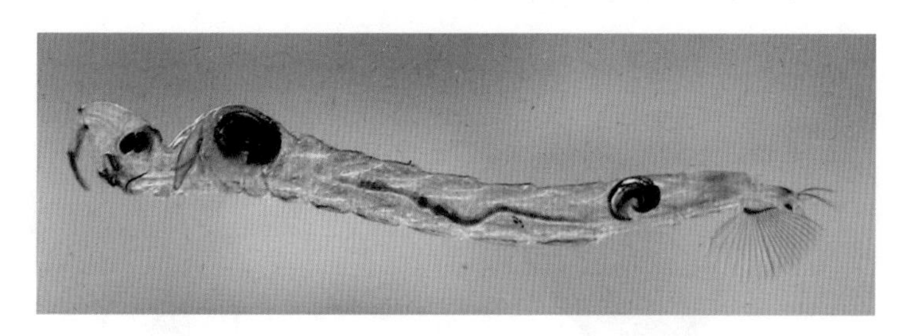

玻璃虫

“我认为，”威利说，“从它扭动的样子来看，肯定是某种蚊子的幼虫。”

又答对了，孩子，这的确是幽蚊的幼虫，俗称玻璃虫。你们看，它的身体分为十一节。头部的形状很奇怪，从前额中间伸出来一对带钩子的附肢，一直弯到嘴巴前面。它能用这一对武器猎捕食物，再用嘴巴下面那对长着利齿的下颚把猎物碾碎。经过这

样一番折腾和糟蹋，猎物就可以下肚了。

“但是，”杰克问，“那两对黑色腰果样子的奇怪东西是什么？有一对在它的头部附近，另外一对在尾巴附近。”

那些是气囊，是玻璃虫呼吸用的。此外，它们还能像鱼鳔（biào）一样自由伸缩，让幼虫在水中上升或下沉。

玻璃虫化蛹之后，会有几天不吃不喝，之后就会蜕化成幽蚊。

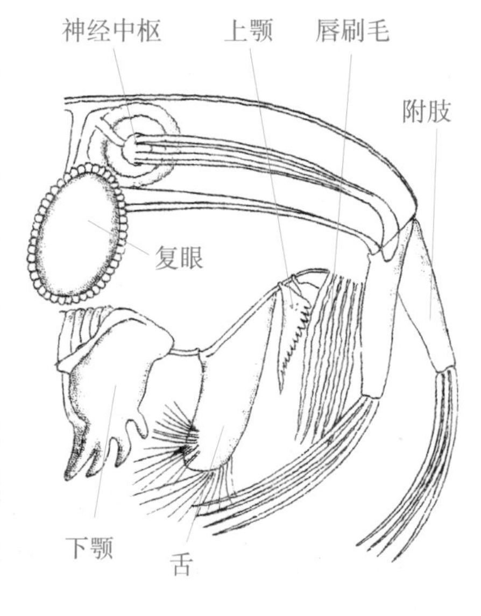

玻璃虫头部示意图

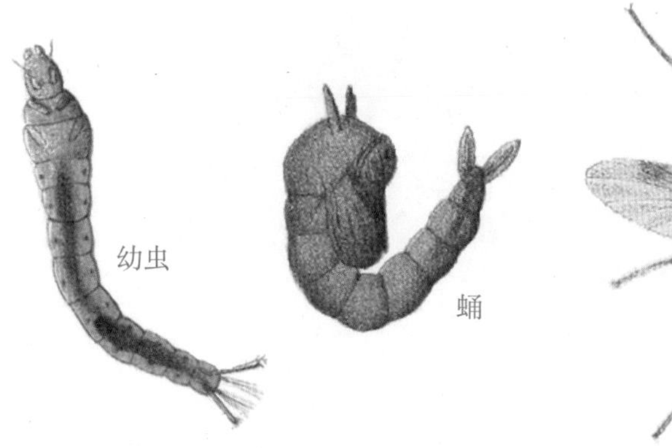

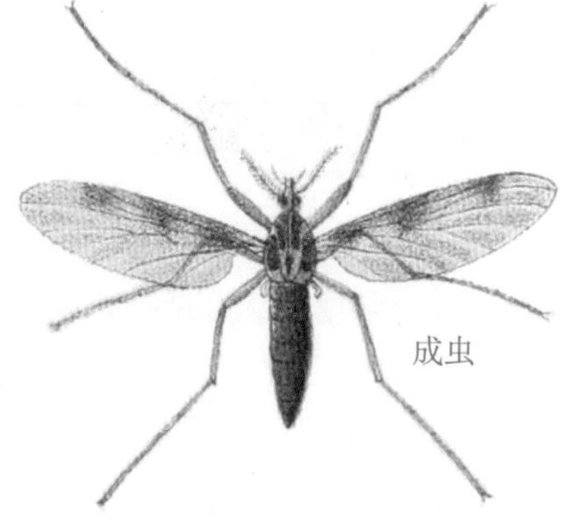

幽蚊（*Chaoborus*）

11 伶鼬：被农夫当作朋友的捕鼠能手

伶鼬（*Mustela nivalis*）

我们继续漫步，来到了一条绿植成荫的路上。我看到一只活泼的小家伙穿过了马路，立刻认出这是一只伶鼬。我们要保持安静，不要乱动，我敢说我们能观察它一会儿。

看，它跑得多敏捷。它停下了，抬起了小脑袋，仿佛在听什么，然后又开始跑了。很明显，它在捕猎，而且可能是嗅到了一只小野兔、家鼠或小林姬鼠。

看，它已经在篱笆附近的草丛里抓到了什么。它把什么送进了嘴里？我觉得是一只小家鼠。

看，它把小家鼠翻了过来，又吃了两口。

小林姬鼠（*Apodemus sylvaticus*）

杰克，跑过去抓住它！它跑得像出了膛的子弹，你永远别想抓住它，除非它睡着了①。

我在野外漫游时经常看到这些小家伙，也会停下来观察它们的一举一动。有时，伶鼬会爬上树，把巢里可怜的鸟儿们吓一跳——它们很喜欢吃鸟蛋，雏鸟更是美味佳肴。伶鼬也会捕食鼹鼠，有时甚至会掉进抓鼹鼠的陷阱。一位老练的动物观察者说，许多年前，他在一个捕鼠器里发现了两只伶鼬，它们本来是从不同方向追捕同一只鼹鼠，然后非常巧地掉进了同一个陷阱中。

人们普遍把伶鼬归为有害动物，一旦发现它就会杀掉。我认为这是不对的，虽然伶鼬的确会偶尔偷一只小家兔，或是几个松鸡的蛋，但它们最常吃的还是一些野生小动物，比如家鼠、鼹鼠、小鸟。人们应当让伶鼬去麦垛里抓家鼠。一位朋友曾告诉我，在

① 英国有句俗语“抓住一只睡着的伶鼬”，意思是“乘人不备”。

威尔士的一些地方，农夫们把伶鼬看作朋友，因为它们是捕鼠能手。一位住在科文附近的先生曾杀死了一只伶鼬，并希望当地的农夫会因此感谢他，却惊讶地发现自己连一声“谢谢”都没有收到。从这一点来讲，我认为威尔士的农夫要比英格兰的聪明一些。

松鸡（*Tetrao urogallus*）

隼有时候会猎捕伶鼬。贝尔先生讲过一个故事——

一位先生在骑马时，看到一只隼抓住了地上的什么东西，然后飞走了。没过多久，这只隼变得十分不安，一会儿上升，一会儿俯冲，在空中乱转——很明显，这只隼被什么东西伤到了，在努力用爪子摆脱它。一番短暂却激烈的争斗后，隼突然摔了下来，掉在那位先生附近。他骑马赶到那里，看到一只正在逃跑的伶鼬。这只伶鼬在天上飞了那么一大会儿，却毫发无伤，反而把隼的翅膀下面咬了个洞，让它摔死了。

伶鼬会把窝建在河岸边，或者摇摇欲坠的石墙里，一窝有三四只幼崽。几年前，我曾见过一只母伶鼬和三只小伶鼬在岸边玩耍，那场面十分有趣。

白鼬（*Mustela erminea*）

白鼬（冬季皮毛）

伶鼬比白鼬的个头小多了，并且整条尾巴都是红色的，很好识别；而白鼬的尾巴尖是黑色的。

天色越来越暗，我们必须回家了。

第三课

探索池塘和田野

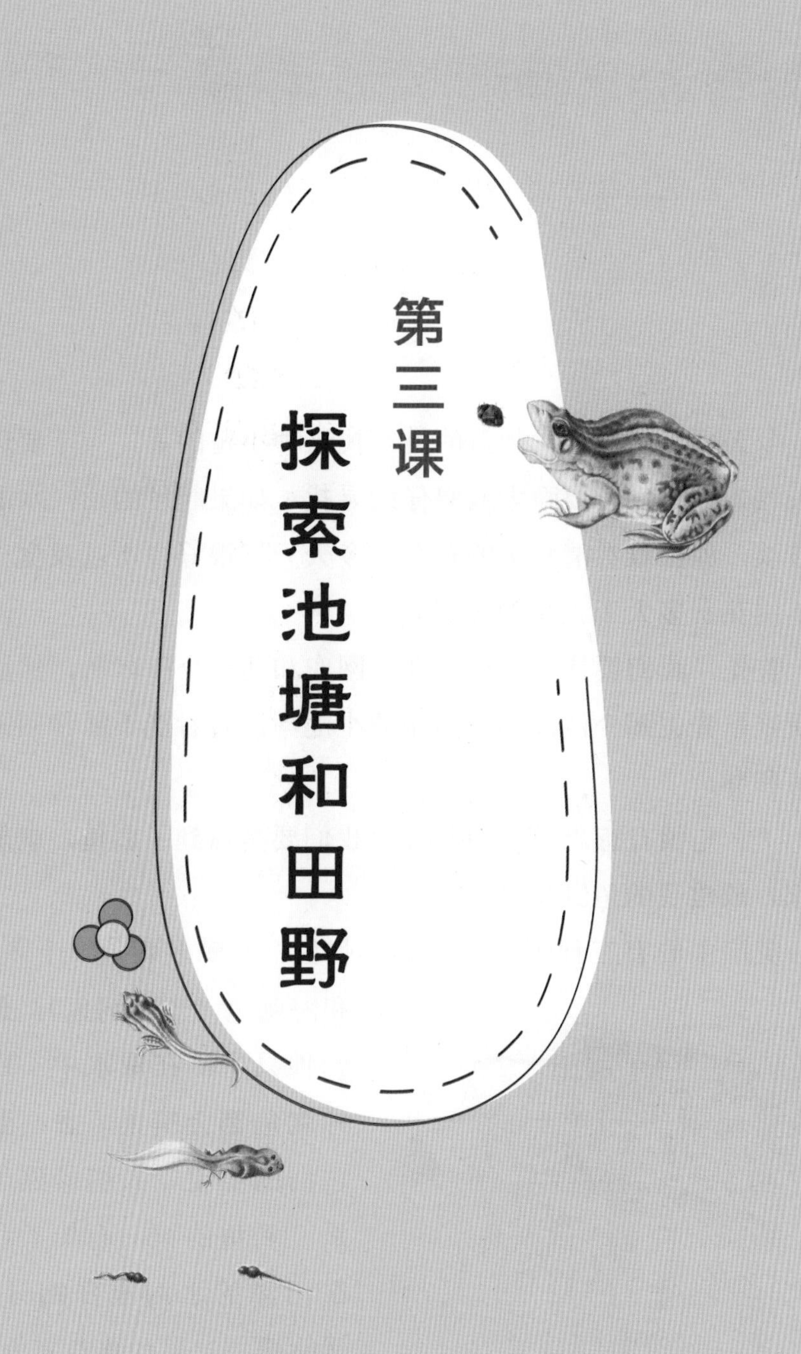

1 刺鱼：身上长着刺刀的好斗者

今天，我们要去找刺鱼的巢。找这种小鱼的巢，一定要选个好天气，因为你需要睁大双眼仔细寻找；如果起风的话，水面会有波纹，就很难看清水下的东西。今天天气很好，所以我觉得我们不用花费多大工夫就能找到。

首先，我们要挂上饵料，准备网兜和两三个广口瓶，然后前往贾维斯先生那个浅浅的、清澈的小池塘，看看能不能带回家一些鱼和卵。

“一定很有意思。”威利说，“我们要是抓到了刺鱼，就能带回家，放进我的鱼缸里。”

英国主要有三种刺鱼，包括三刺鱼、八棘多刺鱼（十刺鱼）和海刺鱼（十五刺鱼），最后一种只生活在咸水中。这三种刺鱼都会筑巢，悉心照护它们的宝宝。人们最熟悉的是三刺鱼的巢，而如果我们在沼泽的水沟里仔细寻找，就能找到一巢八棘多刺鱼。

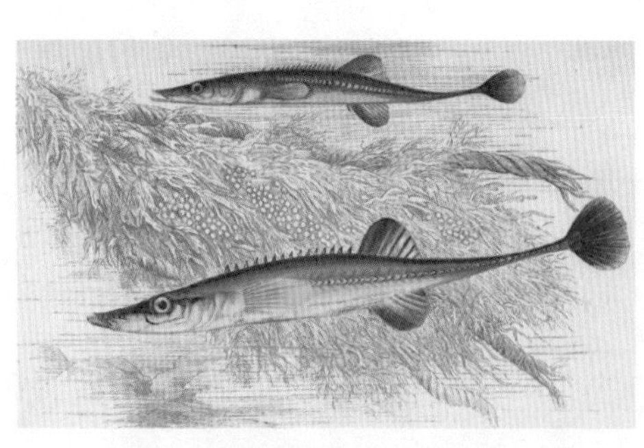

海刺鱼（*Spinachia spinachia*）

1—4 三刺鱼（*Gasterosteus aculeatus*）；5 四刺鱼（*Apeltes quadracus*）；6 八棘多刺鱼（*Pungitius pungitius*）；7 刺鱼巢。

我们到池塘了，看这水多清澈，水里的几簇绿色水马齿多漂亮啊！岸边的草是干燥的，所以我们可以坐在上面，以便近距离观察水下的世界。梅，不用担心几只爬来爬去的蚂蚁，就算它们咬到你，你也感觉不到。

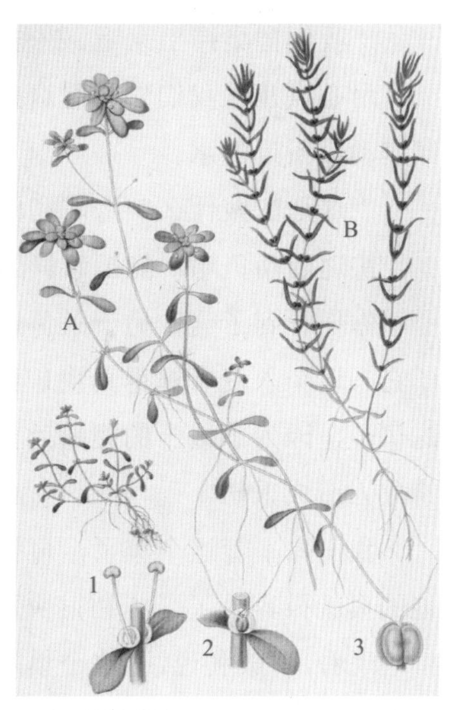

A 水马齿（*Callitriche stagnalis*）：1 雄蕊；2 雌蕊；3 果实。B 线叶水马齿（*Callitriche hermaphroditica*）

你们看到那条刺鱼了吗？它的胸脯是深红色的，眼睛像绿宝石。它看到我们了，你们看它现在多慌乱。它快速游开了，躲在一丛杂草后面，但很快又回到了原位。它的巢一定就在附近。

我把手杖伸到这条刺鱼的

身边，但这个勇敢的小家伙完全没有被吓到。看，它用鼻子顶撞着手杖，非常生气——它很怕自己的巢遭遇危险，所以才会那么勇敢。

我找到这条刺鱼的巢了，就在它下方不远处。你们看到水底的泥巴里有几个小洞了吗？

“没看到。”

你们什么都没看到。那好吧，把手杖给我，我指给你们看。这次看到了吗？

“看到了。”

那就好。

“我们把巢捞上来吧。”杰克说。

耐心点儿，我们先看看这条鱼在做什么。看，它正忙着用鱼鳍扇动巢附近的水。

“这是在做什么？”威利问。

快速扇动鱼鳍，能把新鲜的水带给巢里的鱼卵或鱼苗。

你们看到了吗？另一条鱼过来了，我们的小战士勇猛地驱逐了它。这个入侵者逃得真快！我觉得它很长一段时间都不敢靠近这里了，因为小战士的腹鳍处长着一对尖刺，就像一对刺刀，能给敌人造成重伤。

我们先不管这个巢了，再找找别的吧。万事开头难，再找其他的巢就很容易了。威利很快又找到了一个。

“看，”威利说，“这个巢的旁边有许多很小的东西。”

确实是这样。鱼卵已经孵化完成了，这些是小鱼苗。

那个是刺鱼爸爸，负责保护整个家庭，它颇为自己的大家庭自豪，并且已经做好了万全准备，以防有敌人入侵。和许多其他种类的鱼一样，刺鱼也会吃邻居家的小鱼苗，如果这家的刺鱼爸爸被赶走了，其他饥饿的刺鱼就会围过来，对这个原本幸福的小家庭下毒手。

几年前，我曾把一条刺鱼爸爸捞出来，放在用来收集鱼类的瓶子里，然后观察接下来会发生什么。很快，一支由其他刺鱼组成的大军缓缓靠近它的巢，然后发动了攻击，把巢拆得七零八落，企图吃掉里面所有的卵。我对自己的所作所为感到羞愧，把囚禁起来的刺鱼爸爸放回水里。一开始，它几乎不知道自己在什么地方，似乎很困惑，这很明显是因为它刚才被困在了瓶子里。但它很快回过神来——它想起了自己的巢，还有里面的宝贝。它看到了聚集在巢周围的入侵者，于是鼓起所有勇气发起进攻，将敌人一个一个地驱逐。最终，战场上只剩下了它自己，它凭借一己之力赢得了辉煌的胜利。

来吧，我们把这个巢和里面的卵一同带回家。你们看，刺鱼的巢是由互相缠绕的草根和其他杂草做成的，离开水后就成了杂乱无章的一团草。运气真好，这里还有一簇粉色的鱼卵。仔细看，你们会发现每只卵里都有两个小斑点——那是鱼的眼睛，这说明它们快要完成孵化了。看，这些小家伙们还会时不时地摆动尾巴。

刺鱼在孵化鱼卵时最有意思了。几年前，我把一个刺鱼爸爸放在一盆水中，让它照顾自己的巢。在小刺鱼们破卵而出后，刺鱼爸爸为了照顾它们而焦头烂额，很有意思。当然，和小孩子一样，小刺鱼的好奇心也很强，偶尔会“离家出走”。如果哪个小家伙跑得太远了，刺鱼爸爸就会追过去，把小淘气含在嘴里，带回巢的周围，再把它吐出来。我经常看到这种场景，你们也一定会亲眼见到的。

“刺鱼是不是很好斗？”威利问道。

是的，它们很喜欢打架，而且胆子很大，不管面对体型多大的对手，都不会惧怕。我曾在一个鱼缸里养了一条约二十五厘米长的小白斑狗鱼，又把五六条刺鱼放了进去。我原以为白斑狗鱼并不喜欢刺，因为它不吃刺鱼。然而有一次，我看到它向刺鱼发起了进攻，把对方吞进嘴里，又很快吐了出来，看起来它并不喜欢这道菜。刺鱼是打架的行家，它们把白斑狗鱼折磨了一番，一条接一条地咬它的尾巴，直到那条尾巴惨不忍睹。没办法，我只好把白斑狗鱼放进了另一个水池中。我敢说，这场对决早已分出胜负了。

“有没有其他鱼像刺鱼一样，”威利问，“会筑巢、照顾它们的宝宝呢？”

有的，很多种鱼都会这样，但我想英国其他淡水鱼不会。

长相怪异、颜色艳丽的圆鳍鱼——就是我书房里的那个标本——它们的鱼宝宝在出生后，会把自己贴在鱼爸爸的后背或两侧，鱼爸爸则会带着它们游到更深、更安全的水域。

雄性海龙的尾巴上有一个育儿袋，雌性海龙会把卵产在里面并进行孵化。有时，海龙宝宝们会外出游一会儿，再回到这个奇怪的家里。这会让我们想起哺乳动物中的袋鼠和负鼠。

圆鳍鱼 (*Cyclopterus lumpus*)

德莫拉拉河中也有一种会筑巢的鱼，它们也非常爱孩子。我敢说，还有许多种鱼是这样的。

红颈袋鼠（*Notamacropus rufogriseus*）

中美绵负鼠（*Caluromys derbianus*）

2 医蛭：能够治病的吸血虫

“爸爸，看这儿。我刚刚把水里的一块瓦片翻了过来，在下面发现了一种像水蛭的生物，还发现了许多像卵一样的东西。它像母鸡一样，卧在这些卵上。”

好的，杰克，让我看看。我认为这是扁舌蛭。没错，的确是。那些被水蛭妈妈用身体覆盖着的叫作卵茧[1]。水蛭妈妈会一直卧到小宝宝们出生，有时，一条扁舌蛭能孵化出超过150个幼体。小宝宝们出生后会贴在妈妈的腹部，妈妈走去哪儿就跟到哪儿。

水蛭家族非常有趣，有很多种类，都生活在淡水中。它们有的要卧在卵茧上进行孵化，有的则把身体卷成一个洞，把卵茧产在里面孵化。它们有着长管状的嘴巴，用来吸取蜗牛和其他水生动物的体液。

扁舌蛭的行动方式和马蛭、欧洲医蛭（简称“医蛭”）相同，都是把头部固定在水中物体的表面，再把身体的下半部分拖过去，然后伸展上半身，再次固定住头部，如此循环往复。人们通常所说的水蛭，其全身的血液是红色的，而扁舌蛭的血液是无色的。

---

① 水蛭产卵时，会用一层坚韧的环状膜将多个卵包裹起来，这就是卵茧。

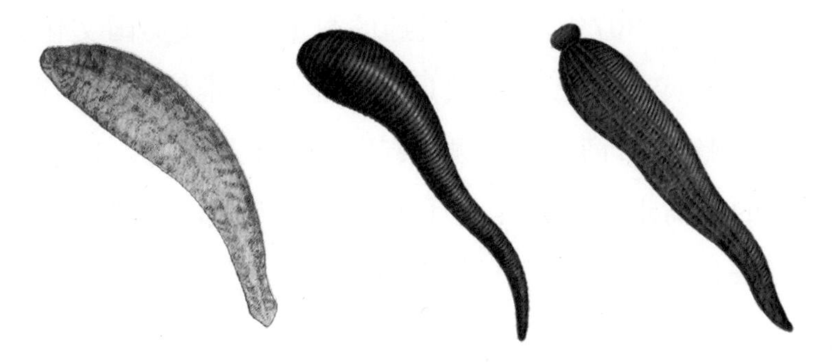

从左到右分别为：扁舌蛭（*Glossiphonia complanata*）、
马蛭（*Haemopis sanguisuga*）、欧洲医蛭（*Hirudo medicinalis*）

“英国的医蛭是不是能用来给病人放血？”威利问。

现在这种医蛭的数量极少。医蛭大部分都是从西班牙、匈牙利、法国南部和阿尔及利亚进口的，每年能进口上百万条。但是在英国北部的湖泊中，医蛭一度很常见。诗人华兹华斯[①]的这首诗，就为我们介绍了一位捕捞医蛭的老者，感叹这种动物的数量稀少：

面带微笑，老者自语，
四处跋涉，只为医蛭。
栖息水底，寻寻觅觅，
曾几何时，举目皆是。
哪知现世，所剩无几，
天涯海角，不懈寻找。

① 威廉·华兹华斯（William Wordsworth），英国浪漫主义诗人，与雪莱、拜伦齐名。

这首诗作于1807年，想想医蛭的数量，以及英国文化对医蛭的忽视，那么英国本土医蛭数量稀少也就不难理解了。在过去，英国四大医蛭进口商每年会购买超七百万条医蛭。1846年，法国对医蛭的年需求量大约是两千万至三千万条，单单是巴黎就需要三百万条。

三位采集医蛭的妇女

“爸爸，我感到很难过。”杰克说，“就像您刚刚提到的那位老者，他一路寻找医蛭，在水中光着腿当诱饵。哎呀！只是想想就很可怕，它们一定从老者的腿上吸走了很多血。”

习惯的力量是强大的。想想看，许多人全靠抓医蛭生活，哪还会害怕叮咬呢？我觉得，除了把医蛭从腿上拿下来时所出的血，他们并没有被吸掉很多血。他们一定会快速把医蛭捡起，再放进收集箱里。热敷会加剧出血，但池塘中的水是冷的，会帮他

交趾鸡

们止血。我们要感谢这种动物为人类做出的大量贡献。我猜测，过去的法国女士之所以会喜爱医蛭，正是因为它们的医用价值。

很多人都记得“交趾鸡热[①]”和“海葵[②]热”，但是，梅，小女生们会怎么看待1824年出现于法国的“医蛭热”？

交趾鸡或海葵的爱好者再狂热，也不会把衣服做成这些心爱之物的样子。但我们从一位法国作家那里可以知道，在那一时期，有人见过贵妇们穿着剪裁成医蛭样式的裙子去布鲁塞医生[③]那里看病！你们一定听说过布鲁塞，显然，他服务的都是一些时尚女郎，他是医蛭的忠实爱好者。

---

① 19世纪四五十年代，西方人把中国的大型毛腿鸡带到欧洲和北美，这些鸡最初被称为“上海鸡”，后来被称为“交趾鸡”。这些鸡的巨大体型和引人注目的外观，使西方国家对饲养这种家禽的兴趣大增，产生了“交趾鸡热”。

② 详见《海洋生物》（上）第40页。

③ 弗朗索瓦－约瑟夫－维克多·布鲁塞（François-Joseph-Victor Broussais），法国医生。他相信温和的放血可以治愈所有疾病，把医蛭看作“万灵药”。

3 厅嘴蛭：长着一张大嘴的贪吃者

“那么，”威利问，“我在沼泽里的水沟，和其他一些地方找到的水蛭是哪一种呢？”

我相信你能经常找到水蛭。有一种最常见的小水蛭叫八目山蛭，它的卵茧小小的，呈椭球状，经常出现在水里的石头下面和水生植物上，我现在就能找到一些。看这儿，在这块瓦片下面就有五六个。你们看，我用小刀把卵茧划开，里面有许多卵。它们慢慢就会孵化成小水蛭，从两端破茧而出。

再看这条水蛭，它叫马蛭。另外一条水蛭长得和马蛭很像，它的拉丁学名叫 *Aulastoma*，意思是“嘴巴宽如大厅”，我们可以叫它厅嘴蛭。它的嘴巴能张得非常大，轻松吞下和自己一样大的虫子。

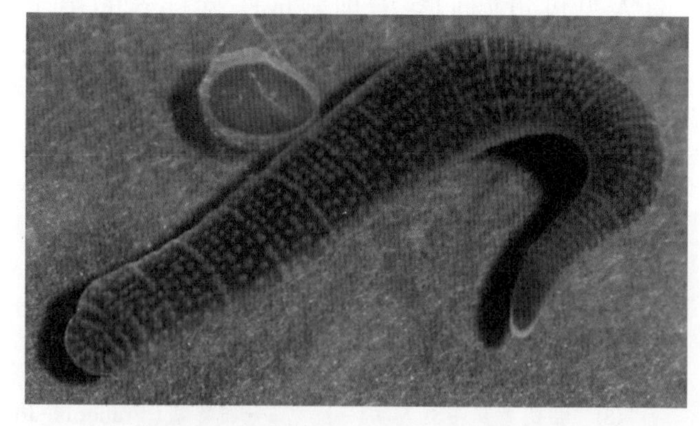

八目山蛭（*Erpobdella octoculata*）

我曾经见过非

常神奇的一幕——我把两条厅嘴蛭放进装了水的玻璃瓶中，又放进去一只胖乎乎的海沙蠋[①]。两条厅嘴蛭一头一尾地抓住海沙蠋，然后分别从两端将它慢慢吞了下去，逐渐向中间靠近，最终撞在了一起。之后怎么办呢？它们会扭打着把海沙蠋一分为二，各吃一半吗？不，其中一条厅嘴蛭很快就把它的同伴也吞了进去——我仔细观察了一下，足足吞进去两厘米多。但它究竟喜不喜欢同伴的味道，会不会因占了近亲的便宜而心怀愧疚，我就不得而知了。几分钟后，那只被吞进去一部分的厅嘴蛭又出来了。显然，对它来说，在同伴的喉咙里待上一会儿并没有什么害处。

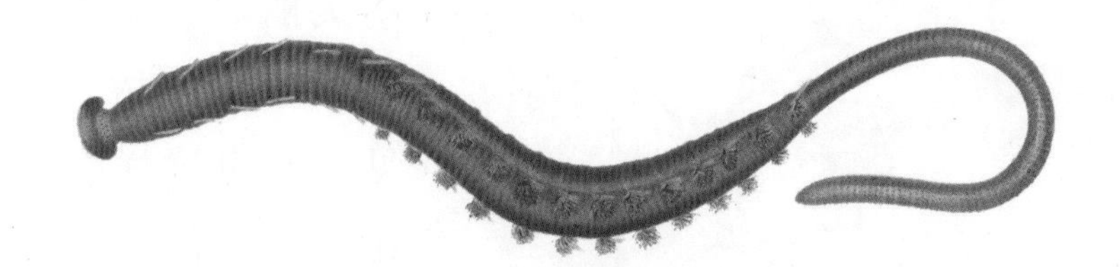

海沙蠋（*Arenicola marina*）

有时，厅嘴蛭会在潮湿的土壤中寻找它最爱吃的虫子。值得一提的是，英国发现了另一种同样吃虫子的水蛭——特罗谢蛭，其拉丁学名叫 *Trocheta*，是以法国博物学家杜特罗谢命名的，他是第一个描述这种水蛭的人。我敢说，我们如果仔细寻找，一定能在附近找到。所有这些水蛭都是通过生卵茧来孵化小水蛭的。

我们带着小鱼们离开池塘吧，小心别把瓶子晃得太厉害。

① 详见《海洋生物》（下）第128页。

4 野花：大自然中随处可见的美丽

单子山楂（*Crataegus monogyna*）

现在，我们来到了田野，雨后的野草青翠美丽。看那篱笆里的单子山楂树，你们见过开得这样繁茂的花吗？简直开满了整片篱笆。这种植物的花也叫“五月花”，两周之后，我们就会迎来五月。看看我们能不能帮梅摘一根漂亮的花枝，让她回家送给妈妈。

这些是黄花九轮草，它们垂下了金色的铃铛，散发着迷人的香气。可惜的是，这些花恐怕不够做一捧花束。

这些是草甸碎米荠（jì），如杰拉德[1]所说，它们“在四五月份开花，这时杜鹃（布谷鸟）开始展现她优美的歌喉”。对了，杰拉德应该说“他”优美的歌喉，因为只有雄杜鹃才会“布谷布谷”地叫。这种花在盛放时呈现淡紫色，快凋谢时接近白色。这种预示着春天的花还有另一个名字——淑女杉，莎士比亚曾为其

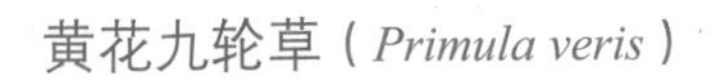
黄花九轮草（*Primula veris*）

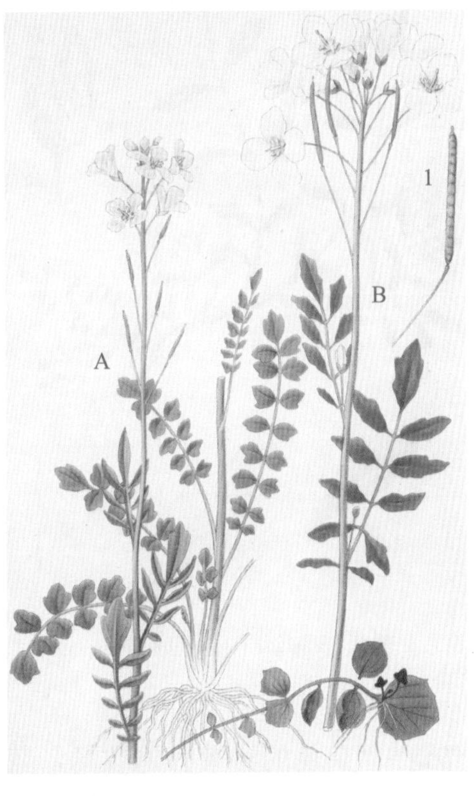

A 草甸碎米荠（*Cardamine pratensis*）
B 带齿碎米荠（*Cardamine dentata*）：
1 长角果。

---

① 约翰·杰拉德（John Gerard），英国医生、草药学家，他的著作《本草通史》对欧洲植物学的发展产生了很大影响。

灌木婆婆纳（*Veronica fruticans*）　　硬骨鹅肠菜（*Rabelera holostea*）

作诗：“杂色的雏菊开遍牧场，蓝的紫罗兰，白的淑女衫。”

这些是蓝色的灌木婆婆纳，而这些是花朵雪白、枝叶嫩绿的硬骨鹅肠菜。

硬骨鹅肠菜是一种非常美丽的春花，在树篱下、草丛里开得到处都是，让我们来摘一些。它的茎十分脆弱，然而我们的祖先真是满脑子奇思妙想，竟然叫它“硬骨”！它还有个俗名叫胁痛草，因为据说它可以用来治疗岔气。考尔德·坎贝尔[1]的这首诗描写的就是春天的花儿，我相信你们会觉得很美：

> 椴（duàn）树上冒出嫩芽，
> 草地上绽放朵朵鲜花；
> 雏菊开得规整又洁白，
> 眼睛金黄，花瓣闪光；
> 金色的毛茛像男人渴望的金块，
> 闪闪发亮；
> 大繁缕点缀如珍珠，
> 千里外也如在身旁；
> 欧报春虽暗淡却芬芳，
> 圃鹀视黄花九轮草为珍宝，
> 圆叶风铃草微垂着头，
> 任由鸟儿汲取她清晨的露珠。

这里还有驴蹄草，我们多摘一些，它会是我们这束野花里最抢眼的。

我们再从花园里摘一两枝欧洲山毛榉（jǔ），它的叶子是棕色的，非常茂盛；还要摘两朵淡紫色的欧丁香。虽然这个花束是用随处可见的野花做的，但还是非常漂亮，妈妈会把它插在最好的花瓶里，放在客厅，让有心之人欣赏大自然的馈赠。

---

① 罗伯特·考尔德·坎贝尔（Robert Calder Campbell），英国军人、诗人。

欧洲山毛榉（*Fagus sylvatica*）：
1 叶柄末端刚刚长出的花；
2 雄花；3 雌花；
4 破开壳斗的两枚坚果；
5 坚果。

欧丁香（*Syringa vulgaris*）

5 蝌蚪：长得像小鱼苗的蛙类幼体

杰克，你在那条小沟里挖什么？

“我什么也没挖，”杰克说，“但这里有很多黑色的小家伙，我逗得它们游来游去的。我猜这些肯定是蝌蚪。”

毫无疑问，这些是蝌蚪，但它们是蟾蜍的蝌蚪还是蛙的？

让我看看。嗯，在这个阶段很难判断，蟾蜍和蛙的蝌蚪长得几乎一模一样。如果你找到一些卵——今年早些时候你就该去找一找了——就不难判断出它们的父母是谁了，因为蟾蜍会把它黑色的卵产在一条如同透明凝胶的长带子中，而蛙的卵则被一团不规则的透明凝胶包裹着。

看看这些小家伙，它们浑身黢黑，脑袋两侧各有一条细线，那是它们的鳃，和鱼的鳃有同样的功能——鳃丝中的毛细血管能够吸取水中的氧气，保证血液的新鲜纯净。

在这个阶段，蝌蚪更像是鱼，而不是两栖动物。再过一阵子，蝌蚪的鳃消失之后，它就不能在水下呼吸了，必须浮出水面吸气。慢慢地，我们会看到它的尾巴根部长出一对小突起，这是后腿的雏形，随后前腿也开始发育，用不了多久，我们就能清晰辨认出它的外貌了。

蝌蚪变成蛙（蟾蜍）的过程非常有趣，也能让你们学习到生命的神奇。如果你们从未见过蝌蚪尾巴的血液循环，那么你们可要大饱眼福了，我保证以后会让你们用显微镜见识一下。

蛙的成长阶段

6 欧洲水蛙：法国人餐桌上的美味佳肴

“法国人吃哪种蛙呢？”威利问，“因为您知道，法国人是吃蛙的。”

法国人吃的叫欧洲水蛙，和我们常见的林蛙不是同一种类，虽然我敢说林蛙也会一样美味。英国已经多次发现欧洲水蛙了，据艾顿[1]先生说，惠灵顿（英国什罗普郡的小镇）曾囚禁过一支法国分遣队，法国人在当地沼泽里发现了欧洲水蛙，并因为见到了“老朋友”而欢欣雀跃。

法国菜咖喱蛙腿

我在这附近只见过林蛙。你们或许认为把林蛙当宠物养很奇怪，但确实曾有一位先生养了一只林蛙很多年，把它完全驯化了。那只

① 托马斯·坎贝尔·艾顿（Thomas Campbell Eyton），英国博物学家，达尔文的好友，出版了《英国稀有鸟类》等书。

林蛙（*Rana temporaria*）

林蛙出现在泰晤士河畔的金斯顿市的一家地下厨房。令人惊讶的是，服务员们见到这位不速之客后，并没有像人们预想的那样吓得尖叫或晕倒，反而对它很友好，还给了它一些吃的。说来奇怪，在本应冬眠于池塘底下的时节，这只林蛙却钻出了它的窝，在厨房的壁炉旁舒服地卧下，享受着暖意，直到服务员们回来休息。更奇怪的是，这只林蛙疯狂地迷恋上了一只猫，喜欢待在猫咪女士温暖的软毛下面，而猫咪女士也并不介意林蛙先生的存在。

蛙和蟾蜍都会消灭大量蛞蝓和害虫，做了很多好事，是完全无害的。但仍有一些乐于毁灭万物的无知者，在固执地杀害蛙和蟾蜍，只因为他们说这些动物会吃果园里的草莓。

你观察过蛙或蟾蜍的舌头吗，威利？

“没有。”

那我希望你再抓到蛙的时候，能小心地掰开它的嘴——像艾萨克·沃尔顿[①]说过的那样，“带着爱意对待它”——然后跟我说说蛙的舌头是什么构造。

“好的，爸爸。”威利说，“我会记下的。不过一想到要观

① 艾萨克·沃尔顿（Izaak Walton），英国作家。

察蛙的舌头，我就觉得好笑，但我仍然很好奇它会是什么结构，我希望能立马抓一只看看。可惜我们又该回家了，要等下一次漫步了。”

1 白氏树蛙（*Litoria caerulea*）；2 欧洲水蛙（*Pelophylax kl. esculentus*）；3 大蟾蜍（*Bufo bufo*）；4 黄条背蟾蜍（*Epidalea calamita*）；5 负子蟾（*Pipa pipa*）；6 蛙卵；7 蟾蜍卵。

种类繁多的蛙

第四课 再次沿运河漫步

1 水毛茛：能改变形态的水生植物

“爸爸，”威利说，“您曾跟我讲过一种很漂亮的微生物，小得几乎无法用肉眼看见。它们生活在水里，用浮在水中的土粒或泥浆造房子，所用的‘砖块’不是方形的，而是圆形的。您觉得我们在今天的漫步途中，能看到这种微生物吗？我忘记它们叫什么名字了。”

我知道你说的是什么，你描述的那种微生物叫作簇轮虫。

“没错，就是这个名字，我想起来了。”

我们一定能在运河里发现这种微生物，所以先沿着河岸走一阵，然后再去田野。我们得带上一个干净的广口瓶，然

穗状狐尾藻（*Myriophyllum spicatum*）

后看看能抓到些什么。

这些小巧玲珑的家伙们吸附在水生植物的茎叶上，通常能在水毛茛或穗状狐尾藻的细叶上找到。将一丛水生植物放进瓶子，在阳光下观察，很快就能辨别出上面是否有簇轮虫。

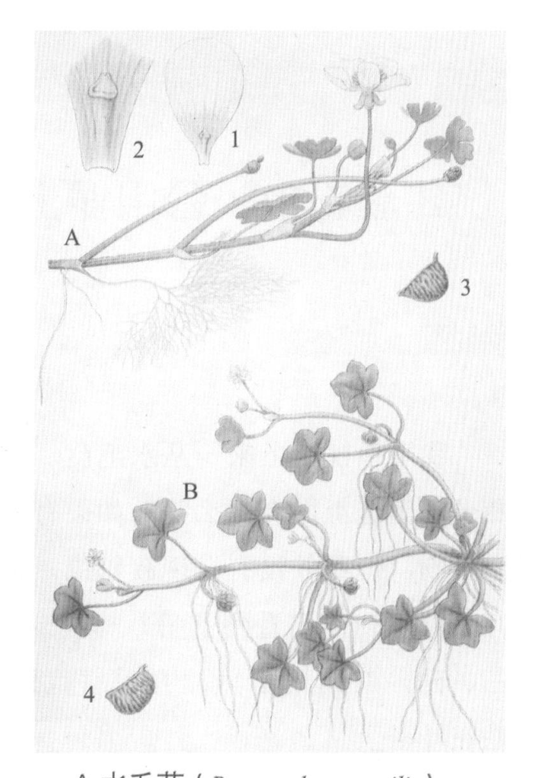

A 水毛茛（*Ranunculus aquatilis*）：
1 花瓣；2 花柱；3 瘦果。
B 常春藤毛茛（*Ranunculus hederaceus*）：
4 瘦果。

这里有很多水毛茛，这种植物很有意思，会长出两种不同形态的叶子——在流速很快的水里，它所有的叶子都会长成细长的，像毛发一样；但在静水中，它的叶子会长得又宽又平，那些像毛发一样的叶子也不会很长。你们看，它正开着花呢，给这片安静的小池塘点缀上星星点点的白色。

“爸爸，”梅说，“我以为所有的毛茛都开黄花，但这些花是白色的。”

大部分毛茛的花是黄色的，但英国至少有两种毛茛开白色的花——一种就是我们面前的水毛茛；另一种是常春藤毛茛，也叫鸦跖（zhí）毛茛，常见于水中或近水的岸边。虽然后者普遍被划分为一个单独的种类，但我认为它只是我们面前这种毛茛的变种。

2 簇轮虫：会用泥土盖房子的微生物

我用手杖捞上来一丛水毛茛，掐下一根毛发般的叶子，放进瓶子里。这上面有什么吗？如果有显微镜，我们肯定能看到无数微生物，但我并没有发现簇轮虫。我们再换一根。我又掐下一根叶子。看！你们看到了吗？一、二、三、四，有四根小短棒几乎垂直地贴在叶子上。

“什么也没看到。”

好吧，可能确实没看到，你们的眼睛不像我这样，已经习惯了观察微生物。我把放大镜拿出来，你们肯定能看到离瓶子这边很近的这只，看到了吗？

“看到了。”

这就是簇轮虫的管壳，或叫“房子”。我给你们讲一讲这种微生物，回到家后，我们再用显微镜好好观察一下。

长在水草上的轮虫
(*Floscularia*)

这个管壳约有两毫米长，像马鬃一样细，大部分是红色的，但制造管壳的材料不同，颜色也会有所区别。

我们坐下来，把瓶子放在这块大石头上。我敢说，有一些簇轮虫很快就会在管壳顶端露头了，因为它们这会儿正躲在里面——我们刚刚把叶子掐下来，放进瓶子里，它们被这一连串动作惊扰了，于是迅速沉到了“泥房子”里。

看，一只簇轮虫慢慢从管壳顶端冒了出来，动作像是在清扫烟囱，当然更加高雅。它展开了四个像花瓣一样的裂片，最上面的那个最大。它目前只露出了身体的上半部分，在放大镜下能看到是透明的，略微泛白。但放大镜不足以看到更多细节，所以我要告诉你们我用复式显微镜观察到了什么。

这四个裂片，每一个上面都附着十分细小的纤毛，可以向任意方向摆动。随着大量纤毛的摆动，水流会为簇轮虫带来食物，以及建造房子的材料。簇轮虫先生是制砖匠、泥瓦匠，同时还是一位建筑师，能建造漂亮的高楼大厦。

簇轮虫的嘴（咀嚼器）位于两个大裂片中间，连接着细细的喉咙，其中有它古怪的下颚和牙齿，颚的下面是胃和肠。所以，你们看，簇轮虫虽小，却结构复杂。

“爸爸，”梅问，“您说簇轮虫会给自己建造管壳，它是怎么做到的？”

在簇轮虫的头冠顶端，有一个类似杯子的小囊，上面也布有纤毛，还会分泌一些黏稠的液体，把泥土黏在一起。土粒和泥浆已经随着纤毛的摆动进入了裂片中间，随后被送入囊中，再由里面的纤毛进行加工，做成一粒刚好装满这里的泥球。然后，它弯腰贴在管壳上，把泥球垒在上面，再抬起身子，制造下一块“砖”。这期间，它的颚不会有片刻停歇。

“我想知道，”杰克问，“簇轮虫是怎么把用来吃和用来造房子的颗粒分开的呢？要是它搞错了，把黏土送进胃里，把食物送进了做‘砖块’的囊里，那该多好笑！”

簇轮虫是如何把材料运送到正确的器官中的，这的确是个谜。我想它可以改变水流的方向，把颗粒送到正确的位置。如果往水里加些深红色或靛蓝色的颜料，然后滴在放有簇轮虫的载玻片[①]上，水流方向就很容易被观察到。我曾不止一次看到一排排被染了颜色、或红或蓝的“砖块”，它们都是簇轮虫做出来、垒在管壳上的！

我们把瓶子带回家，如果你们有足够的耐心，肯定能看到我刚刚描述的景象。正如一位优秀的博物学家所说：“给朋友们展示簇轮虫，可是一件非常容易尴尬的事情，因为它动不动就会被敲门声惊扰，从而生闷气。在这种心情下，它是不会表演‘流水线制砖’的。有时，它的头冠会十分猛烈地朝四方摆动，扭动着裂片，做着独一无二的滑稽动作，就像是在演《潘趣和朱迪》[②]中的人物剪影。”

---

① 用显微镜观察东西时，用来放东西的玻璃片或石英片。

② 英国传统木偶剧 *Punch and Judy*，由一系列短场景组成，每个场景都描绘了两个角色之间的互动。

3 水蒲苇莺：喜欢在夜晚唱歌的小鸟

水蒲苇莺（*Acrocephalus schoenobaenus*）

听！有什么鸟正在树篱里唱歌，唱得如此甜美，如此欢快。你们听到了吗？

那是可爱的水蒲苇莺。人们经常能听到它的歌声，却不常见到它的身影，因为它喜欢躲在灌木或莎草中。

和大多数候鸟一样，水蒲苇莺在四月来到这里，九月离开。我曾多次在晚归的夏夜里听到它动人的歌喉！如果它突然停止歌唱，那么你只需往灌木里扔一块石头，歌声就会再次响起。我不太擅长描述音乐，说不上水蒲苇莺的嗓音，也时不时把它和它的近亲——芦苇莺的嗓音弄混。水蒲苇莺和芦苇莺都会模仿其他鸟类的叫声，而且喜欢在晚上唱个不停，所以人们经常把它们误认为新疆歌鸲（qú），也就是人们常说的夜莺。

水蒲苇莺的巢通常筑在地面上，由粗草或莎草构成；而芦苇莺的巢筑在四五根长长的芦苇上，通常由芦苇茎和长长的草一圈圈缠绕而成。芦苇莺的巢很深，就算芦苇被大风刮得摇摆不定，巢里的蛋也安然无恙。

新疆歌鸲（*Luscinia megarhynchos*）

4 杜鹃：从来不亲自养孩子的渣鸟

听！这附近有一只普通杜鹃（简称“杜鹃”，俗称“布谷鸟”），“布谷布谷”叫得很清晰。有些人能把这种声音模仿得惟妙惟肖，甚至把杜鹃引诱到身边。你们的菲利普叔叔就曾经引得一只杜鹃用叫声回应他，如果那天没有刮风，他肯定会把那只杜鹃引到身边。

普通杜鹃（*Cuculus canorus*）

林岩鹨（*Prunella modularis*）

看！杜鹃有着长长的尾巴，飞起来很像雀鹰[①]。

你们应该记得一首讲述杜鹃来到英国的童谣：

> 四月杜鹃飞来，
> 五月唱歌开怀，
> 六月乐声转调，
> 七月准备离开，
> 八月再不徘徊。

“爸爸，我记得您说过，只有雄杜鹃才会‘布谷布谷’地叫。”梅问，“那雌杜鹃会怎么叫呢？”

我从没听过雌杜鹃的叫声。杰宁斯[②]先生说：“雄杜鹃的叫声人人皆知，而雌杜鹃的叫声却完全不同，很多人甚至不相信这是杜鹃在叫。那是一种由几个音连续发出的叫声，听上去叽叽喳喳的，速度很快但清晰流畅。”

杜鹃的习性很特别，它们不像其他鸟一样成双成对。你们也知道，杜鹃不筑巢，而是把蛋下在其他鸟类的巢里，比如林

---

① 详见《陆地生物》（下）第199页。

② 伦纳德·杰宁斯（Leonard Jenyns），英国作家、博物学家，剑桥大学动物学博物馆的创建者之一，伦敦动物学会的创始成员。

欧亚鸲（*Erithacus rubecula*）

灰白喉林莺（*Sylvia communis*）

岩鹨（liù）——人们通常将其错称为欧亚鸲（知更鸟）、灰白喉林莺，等等。通常，一只杜鹃不会去同一个巢里下两次蛋。

几乎所有鸟类天生就很爱它们的孩子，而杜鹃是一个特例。杜鹃妈妈在下蛋之后不会继续照看，既不花费时间孵化，也不考虑孩子们的安危。它们就像一些游手好闲、放纵无度的坏小子，会在树丛间捕猎，连巢带蛋一同摧毁，或者折磨那些无助的雏鸟。

“爸爸，”威利问，“为什么和杜鹃雏鸟在同一个巢里孵化出的其他雏鸟，经常会被赶出去呢？”

杜鹃雏鸟的体型较大，会占据巢里的大部分地方，其他体型较小的雏鸟就被挤到边边角角，还只能卧在杜鹃雏鸟的背上。所以，当杜鹃雏鸟在巢里站起来的时候，就会把背上的其他雏鸟掀翻到地面去。在我看来，这就是杜鹃雏鸟在驱逐别的雏鸟，以独占这个巢和所有的食物。

需要说明的是，一些博物学家认为杜鹃雏鸟是天生的凶手，巢里的其他雏鸟是被蓄意扔出去的。而另一些人认为这些雏鸟是被它们的亲生父母扔出去的。可以肯定的是，当杜鹃雏鸟还太小，不足以把其他雏鸟驱逐出去时，也会掉到巢外，我有时能在地上看到它们的尸体。

“那杜鹃为什么不像其他鸟一样筑巢、孵蛋呢？”杰克说。

这个问题很难回答，不过我希望你们能够自己寻找答案。

一位著名博物学家曾写道：“杜鹃的蛋不是一天下完的，而是会间隔两三天，这是直接且最终导致杜鹃这种天性的原因。在这一点上，科学界已经达成共识。所以，如果杜鹃妈妈要自己筑巢、孵化，那么就必须为第一批下的蛋留一段不孵化的空当，否则同一巢雏鸟的出生时间就不一样了。这样的话，下蛋和孵化的周期就变得非常长，十分不便。再加上杜鹃妈妈要迁徙非常长的时间，第一批出生的雏鸟很可能需要杜鹃爸爸独自照料。”

杜鹃约在四月中旬来到英国，雄杜鹃要比雌杜鹃先到。这究竟是因为雄杜鹃喜欢独自旅行而对伴侣不管不顾，还是因为当雄杜鹃已经准备妥当，焦急地出发后，它的伴侣突然发现了一些出门前必须处理的重要事情，比如，衣服没准备好，或者几根羽毛不管如何打理还是乱成一团……我也不能确定。总之，事实就是杜鹃女士和杜鹃先生并不会结伴同行。

假设雌雄两只杜鹃都在4月23日来到英国；它们首先需要一些时间观察附近的情况，直到几周后——比如5月15日——其他

杜鹃雏鸟将其他雏鸟挤出了巢

鸟儿到来时才准备下蛋；孵化鸟蛋要花十四天，这就到了5月29日；雏鸟要在巢里待三周，其间要家长不断喂食；大约到6月20日才能离巢；之后还需要父母再喂养五周多，雏鸟们才能真正独立，这就到了7月25日；此时，杜鹃父母们几乎都已经飞走了，去了更温暖的地方。

“但是，爸爸，”威利说，“您刚才念给我们的那首童谣里说‘七月准备离开，八月再不徘徊’，现在又说杜鹃在七月底前就会离开。我想您大概是说错了。”

我很高兴你发现了这处差异，但这其实并不算错。古老的童谣并不总是准确的，我怀疑“七月准备离开，八月再不徘徊”这两句的意思是杜鹃不会陪伴我们太久。我必须说明的是，早早离开的是杜鹃父母们，雏鸟则会一直待到九月，甚至十月，但它们那时还没有学会“布谷布谷”地叫。

如果你要问，杜鹃父母们为什么不能多留几天，一家人一齐在九月离开，而偏要匆匆忙忙地飞走。我只能说这是杜鹃的本能，杜鹃和其他一些动物一样，是一定要遵守本能的。琴纳就是这样解释，杜鹃为什么要如此对待它们的蛋。但我不打算对这种说法做出评价。

和杜鹃成鸟的体型相比，它的蛋非常小，整体呈灰白色，带着一点儿红。

“但杜鹃的蛋是怎么进入别的鸟巢的？”威利问，“因为有的鸟巢非常小，没法让杜鹃进去下蛋。”

你的想法很对。杜鹃会把蛋下在地面上，然后用喙叼着放进别的鸟巢里，这是已经被证实了的。

5 问荆：能让孢子跳舞的植物

“爸爸，”杰克说，“草地上有好多植物，长得真奇怪，那是什么？我认得出，但叫不上名字。”

那是问荆。看它茎上的一道道竖脊，被多么巧妙地连接在一起，除了连接竖脊的节鞘，整根茎都是空心的。

问荆的果实长在茎的顶端，看，稍微晃一晃就有很多“尘土”掉下来，这就是它的种子，更准确地说是孢子。每一粒孢子都是椭球形的，上面长有四根有弹性的线，叫弹丝。如果我们把孢子放在载玻片上，用显微镜观察，就会看到一幅神奇的景象——四根弹丝起初是散开的；我往载玻片上吹一口潮湿的空气，弹丝就会缠绕在椭球形的本体周围；水分蒸发后，弹丝再次舒展开，恢复成一开始的状态。我们循环往复地吹气，就能看到孢子像小精灵一样跳来跳去。

问荆的茎（主枝）分为两种，一种是可以繁殖的能育枝，另一种是不可繁殖的不育枝。你们手里拿的那种是能育枝，只在春天出现。不育枝没有装满孢子的囊穗，但是有很多分枝，像车轮的辐条一样，一排排地围绕着主枝，叫作轮生体。不育枝会生长一整个夏天，有时会厚厚地铺满地面。

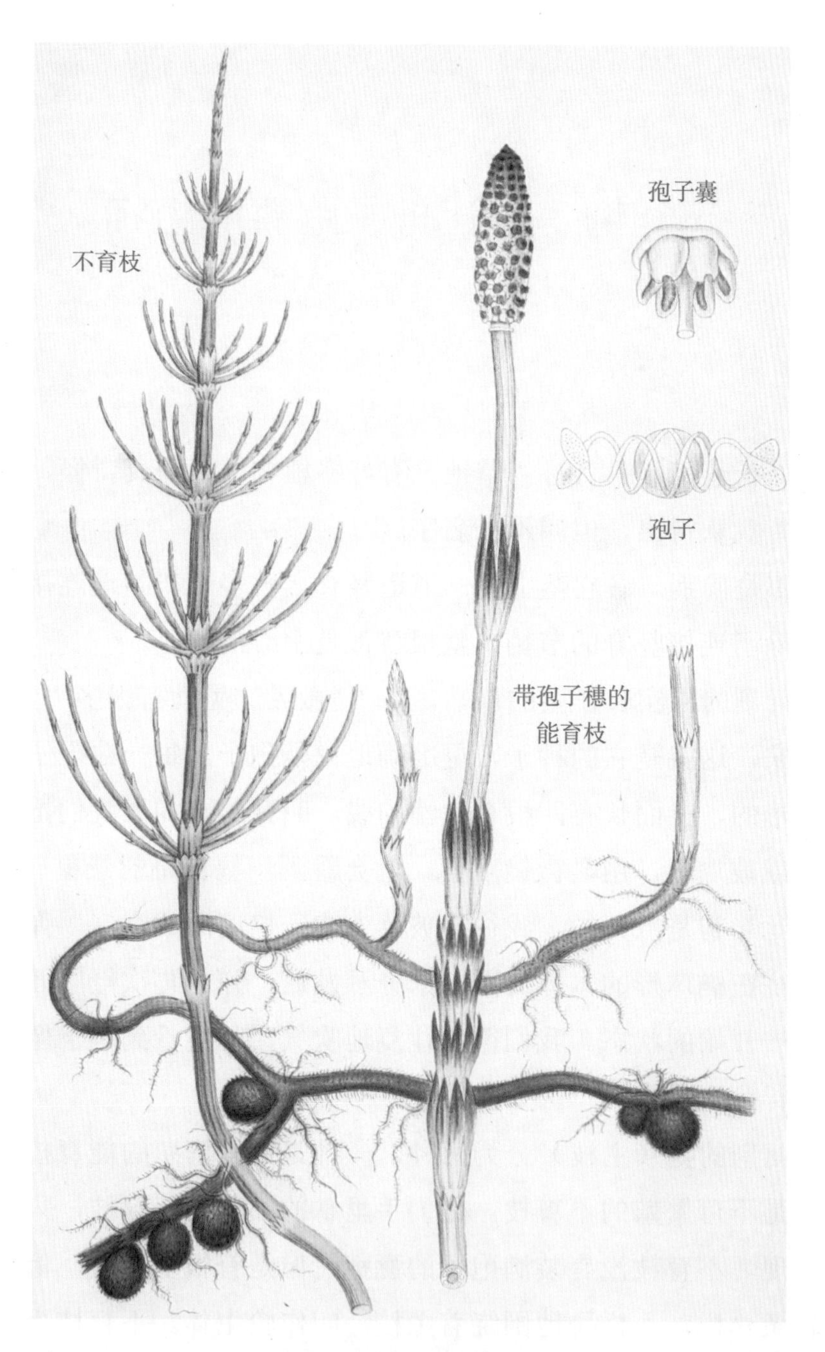

问荆（*Equisetum arvense*）

6 木贼：能当砂纸用的植物

你们摸摸看，问荆的茎很粗糙，这是因为其中含有硅酸盐。

问荆有一个叫木贼的亲戚，它的表面更加粗糙。有人会把煮过或晒干的木贼茎当砂纸用，擦洗红木、象牙或金属物品，使它们表面光亮。木贼大多是从荷兰进口的，所以也叫荷兰灯心草。

问荆和木贼都属于木贼属植物，这类植物大多生长在潮湿处、水沟或湖边，有一些则常见于庄稼地和路边。

英国的木贼属植物通

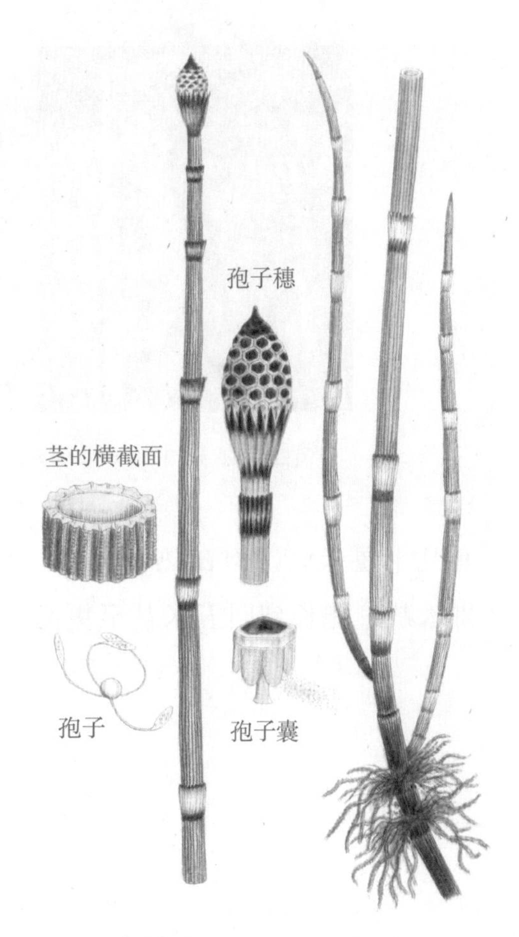

木贼（*Equisetum hyemale*）

墨西哥木贼（*Equisetum myriochaetum*）

常只有几十厘米高，但在热带国家，有一些品种（比如巨木贼、墨西哥木贼）能长到四五米甚至更高。

7 水螅：能从身上长出后代的神奇动物

让我把瓶子放进池塘里，试着捞一些水螅。这种动物的长相和行为都奇怪极了，但瓶子里还没有长得像水螅的动物。我们还是先捞到一些再说吧。

现在有一两只了。你们看，有个小家伙贴在浮萍的茎上。

水螅的嘴巴周围有五六个小突起，现在是收缩的状态，但水螅可以把它们伸出来，变成长长的触手，用来猎捕食物。

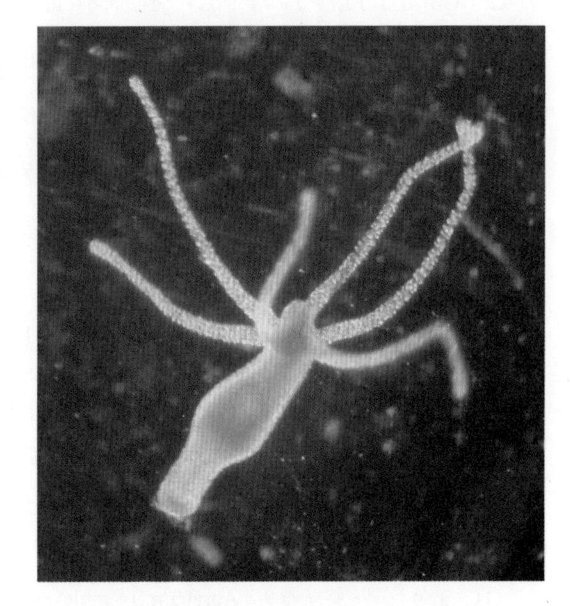

普通水螅（*Hydra vulgaris*）

这只水螅现在只有针尖大小，但它能把自己的身体伸长，就像那些触手一样。

我要捞一把浮萍，就这么湿漉漉地放进包里，回家后再放在装满水的瓶中。只要等半个小时，我们就能看到很多水螅，也许会有不同的种类，也会呈现出不同的状态——

有的懒懒地耷拉着；有的摆出优美的弧线，把触手伸得比身体还长几倍；有的会把触手伸到脑袋上面；有的会收缩起来，看着像一小块果冻；有的会把头和尾巴贴紧玻璃；还有的浮在水面，伸出尾巴，不让自己沉下去。它们的颜色也各不相同，有漂亮的草绿色，有浅棕色、肉色、白色或红色。

水螅的身体被切开后，每一部分都可以再长出完整的身体，甚至幼虫也是从父母的体内生长出来的。有人曾把水螅的身体从内到外翻过来，整个过程没有一丝阻碍。

“真是难以想象，”威利问，“他是如何把这么小的水螅从里到外翻过来的呢？”

我承认，这看上去是一项不可能完成的工作，必须有十足的耐心和高超的技巧。但是，我要和你们讲讲一位著名的日内瓦博物学家，他叫特瑞布雷[①]，多年来一直研究水螅。许多年前，他曾做过一次尝试。以下是特瑞布雷的原话——

“我想对水螅做一个实验。我首先给了它一条蠕虫，等它吃下去后——最好在它消化完之前开始实验。

“水螅的胃被填满了。我用左手舀了点儿水，把水螅放在手心，然后用一把医用小钳子按住水螅尾巴的末端，尾巴受力而伸展开来。我再次用钳子轻轻按压它的身体，那只被吞进去的蠕虫从水螅嘴里被吐出来一部分，这样就把水螅胃的末端带了出来。从水螅嘴里出来的蠕虫把水螅的身体撑大了整整一倍。

① 亚伯拉罕·特瑞布雷（Abraham Trembley），瑞士博物学家，他是第一个研究水螅，并第一个发展实验动物学的人，被一些科学史家誉为“生物学之父”。

“这时，我轻轻把水螅从手心的水里拿出来，把它保持原样地放在手掌边缘——那里仅仅被水打湿了，所以水螅不会贴得太紧。我强迫水螅不断收缩，使得它的胃和嘴越来越大。

“这时，蠕虫已经从水螅嘴里出来了一部分。我让水螅的嘴一直张着，右手像拿止血针那样，拿起一根没有尖的粗猪鬃，然后把猪鬃最粗的那端抵住水螅的尾巴，一直插进它的胃里。这个过程很容易，因为水螅的胃现在已经空了，而且身体也被撑大了。

“我不断把猪鬃伸进去。猪鬃在碰到撑开水螅嘴的那条蠕虫时，要么推着蠕虫往前走，要么从蠕虫旁边穿过，最后从水螅的嘴里出来。这样，整只水螅就被完全从里到外翻过来了。”

想一想，一种动物的内部暴露在外，还能继续进食、生长、

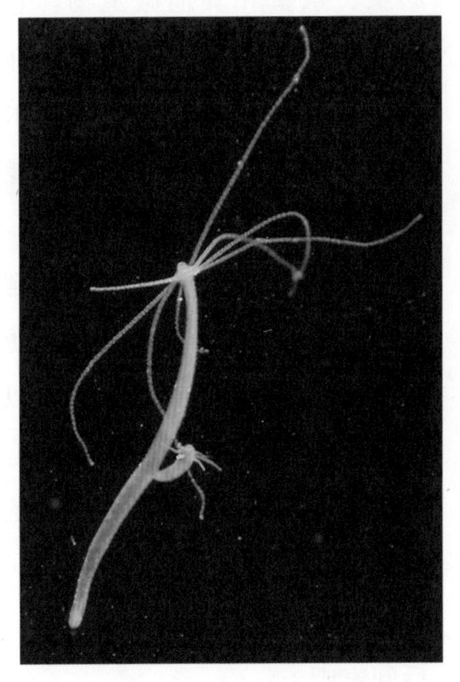

绿水螅（*Hydra viridissima*）

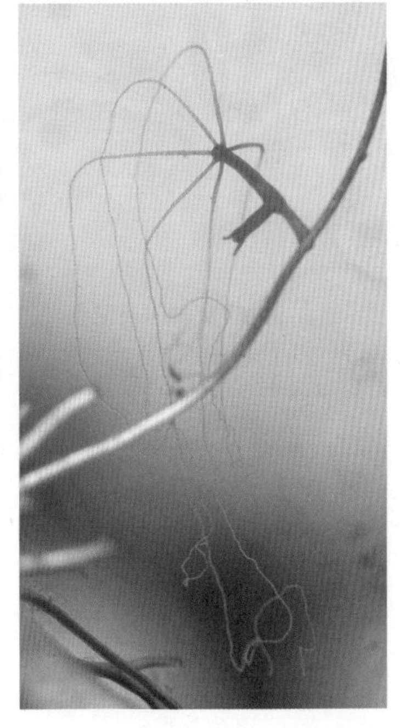

褐水螅（*Hydra oligactis*）

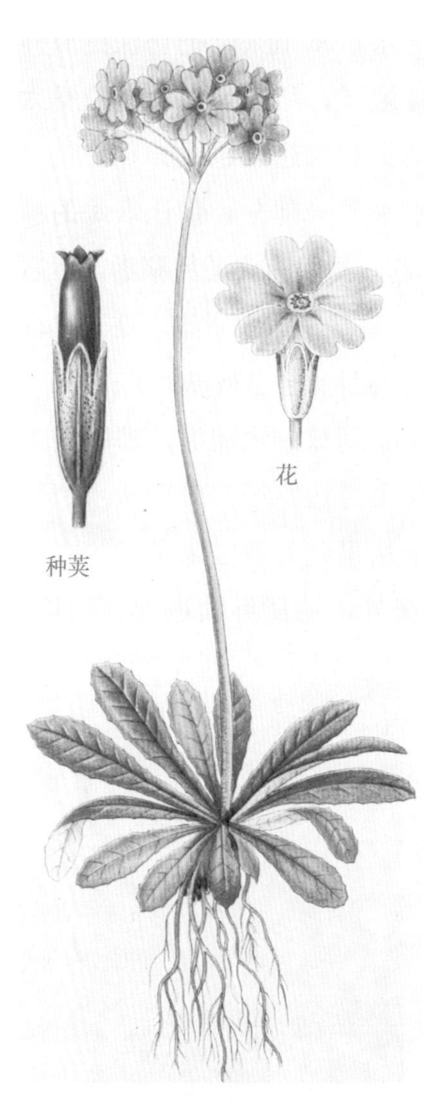

粉报春（*Primula farinosa*）

繁殖，这实在太奇怪了。最起码，特瑞布雷向我们证实了，他用来做实验的那些水螅就是这样。但是，或许水螅也会试着把自己翻回原来的样子，还成功过，除非是被特瑞布雷阻止了。

水螅还有些其他奇怪的习性，比如多只水螅能被接在一起，互不影响。当然，接在一起的水螅数量是有限的。

水螅会吃小型蠕虫、蚊子的幼虫、水蚤和其他微生物。它们用触手捕食，再送进嘴里。许多观察者都言之凿凿地认为，水螅的触手有麻痹猎物的作用，能瞬间让蠕虫缩成一团。

在英国的池塘、水沟里，至少发现过三种非常容易分辨的水螅：绿水螅、浅肉色的普通水螅，以及最有意思、触手特别长的褐水螅。

看，这里有一片正在开花的粉报春，它们有着精致的粉色花冠、鲜艳的橘色花蕊。我们摘一些，然后回家吧。

第五课
去河边观察生物

1 钓鱼：令人着迷的户外活动

今天多云，吹着温暖的西南风，我们要去肖伯里，运气好的话能碰到鳟鱼。蜉蝣已经出现了，就算没有碰到鳟鱼，也有很多其他东西值得观察。我敢保证，我们今天会玩得很开心。拿好钓鱼工具，立刻出发去河边吧。

在河边漫步，听着潺潺的水声，多惬意啊。想象一下，一条鳟鱼咬钩了，我们拉扯着钓鱼线，多快乐啊。我忍不住要引用《垂钓者之歌》里的句子，我觉得你们一定会喜欢：

绿林里的快乐藏在猎犬和号角中，
再麻木不仁也不会对此无动于衷。
麦茬里的快乐源自灰山鹑（chún），
展开翅膀划出美丽的弧度，
翅膀撒下阴凉，野兔蹦跳欢畅。
但比猎犬、号角和麦茬更为快乐的，
莫过于我们的运动，在这优美的河边。

每月有哪种虫子，我们都心中有数，

能用巧夺天工的技艺，
造出以假乱真的虫翼。
知道哪阵风能让鳟鱼浮出水面，
知道如何让它咬住鱼线，无论水深水浅。
狡猾的鱼饵喂给狡猾的鲑鱼，
都是我们的运动，在这优美的河边。

小溪水流潺潺，可有音乐与之匹敌？
河水波光粼粼，可有钻石与之媲美？
再软的沙发，比不过长满苔藓的河岸，
正午阳光下，我们头枕鲜花畅想万千。
在清澈的溪水中搜寻鲑鱼的踪迹，
这是我们的运动，在这优美的河边。

朝阳向着引吭高歌的百灵鸟致以敬意，
黄昏聆听夜莺在昏暗树枝上歌唱颂歌。
雨点滴落，骤然打湿草丛，
云影掠过，阳光散落其中。
世间美丽、快乐与和谐，
无论正午时分，无论日薄西山，
歌颂我们的运动，在这优美的河边。

我们再次来到了美丽的肖伯里小村庄。从小到大，我曾无数次漫游在罗登河岸，如今这里发生了翻天覆地的变化！许多熟悉

灰山鹑（*Perdix perdix*）

的事物、钓鱼的同伴，现在都已无迹可寻。那段回忆弥足珍贵，令我经常回想当初愉快的时光。

我们在“大象和城堡”客栈停下脚步，安顿好马车，在河边漫步。

真是个好地方啊！威利，这里没有什么树挡着，你可以把渔线抛向那个地方，要静，要轻，要快，如果下面有鱼，它一定抵挡不住蜉蝣的诱惑。

我建议先让鱼儿们尝尝绿蜉（模仿蜉蝣制作的鱼饵），再吃肥嫩的天然蜉蝣。就像克里斯托弗·诺斯[1]说的——

① 本名为约翰·威尔逊（John Wilson），英国文学评论家、作家，克里斯托弗·诺斯（Christopher North）是他的笔名。

“想吃蜉蝣？就不能让这些可怜的小虫享受它们难得的一天吗？它们吃起来没有一点儿味道。不过，这里有一些非常可口的小吃，它们的尾巴里装着开胃酱。一定要尝尝绿蜉的味道——这三种任选其一即可。”

拉紧了，威利，这是一条大鱼。小心地把它拉住，保持鱼竿垂直，遛它一会儿，消耗一下它的体力，因为它现在精力充沛。就是这样，干得漂亮！

我用抄网（带长柄的网兜）把鱼捞上来了。

看，这是一条多漂亮的圆鳍雅罗鱼（欧洲鲢鱼）。我敢说，它得有一斤重，真是一条好鱼！它的肉会和鲑鱼肉一样粉嫩。我曾在下游钓到过这种鱼，和现在不同，当时的河水非常浑浊，流速很慢。

看，圆鳍雅罗鱼的身体瘦长，上半部分呈现深色。和细细的身体相比，它的头显得有些大。

圆鳍雅罗鱼（*Squalius cephalus*）

2 叶状鱼虱：长在鱼身上的寄生虫

“快看，爸爸，”威利问，“这条鱼身上爬着许多小虫子，它们是什么？”

我认得，垂钓者们叫它鳟鱼虱子，博物学家们叫它叶状鱼虱。我要刮下一只放进瓶子里。

看，它的身体接近圆形，几乎是透明的，泛着一点儿绿色。它有一条分叉的短尾巴；四对用于游泳的脚，每只脚上都长有纤毛；一对螯足；螯足前面还有一对肉乎乎的圆形吸盘，可以让它像其他寄生虫那样，吸附在不同的鱼类身上。

这种小家伙非常优雅。你们看，它能在水里灵活游动，一会

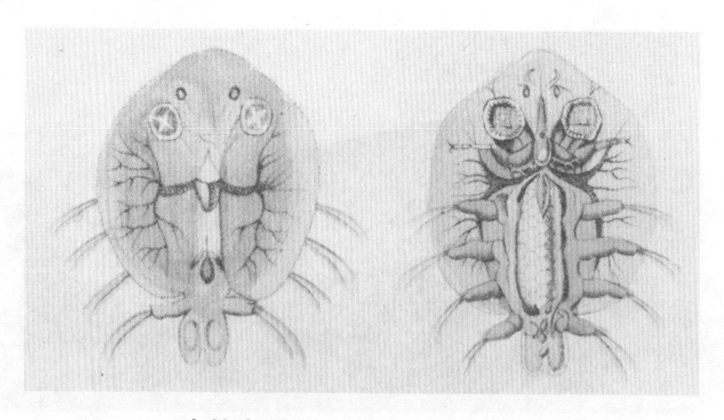

叶状鱼虱（*Argulus foliaceus*）

儿呈直线，一会儿快速地不停转圈。

我们能在许多种鱼身上找到叶状鱼虱，包括健康状况较好的鱼，但通常它们会聚集在生了病的鱼身上。它的嘴部有一个长长的、尖利的吸管，能刺穿身下的鱼的皮肤，吸取鱼体内的汁液。

我们装一些叶状鱼虱，回家后，我会用显微镜让你们观察它身上的各个部位。

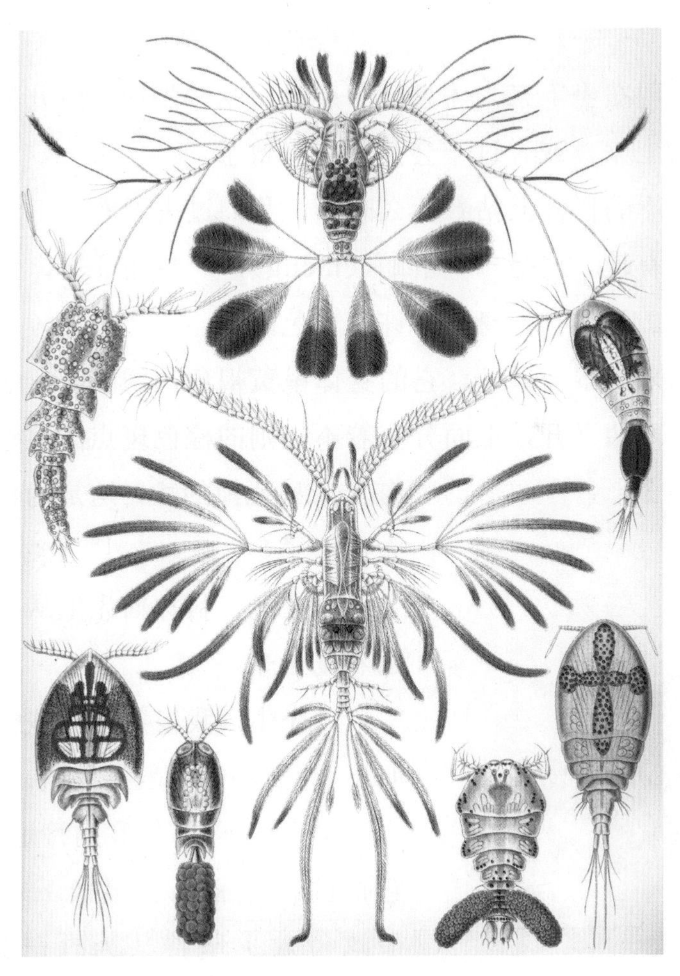

各种各样的鱼虱

3 鹬麦虻：用自己的遗体保护孩子的飞虫

我们现在坐下来，休息一个小时，吃些午饭。鱼儿们并不会时刻都游上来，或许过一会儿就有兴致了。

河对岸的栏杆上粘着什么东西，我们过去看看。

真是有趣。这是一大群虻（méng），一些还活着，但大部分已经死了。看，它们身下有许多白色的卵。

我们来观察一只虻。它的身体呈黄褐色，翅膀是透明的，长长的，向两边叉开，上面分布着不规则的棕色斑点。这些卵上得有上千只死掉的虻，这是为什么呢？太奇怪了！

下观鹬虻（*Rhagio scolopaceus*）

这会儿，科林斯先生从靠近河岸的农场走来。

“先生，我很熟悉这些虻。它们叫下观鹬（yù）虻。”他说。

“肯定不是，”我回答道，“虽然它们的颜色和长相很像下观鹬虻。”但这位农夫坚持认为自己是对的，我觉得继续和他争论下去没有意义。

科林斯先生是一位飞蝇钓[①]的好手。这些喜欢飞蝇钓的人，除了一些本身就是博物学家的，其他人普遍固执又自以为是。我曾多次试着告诉他们，蜉蝣并不是石蚕[②]变成的，但几乎没有成功过！

这数千只趴在卵上的虻被昆虫学家称为鹮（huán）麦虻。雌性鹮麦虻是群居的，正如我们看到的这样，它们经常把卵产在栏杆、树枝或其他横越溪流的物体上，之后留在原地，直至死亡。其他鹮麦虻也一只接一只来到这里，把卵产下，不久后就堆积成了很

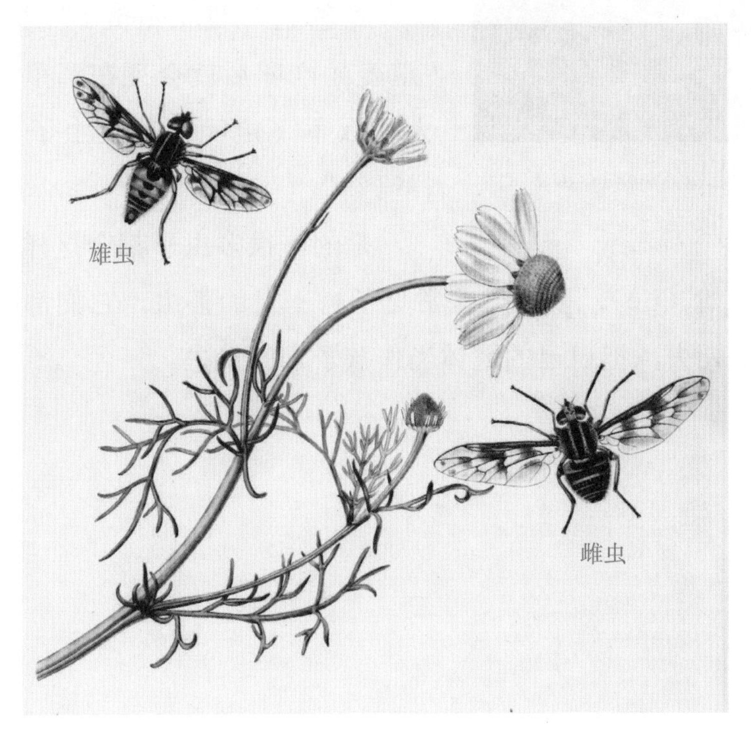

鹮麦虻（*Atherix ibis*）

① 用模仿飞虫的鱼饵来钓鱼，主要针对有食虫习性的淡水鱼。

② 详见《陆地生物》（下）第218页。

粉蚧（*Pseudococcus*）

大一群。

孵化出来的鹞麦虻幼虫会掉进水里，之后就在水中生活。它的尾巴分叉，约为身体的三分之一，而且能竖起来不停摆动，使身体浮在水面上。

遗憾的是，我对鹞麦虻的幼虫或蛹都不熟悉，希望这个夏天能加深对它们的了解。

“爸爸，我很好奇，”杰克问，“鹞麦虻产卵后就会死在那里，它们为什么不飞走呢？其他虫子也会这样吗？”

是的，很多虫子都会这样。比如雌性粉蚧（jiè），以及一些常见于树干上的害虫，它们都会在产卵之后死去，把自己的遗体当作孩子们的堡垒。

4 蜉蝣："朝生暮死"的小飞虫

看那只蹿出来的蜉蝣，注意看它是如何抬着头飞了一两秒钟，然后无助地落在水面上。

看那里！你们看到那条冲它而去的鳟鱼了吗？它躲过了饥饿的鳟鱼，飞到了草地上，估计会在那里休息几个小时。

把鱼竿递给我，可能这条鳟鱼会咬我的绿蜉。看！刚刚那一掷正好落在它的上面，但是它不愿意去咬。我试了一遍又一遍，它还是不愿意咬，我猜它是不喜欢里面的"开胃酱"。那我一个小时后再去试着引诱它。

这里的河水流速缓慢，并不湍急，我们躺在草丛上，看看蜉蝣是如何出生的吧。

上游漂下来一些东西，我能够得着，看我把它捞上来。

这是什么？和我猜的一样，是正在蜕壳的丹氏蜉蝣。看，它扭动着身子，挣扎着从壳中出来了，从长相奇怪的稚虫蜕变成漂亮的蜉蝣。但它还要再蜕一次壳，才能完成整个蜕变过程。

你们看，它现在还很笨重，因为翅膀湿漉漉的，也无法很好地控制肌肉。它现在的状态还不完美，每隔一两秒就会掉向水面，说不定哪一次就会成为湖拟鲤、鳟鱼或其他鱼类的腹中餐。

湖拟鲤（*Rutilus rutilus*）

你们要记住，亚成虫阶段的蜉蝣，翅膀还没有成功蜕变，正是钓鱼者眼中的好鱼饵。

这片绿草上有什么？你们看到了吗？粘在草上、看上去了无生气的朦胧轮廓是什么？

那是一个精致的虫壳，薄如蝉翼，轻若浮云。看，我一口气就可以吹走。你们看，它的背部裂开了，上一个住户就是从这儿离开的。这是被蜉蝣丢弃的壳，现在它已经蜕变得比滑稽演员还活泼了。

雄性丹氏蜉蝣是黑棕色的，翅膀薄如轻纱。雌性丹氏蜉蝣非

丹氏蜉蝣（*Ephemera danica*，雄）

丹氏蜉蝣（雌）

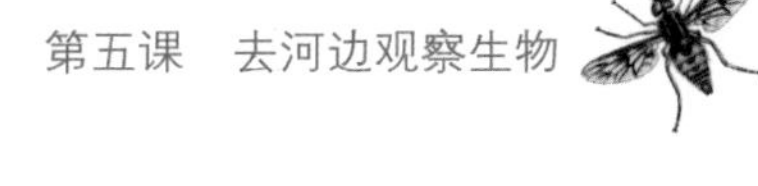

常美丽，身体呈现大理石般的白色和棕色。

雌蜉蝣有着出众的飞行能力，一会儿飞向高空，一会儿滑过水面，时不时点一下水，这是为了产卵。蜉蝣卵小小的，呈椭球状，会沉入水底，依附在水草或石头上。

雄蜉蝣的飞行方式与雌蜉蝣不同，它们会成群结队地上下飞舞，头部直立，身体向上弯曲。当然，有无数蜉蝣会直接成为鱼和鸟的美味点心。

无论是在稚虫还是亚成虫阶段，蜉蝣都非常贪吃。然而它一旦完成最终的蜕变，便不再进食。蜉蝣成虫没有真正意义上的嘴，它的嘴已经退化了，并不完整。它的胃里永远找不到食物残渣，只有气泡。这些气泡能帮助它在水面漂浮，从而省下不少力气。我来抓一只在空中飞舞的雄蜉蝣，用手指捏住。抓到了！它裂开了！我用食指和拇指捏了一下，它胃里的气泡就炸裂了。

在英国，丹氏蜉蝣多见于五月末和六月初，所以也叫五月蜉。其他国家的蜉蝣数量更多，在荷兰、瑞士和法国部分地区，蜉蝣的数量简直比得上雪花。

“空气中到处都是蜉蝣，”列奥米尔[①]说，“在河上，在我所站的岸边，到处都是，无法形容，也难以置信。下雪的时候，无论雪花多大多密，也没有空气中的蜉蝣多。”

我认为，在不列颠群岛上是见不到这么多蜉蝣的。它在成虫阶段，也就是完全蜕变之后，只能生存很短的一段时间。蜉蝣属的拉丁学名 *Ephemera*，本意就是“朝生暮死”，虽然蜉蝣的寿

---

① 勒内－安托万·费尔绍·德·列奥米尔（René–Antoine Ferchault de Réaumur），法国科学家，在许多不同领域都有成就，尤其是昆虫研究。

命其实不止一天，但这个词非常精确地描述了它们短暂的一生。

丹氏蜉蝣的尾部有三根长长的须。有一些同科不同属的蜉蝣只有两根尾须，比如被钓鱼者们称作“三月棕”的德国溪颏（kē）蜉。

德国溪颏蜉与丹氏蜉蝣十分相似，但体型更小。然而最让人好奇的是，这两种蜉蝣在稚虫阶段的外观迥然不同。毫无疑问，这显著的差异是因为两者不在同一个属，我就不展开讲了。

德国溪颏蜉（*Rhithrogena germanica*）

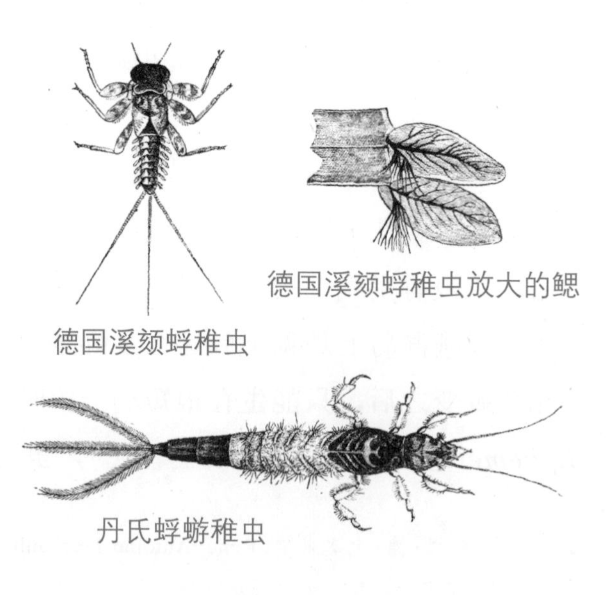

德国溪颏蜉稚虫放大的鳃

德国溪颏蜉稚虫

丹氏蜉蝣稚虫

5 雅罗鱼：在水毛茛叶子上产卵的鱼

我们吃过了午饭，收拾完毕，也观察了蜉蝣，现在再来试试钓几条鳟鱼吧。有时候，即便天气和水况都非常适宜，可鱼就是不上钩，真是挺奇怪的。

威利，你在偷捞什么呢？

“爸爸，”威利叫道，“这片阴影里有许多雅罗鱼，所以我用上了钩子。看，我把钩子扔到鱼群的另一侧，再迅速拉回来，成功钩到了两条。”

雅罗鱼会在水毛茛中大量产卵，你钩上来一些，就能在里面发现一些鱼卵。看，果然有很多，它们像小珍珠一样，零零星星地分布在细线一般的长叶子上。

你已经捞得够多了，我觉得占这些可怜鱼儿的便宜，不是什么高尚的事。带着你的鱼线，去桥下面试试吧。你觉得没什么用吗？一位真正的钓鱼者可不会说这种话。我能在桥下钓到许多鳟鱼，我敢说你这次肯定会成功。

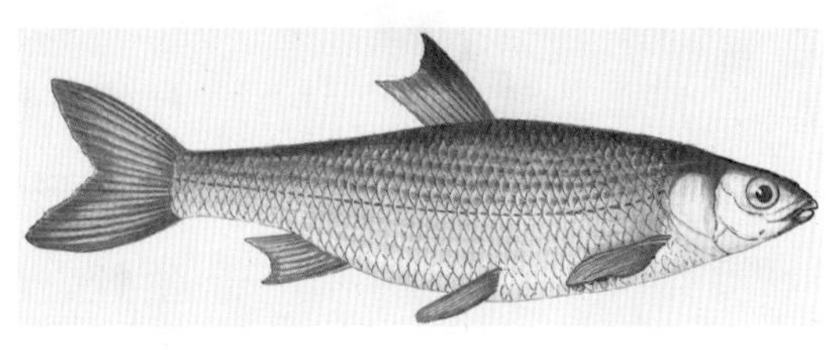

雅罗鱼（*Leuciscus leuciscus*）

6 尺蠖鱼蛭：寄生在鱼身上的水蛭

看，我说什么来着。威利，把线拉紧，杰克会把鱼捞上来。

这是一条褐鳟，是欧洲最常见的鳟鱼（鲑科鳟属鱼类的统称）。这条鱼虽然不大，但很活泼，把它放在草地上吧。

褐鳟（*Salmo trutta*）

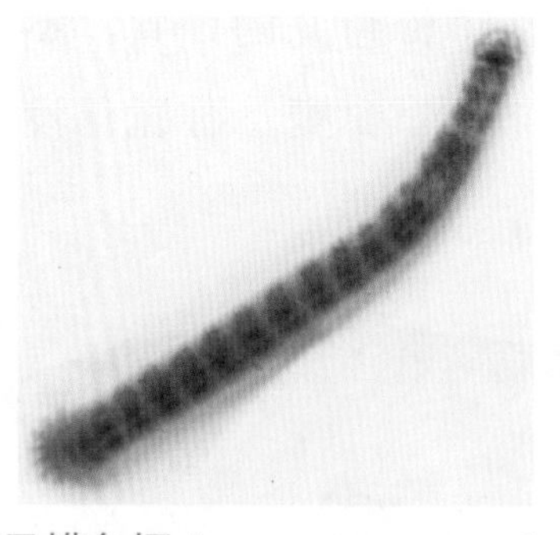

尺蠖鱼蛭（*Piscicola geometra*）

"它身上有寄生虫吗？"

确实有，但与我们上次见到的不同。这种像水蛭一样的生物是尺蠖（huò）鱼蛭，它小小的，呈圆柱形，是一种不怎么常见的寄生蛭。我们把它放进瓶子里带回家，等有空的时候再好好研究。

我们现在钓到几条鳟鱼了？

“我们有九条了。别忘了，我可钓到了三条。”威利说。

没错，但你是不是把偷捞来的也算进去了？

“没有，我用飞蝇钓的方法钓到了三条，还没把雅罗鱼算进去呢。”

今天也算是有所收获，毕竟我还扔回去了三条小鱼呢。

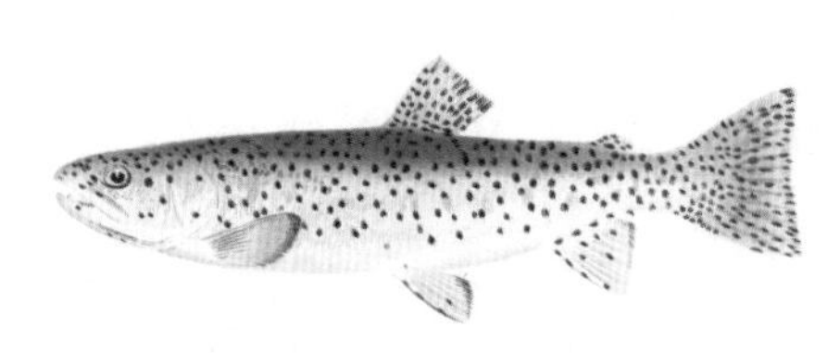

虹鳟（*Oncorhynchus mykiss*）

大西洋鲑（*Salmo salar*）

美洲红点鲑（*Brook trout*）

北极红点鲑（*Salvelinus alpinus*）

湖红点鲑（*Salvelinus namaycush*）

7 金莲花：花朵像莲花的艳丽植物

“河边长了一小片很艳丽的植物，上面开着金黄色的大花球，好漂亮啊！它们叫什么？”

这是金莲花的欧洲亚种，之所以叫这个名字，是因为它的花冠长得像莲花。它是毛茛科植物，我想你们也能猜到。

欧洲金莲花（*Trollius europaeus*）

野生金莲花通常生长在山区，所以我猜它们是从四百米外的农舍花园散播到这里的。我们连根拔几株，或许卡顿太太愿意把它们种在她的野生灌木园里。

外出钓鱼的时候，就算不方便，也要带上小铲子和小篮子，还有一些广口瓶——它们会派上大用场，尤其是在没钓到鳟鱼的时候。你们可以把铲子和篮子留在农舍，但每一位喜欢钓鱼的博物学家都会随身带着广口瓶。

8 蟌：俗称豆娘的美丽昆虫

杰克，你在追什么？

噢！我明白了，那是一种蟌（cōng），也就是我们俗称的豆娘，是英国最美丽的昆虫之一。它飞得太快了，你追不上的。这只是钢青色的，真漂亮啊。我们坐一会儿，观察它的飞行。

看，它飞得多快啊，一会儿顺着河道的方向，一会儿又掉头往回飞。它叫丽色蟌，俗称阔翅豆娘，是所有蟌中最美丽的，甚至能与热带国家的鲜艳昆虫相媲美。

丽色蟌（*Calopteryx virgo*，雄）

丽色蟌（雌）

所有的蟌在稚虫时期都生活在水中，它们长得很奇怪，体型失调，性情凶恶。稚虫的嘴巴——准确说是下唇长得很怪异，它的根基连在头部，最外端有一对颚。人们管这个下唇叫“面罩”。稚虫在休息时，会把“面罩”折叠在头的下方，但也可以将它瞬间弹射出去，抓住任何从面前路过的“小点心”。

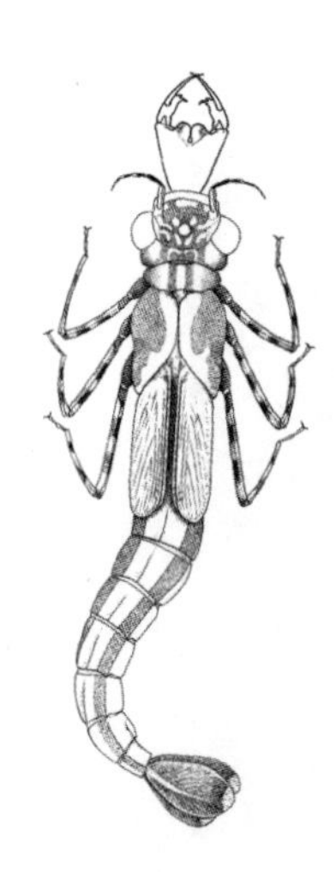

蟌的稚虫

想象一下，你的手臂和下巴连在一起，你弯起手臂，直到把脸埋进手里——这就是稚虫休息时戴上“面罩”的样子；你再把胳膊猛然打开，在面前伸直——这就是稚虫打开“面罩”捕猎的样子，你的手指就是它的颚。

蟌的稚虫在即将蜕变为成虫时，会离开水面，藏在水草茎或其他离水的物体上，等待外壳爆裂开来，开启它的新形态。我们在周围仔细找找，一定能发现一些空壳。这片莎草上就有两个，你们看它后背上的裂缝，蟌就是从这里钻出来的。

我的捕虫网呢？我要试着抓一只蟌。

抓到了！我网住一只带状蟌小姐了，不，应该叫它先生，因为它翅膀中央的深色斑块暴露了它的性别——雌蟌的翅膀上没有斑块，而且是翠绿色的。

“它在阳光下好闪耀啊，”威利说，“它的翅膀美得无与伦比。”

好了，现在你们已经近距离观察、欣赏过这只带状蟌了，我要放它走了。它展翅飞走了，短暂的“扣押”不会对它带来什么伤害。

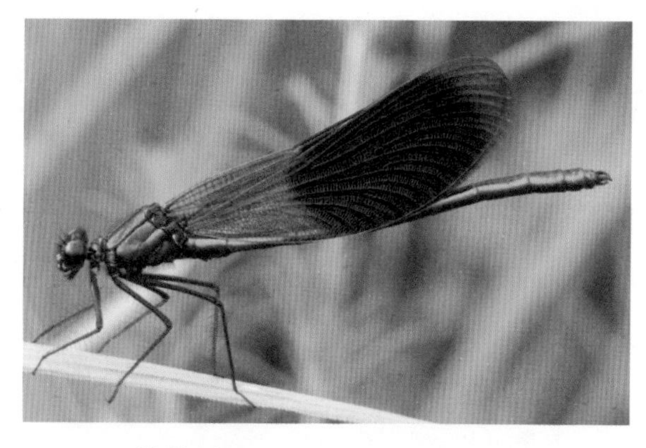

带状蟌（*Calopteryx splendens*，雄）

带状蟌（雌）

9 蜻蜓：高贵而凶猛的“昆虫之王”

蜻蜓是螅的近亲，也是英国体型最大、最活泼的一类昆虫，用莱莫·琼斯[①] 教授极富观察力的话来说，就是——

“蜻蜓进化出了飞得又快又稳的能力，在池塘边、沼泽地里猎食时如隼般迅猛，因此极易辨识，在炎炎夏日，到处都有它们的身影。和它们灵活的身姿一样引人注目的，是它们绝美的色彩和翅膀的精致构造。

“蜻蜓甚至被称作‘昆虫之王’。昆虫学家为它们挑选的名字就能证明其纯粹和完美，如‘帝王伟蜓’，表明了它的皇室身份。作为同属蜻蜓目的螅，它们的名字里更是夹杂着形容女性高雅华贵的词语，如‘丽色’‘豆娘’十分适合许多螅所展现出的美丽身姿。

“但是，蜻蜓的习性和它们的美好称谓毫不沾边。实际上，它们是昆虫界的猛虎，一生都在杀戮和掠夺。它们的翅膀强健有力，再加上硕大无比的颚、极佳的视力和闪电般的速度，在昆虫界几乎没有敌手，没有任何猎物能从它们的暴行中生还。更可怕

---

① 托马斯·莱莫·琼斯（Thomas Rymer Jones），英国外科医生、学者、动物学家。

帝王伟蜓（*Anax imperator*，雄）

帝王伟蜓（雌）

的是，它们甚至会把前来攻击自己的昆虫大军杀得一个不留。”

但是，这些描述并不表示我们要敌视蜻蜓。相反，蜻蜓对人类是极其有益的，它们消灭了无数害虫，保护了农作物。

“但是，爸爸，”杰克说，“村子里的男孩儿只要抓到蜻蜓就会杀死它们，说它们会叮咬马儿。”

我知道人们常常这样做，这是从他们的老祖先那里传下来的陋习。这附近的人经常把蜻蜓称作“叮马虫”，美国人则称呼它“鬼织针”，苏格兰人则会叫它“飞蛇”。

现在去看看鳟鱼朋友吧，一小时前它还不肯吃绿蜉呢。

啊！第一下就上钩了，看它蹦得多欢啊。现在，威利，上抄网。干得漂亮！一切顺利，这也是一条不错的鱼。

我们今天的漫步结束了，必须准备坐车回家了。

威利，明天你要学一学汤姆森[①]《四季》里的这些诗句：

---

① 詹姆斯·汤姆森（James Thomson），英国诗人、剧作家。

耀眼的阳光透过小溪，唤醒鱼群，
结伴垂钓，好不欢喜。
西风吹起水面的涟漪，
阳光透过山间浮云，照射大地，
林中莺歌燕语，传至小溪。
石块堆砌，迷宫隐现，
溪流中水波徐徐，稚虫在其中嬉戏。
池塘中泛起可疑的波浪，
似乎是河水变得滚烫，
从那石头旁，在那凹陷的岸边，
在回旋的水流中起伏的，
是一只作为诱饵的绿蜉，准头十足。
牵着鱼线，拉出狡诈的弧度，
目光炯炯，盯着这场拉锯战。
忽而上升，忽而在饵料的诱惑下跳起，
然后轻轻摆动，咬住鱼钩。
有的能轻巧扔向草地，
有的需缓慢拽到岸边，
鱼儿身体决定手中力气。
若尚年幼，上钩容易，
身体轻盈，难折鱼竿，
哀其年少，和它短暂的时间，
却已享受了天堂的生命之光，

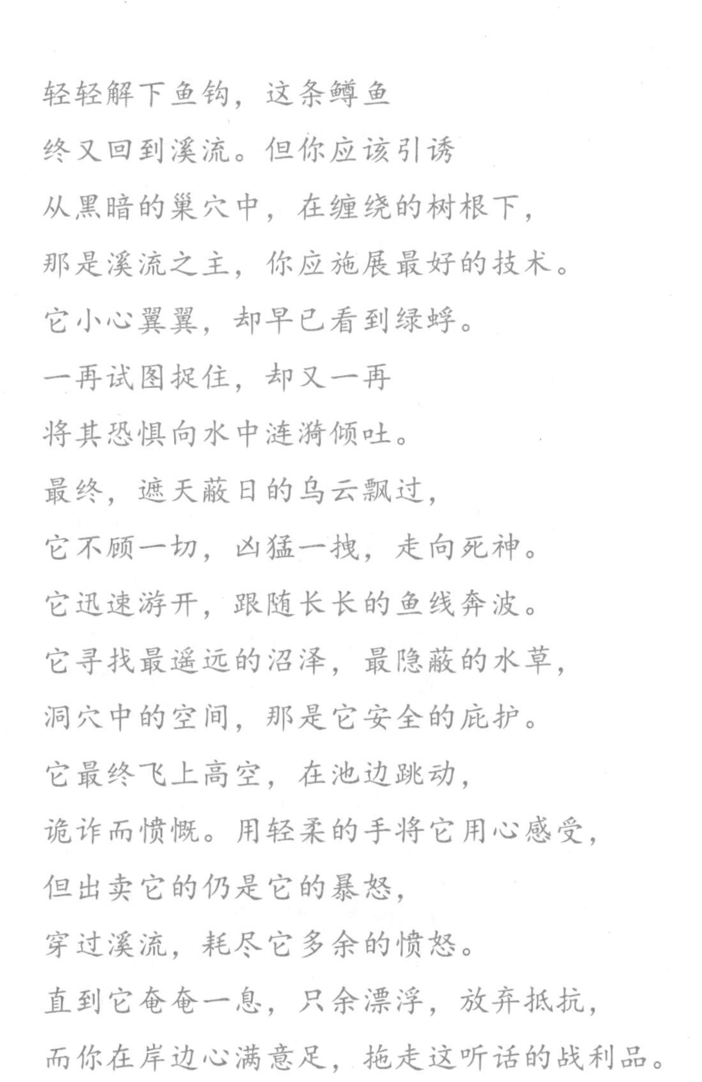

轻轻解下鱼钩，这条鳟鱼
终又回到溪流。但你应该引诱
从黑暗的巢穴中，在缠绕的树根下，
那是溪流之主，你应施展最好的技术。
它小心翼翼，却早已看到绿蜉。
一再试图捉住，却又一再
将其恐惧向水中涟漪倾吐。
最终，遮天蔽日的乌云飘过，
它不顾一切，凶猛一拽，走向死神。
它迅速游开，跟随长长的鱼线奔波。
它寻找最遥远的沼泽，最隐蔽的水草，
洞穴中的空间，那是它安全的庇护。
它最终飞上高空，在池边跳动，
诡诈而愤慨。用轻柔的手将它用心感受，
但出卖它的仍是它的暴怒，
穿过溪流，耗尽它多余的愤怒。
直到它奄奄一息，只余漂浮，放弃抵抗，
而你在岸边心满意足，拖走这听话的战利品。

你们要将一句忠言铭记于心：“无论如何，坚持，再坚持。总有一天，你们会变得很有毅力。”

致谢

本册所用的部分图片来自知识共享平台 Wikimedia Commons，
特此向图片提供者表示感谢。

豉甲（P035）：©Udo Schmidt from Deutschland，CC BY-SA 2.0
豉甲侧视图（P035）：©Desmond W. Helmore，CC BY 4.0
夹在鱼鳍上的钩介幼虫（P037）：©Nicoletta.unio，CC BY-SA 4.0
珍珠蚌（P038）：©Xepheid，CC BY-SA 4.0
龙虱前足底部的吸盘（P048）：©Mikrofot，CC BY-SA 4.0
捕食蝌蚪的龙虱幼虫（P050）：©Gilles San Martin from Namur, Belgium，CC BYSA 2.0
玻璃虫（P051）：©Piet Spaans，CC BY-SA 2.5
八目山蛭（P068）：©Ulrich Kutschera，CC BY-SA 3.0 DE
法国菜咖喱蛙腿（P077）：©Marianne Casamance，CC BY-SA 3.0
墨西哥木贼（P098）：©alexlomas on Flickr，CC BY 2.0
普通水螅（P099）：©Corvana，CC BY-SA 3.0
绿水螅（P101）：©Peter Schuchert，CC BY-SA 4.0
褐水螅（P101）：©Marta Boroń，CC BY 2.0
下观鹬虻（P110）：©Janet Graham，CC BY 2.0
粉蚧（P112）：©D-Kuru，CC BY-SA 3.0 AT
丹氏蜉蝣（雄）（P114）：©AfroBrazilian，CC BY-SA 4.0
丹氏蜉蝣（雌）（P114）：©No machine-readable author provided. Jeffdelonge assumed (based on copyright claims).，CC BY-SA 3.0
德国溪颏蜉（P116）：©Richard Bartz, Munich aka Makro Freak，CC BY-SA 2.5
尺蠖鱼蛭（P118）：©Mateusz Bocheński，CC BY-SA 3.0
丽色蟌（雄）（P121）：©Michael Apel，CC BY-SA 3.0
丽色蟌（雌）（P122）：©I, Chrumps，CC BY-SA 3.0
带状蟌（雄）（P123）：©böhringer friedrich，CC BY-SA 2.5
带状蟌（雌）（P123）：©Quartl，CC BY-SA 3.0
帝王伟蜓（雄）（P125）：©Quartl，CC BY 3.0
帝王伟蜓（雌）（P125）：©Christian Fischer，CC BY-SA 3.0

博物学家爸爸的自然课

陆地生物 下

〔英〕威廉·霍顿 著
田烁 译

南方出版社
海口

图书在版编目（CIP）数据

陆地生物 / (英) 威廉 · 霍顿著 ; 田烁, 李坤钰译
. — 海口 : 南方出版社, 2022.7（2022.9重印）
（博物学家爸爸的自然课）
ISBN 978-7-5501-7668-3

Ⅰ. ①陆… Ⅱ. ①威… ②田… ③李… Ⅲ. ①生物学
—儿童读物 Ⅳ. ①Q-49②Q94-49

中国版本图书馆CIP数据核字(2022)第116114号

博物学家爸爸的自然课：陆地生物

BOWUXUEJIA BABA DE ZIRANKE：LUDI SHENGWU

〔英〕威廉 · 霍顿 【著】　田烁 【译】

责任编辑：高　皓

封面设计：Lily

出版发行：南方出版社

邮政编码：570208

社　　址：海南省海口市和平大道70号

电　　话：（0898）66160822

传　　真：（0898）66160830

经　　销：全国新华书店

印　　刷：河北鹏润印刷有限公司

开　　本：710 mm×1000 mm　1/16

印　　张：31

字　　数：347千字

版　　次：2022年7月第1版　2022年9月第2次印刷

定　　价：298.00元（全四册）

第六课　探索草场和池塘

第九课 去田野漫步

第十课 去树林探索

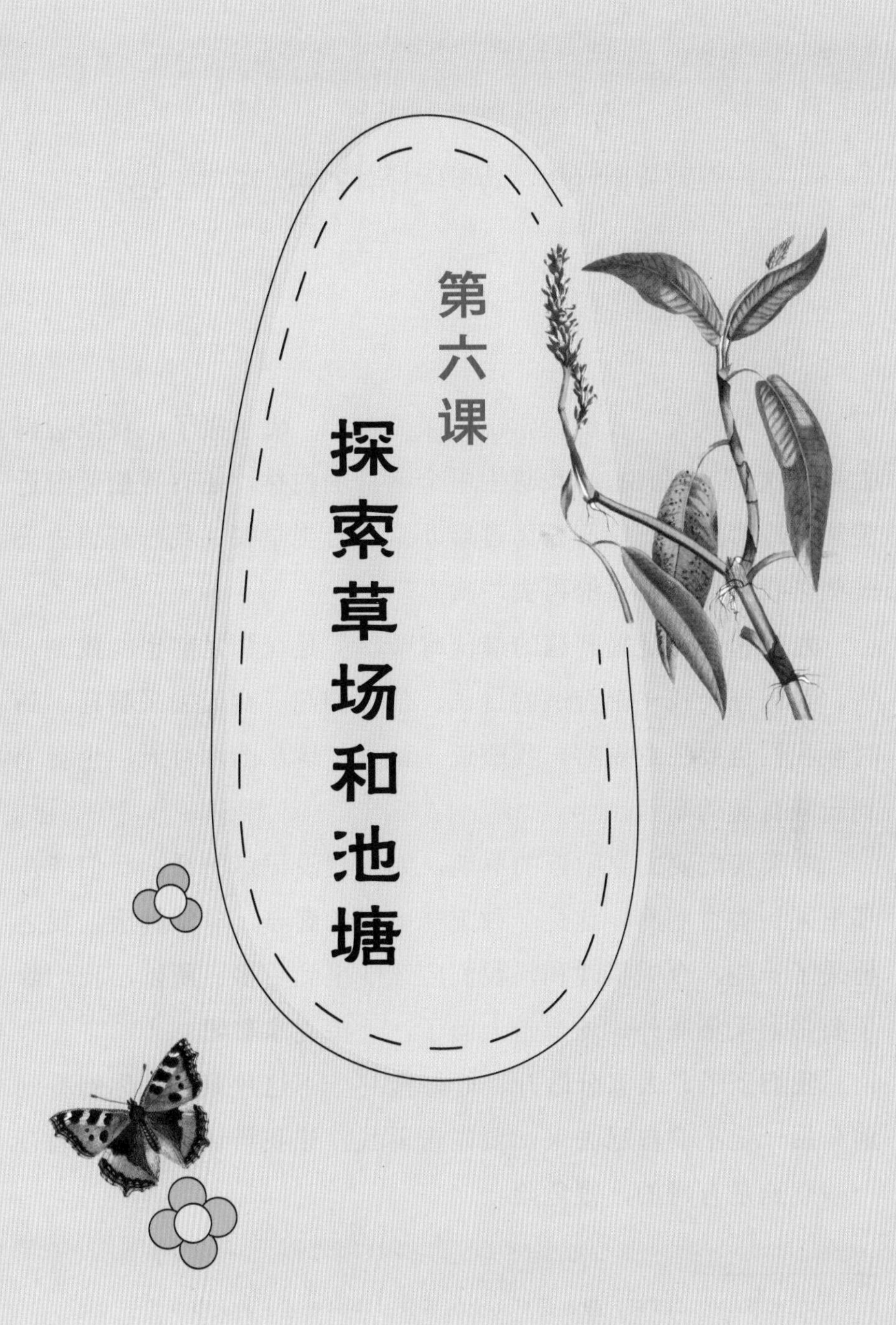

第六课 探索草场和池塘

1 香杏丽蘑：难闻却好吃的蘑菇

“去年秋天，我们经常出去采蘑菇[①]，快乐极了，我很想再去采一次。”威利说，“我想去里金南部的树林，还有蒂伯顿附近美丽的冷杉园。有些蘑菇烤过后非常适合当早餐，我一直想去采一些。我们什么时候能再去一次？”

九月和十月是采蘑菇的最佳时节，但是在那之前也能找到一些。我保证会找一个合适的日子，带你们花一两天去采蘑菇。到时候我们也要注意观察，我敢说，就算是现在的六月天，也会见到一些有趣的东西。

今天我们要去家附近的草地，如果我没记错的话，我们能在那里采到香杏丽蘑。这是一种美味可口的蘑菇，非常健康。我之前采了一些，今天很暖和，我们应该能采到更多。所以，我们除了要带上采集瓶外，还要带上篮子，让杰克拿着吧。

我们到了。大家分散开，好好搜寻一下这片草地。你们看到蘑菇后一定不要自己去采，要先告诉我，让我辨认一下。因为有一些蘑菇是有毒的，很危险。

---

① 本书中的“蘑菇”指的是广义上的蘑菇，即肉眼可见的大型真菌子实体。

“这边有好多蘑菇，围成了一个圈。”梅叫道。

让我看看，这正是我们要找的香杏丽蘑。看这些白色或略微泛黄的菌褶，排列得多密集。它的菌肉肥厚，菌柄也很粗壮。相比而言，很少有其他蘑菇能在这么早就长出来，而且你们绝不会把它和其他种类的蘑菇弄混。

香杏丽蘑（*Calocybe gambosa*）

什么？你们觉得它的味道太冲了。好吧，我承认这种蘑菇的味道很重，而且不好闻。把采到的香杏丽蘑放进篮子吧，你们会发现它吃起来比闻上去好多了。这几个顶部裂开了，这几个比较老了，但还是很不错的，也把它们放进篮子吧。

2 旋木雀：喜欢往树上跑的小鸟

“爸爸，”杰克叫道，“我在看篱笆处的欧梣（qín），好像看到一只老鼠跑到了树干上。”

我猜那不是老鼠，而是一种叫旋木雀的鸟。人们这么称呼它，正是因为它喜欢往树上跑。我们走近些看看。

我猜对了。这只旋木雀正顺着树干向上奔跑。看，它停下了，好像在检查树皮。它又开始跑了，真的很像一只老鼠！

旋木雀是英国体型最小的鸟之一，虽然数量多，但并不常见，只有那些关注它们且眼力好的人才能看到。

看，这只漂亮的小花鸟转到了树的另一侧，再次出发去探索其他树干了。

你们注意看，旋木雀的嘴又弯又尖，爪子又弯又长，尾巴上的羽毛很坚硬，并且向两边叉开，能够抵着树干，作为向上攀爬的支点。这些特征都是为了方便它快速攀爬。

这种鸟儿的叫声动听但微弱，它们会在这里待上一整年，通常出现在树木较多的林场和公园里。它们会把巢建在树洞里，或者腐朽的树干内部。这种小鸟的繁殖季在四月，它们会下很多蛋，一窝有六至九枚。这些蛋基本上是白色的，通常会在较大的一端点缀几处粉色斑点。雏鸟的体型非常小，这你们也能猜到。

欧梣（*Fraxinus excelsior*）：
1、2 花序；3 种子；4 雄花；5 雌花；6 双性花。

旋木雀（*Certhia familiaris*）

3 草：不起眼的植物也有大学问

我们去附近的草场看看，那里很快就要收割了。我们顺着篱笆走，因为踩踏这些高高的草是不道德的，但少量摘一些是可以的。大多数人对草的了解，仅限于它们是牛羊的优质饲料，今天我就给你们讲一讲草。

我们多摘几种草，尽量仔细分辨，每种只摘一株。看它们多优雅、多漂亮。不同种类的草差别非常大——有些长着直挺挺的穗状花序；有些耷拉着漂亮的脑袋；有些摸起来非常粗糙；有些柔软得像是绸

A 偃麦草（*Elymus repens*）：1 穗状花序；2 小穗；3 颖（苞片）。B 脆轴偃麦草（*Elymus farctus*）：5、6 穗状花序；7 颖。

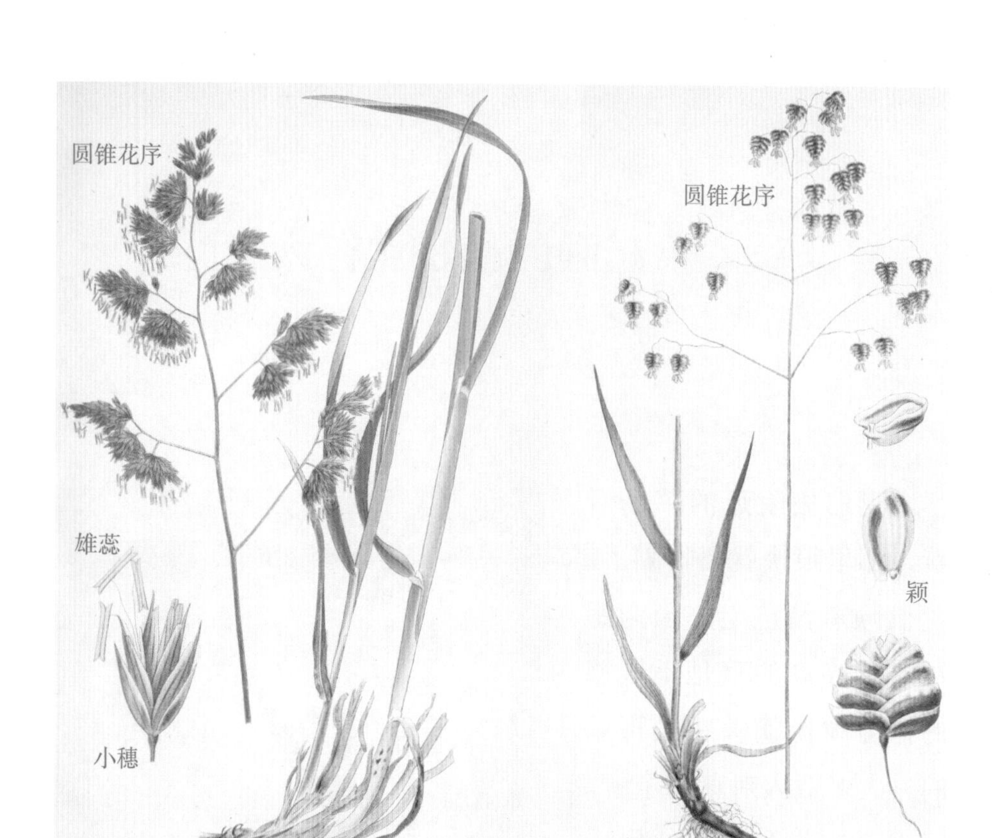

鸭茅（*Dactylis glomerata*） 凌风草（*Briza media*）

缎；有些营养价值很高，能制成干草饲料；有些只是讨厌的杂草。

你们知道偃（yǎn）麦草吗？这种草给农民带来了很大麻烦。它们生长飞快，很难除净，根茎在地下四处蔓延，如果不加以阻止，就会占据整片土地。所以农民们会认真地把所有偃麦草清理干净，然后堆起来烧掉。

这是鸭茅，非常粗糙，顶部那一簇簇的是圆锥花序。看它的雄蕊，个头大，呈黄色。这种草生长迅速，大部分被制成了干草饲料。

这是凌风草，枝叶细长而光滑。看，它轻轻地摇晃，无数个小穗随之摆动。凌风草非常美丽，农民经常把它装饰在壁炉架上，但它的农用价值不高，所以在这片草场并不多见。相反，如果一片土地长了很多凌风草，就说明那里很贫瘠。

这是草地早熟禾，有着微微下垂的圆锥花序。

这片用树篱围住的是单花臭草，它们细长的叶柄上长着许多小穗。

这是绒毛草，摸摸看，它的圆锥花序非常光滑。

这是燕麦草。

“那边长得高高的草叫什么？”威利问，“我经常在河边看

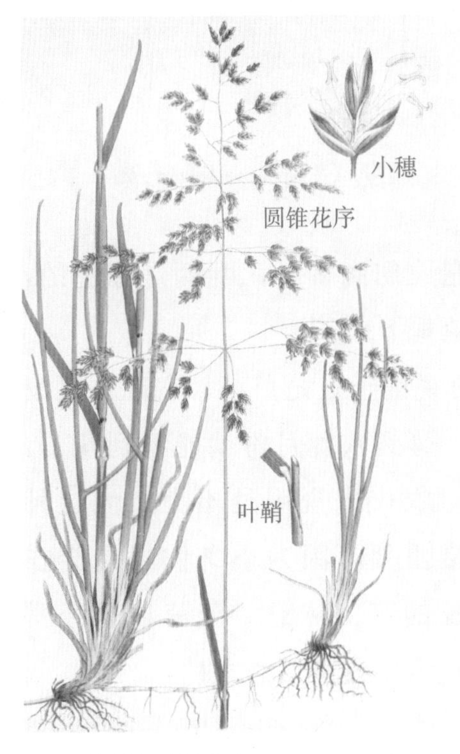

草地早熟禾（*Poa pratensis*）

单花臭草（*Melica uniflora*）

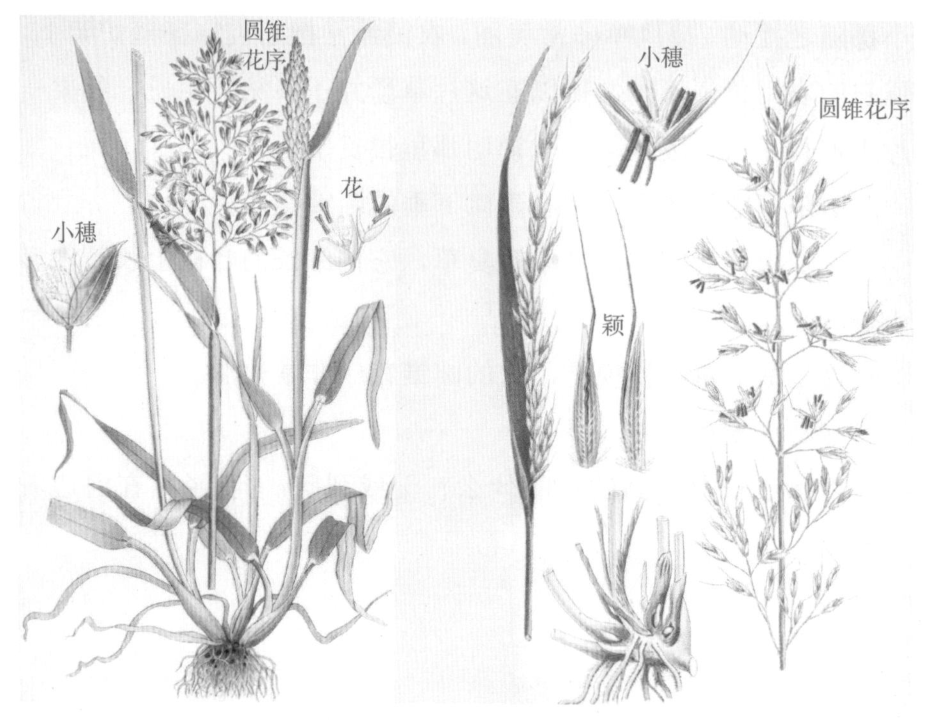

绒毛草（*Holcus lanatus*）　　燕麦草（*Arrhenatherum elatius*）

到。它比您高多了，叶柄是棕色的，长长地垂下来。”

你说的一定是芦苇。它现在还没开花，等到八九月份就能看到花了。虽然对农夫来说用处不大，但这种草非常重要，因为小鸟们通常会在它长长的茎上休息，芦苇莺也经常把它的茎当成筑巢的支柱。

芦苇（*Phragmites australis*）

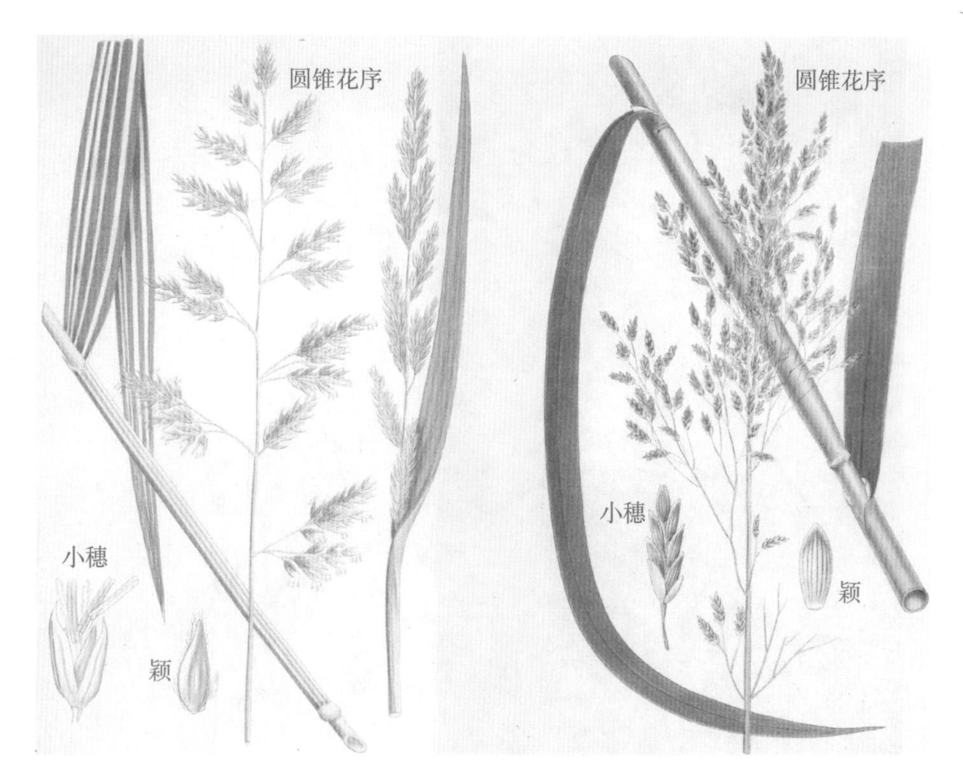

虉草（*Phalaris arundinacea*）　　水甜茅（*Glyceria maxima*）

你们别忘了另一种高高的草，它非常美丽，通常生长在河岸或湖岸，那就是虉草。它大概在七月中旬开花。你们知道长在花园里的虉草，叶子上有白色的条纹，每个条纹的宽窄各不相同，所以世界上没有两片完全相同的虉草叶子。

"是的，爸爸，"梅说，"我很熟悉那种草，我们经常把它和花儿们摆在一起，装饰客厅。"

这只是虉草的一个栽培品种。我有时会让一株虉草恣意生长，连成一片绿色的海洋。

水甜茅是另一种高而美丽的草，深受水牛喜爱。它生长在潮

墨西哥羽毛草（*Nassella tenuissima*）

黄花茅（*Anthoxanthum odoratum*）

湿的环境里，尝起来甜甜的。

“我有时会看到一种用来装饰房间的草，”梅说，“它长得美丽又奇特，有长长的、羽毛一样的黄尾巴。”

那是墨西哥羽毛草，很少见，在英国野外几乎找不到。那个长长的黄尾巴是它的芒，很像精致的羽毛。

这是黄花茅，尝一尝，味道是不是很棒？没有别的什么草能像它一样，给田野带来如此芬芳了。

4 睡菜：能用来酿啤酒的植物

“那边角落里有一个清澈的池塘，我们去看看能找到什么吧。”威利说。

好的。这个池塘里很可能有许多有趣的生物，我们先看一看岸边和水中长了哪些植物。

这边有一些很漂亮的莎草，你们应该对它的样子很熟悉了。采摘这种草的时候要小心，因为有些叶子和茎很粗糙，如果拔得太快，可能会割到手。

“爸爸，快来，”梅说，“这里有好多我不认识的花，是不是很漂亮？”

的确很漂亮。这是睡菜，通常长在像这样的沼泽里。看它那三片连在一起的绿叶，跟菜豆很像。

再看它开出的一簇簇花，有些还没有完全盛开，呈现出美丽的淡红色；其他的都盛开了，花

睡菜（*Menyanthes trifoliata*）

朵上覆盖着一层白色的、柔软的穗。咬一小口，尝尝它有多苦。

食用睡菜会让人犯困，人们经常把它的根收集起来，用作补药。在有些国家，比如挪威和德国，人们会用它的叶子代替啤酒花来酿酒，五十克睡菜叶就相当于九百克啤酒花。

威廉·胡克[①]先生在冰岛发现了大量睡菜，并说这种植物对前来沼泽的游客非常有用。因为人们发现，在软泥下相互缠绕的睡菜根，为他们编织了一张可以通行的安全网。

这边是水薄荷，高约三十厘米。你们不喜欢它的味道吗？我倒觉得很好闻。它现在还没有开花，但再过六周就会开了。

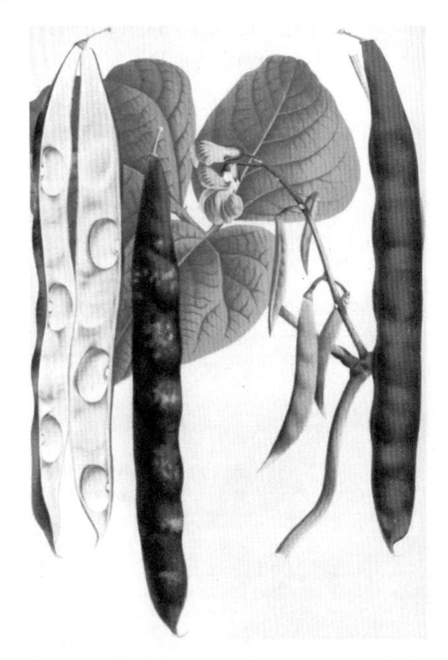

菜豆（*Phaseolus vulgaris*）

水薄荷（*Mentha aquatica*）

① 威廉·杰克逊·胡克（William Jackson Hooker），英国植物学家，他的作品《冰岛记游》记录了冰岛的植物和居民生活。

5 荨麻：长着毒刺的扎人植物

啊！杰克，你怎么了？

“只是摔倒了，爸爸。我被这些讨厌的荨麻绊倒了，被狠狠地扎了一下。”

有意思。这是异株荨（qián）麻（欧洲常见的荨麻品种，这里简称“荨麻”），你知道它为什么这么扎吗？

“爸爸，”杰克可怜兮兮地说，“您就像寓言故事里那个教育溺水男孩的人，男孩请他先救自己，然后再说教。现在，您应该先告诉我怎么处理被荨麻扎破的伤口，然后我才有兴趣听您讲讲荨麻为什么会扎。”

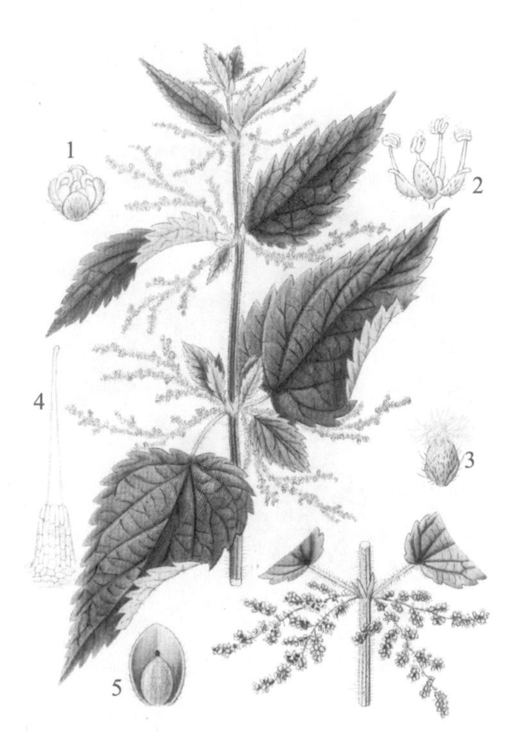

异株荨麻（*Urtica dioica*）：1 未开的雄花；2 开放的雄花；3 雌花；4 刺；5 果实。

很快就不疼了，而且我不知道有什么治疗方法。我

钝叶酸模（*Rumex obtusifolius*）

上学的时候，老师告诉我可以用钝叶酸模的叶子揉搓伤口，但我觉得并没有用。

现在，认真听我讲。

你们知道人们所说的“死荨麻”指的是什么植物吧，它们的花有红色、白色和黄色之分，你们应该还记得这三种花的形状。再看看这种会扎人的荨麻，它长长的茎上分布着小小的绿花，和死荨麻嘴唇状的花完全不一样。

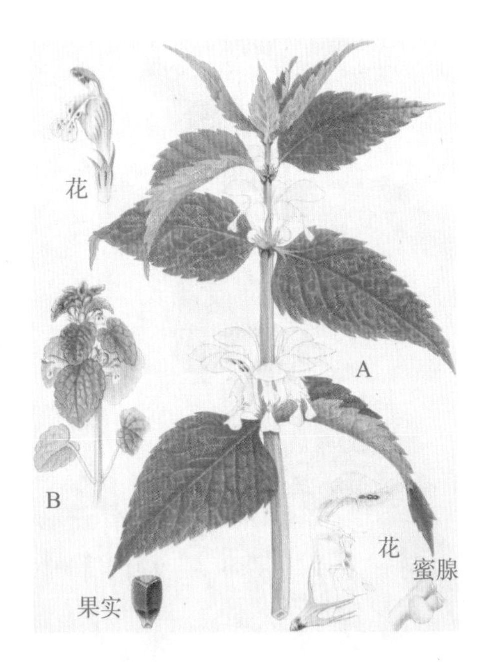

A 短柄野芝麻（*Lamium album*）
B 大苞野芝麻（*Lamium purpureum*）

不过，“死荨麻”和荨麻还是有一些相似的地方，比如开白花的“死荨麻”，它的叶子就和荨麻非常像。

但是，“死荨麻”和荨麻并无关系，它是唇形目唇形科野芝麻属植物，比如开白花的那种叫短柄野芝麻，“唇形”指的正是它们花冠的形状。而荨麻是蔷薇目荨麻科荨麻属植物。

杰克，现在疼痛缓解了吗？

“没那么疼了。看，我的手背上鼓起了一个好大的白包。”

在显微镜下，荨麻的刺是一种奇特而有趣的东西。它由一根细管和底部的毒腺组成，顶端非常尖锐，能像针管一样刺穿人的皮肤，再将毒腺里的刺激性液体注入伤口，引发灼烧感。

英国有三种荨麻，分别是异株荨麻、欧荨麻和罗马荨麻。前两种很常见，而第三种很罕见。

有一个关于罗马荨麻被引进英国的神奇故事，你们可以听一

欧荨麻（*Urtica urens*）

罗马荨麻（*Urtica pilulifera*）

听，至于信不信，则取决于你们自己。据说，恺撒率领的罗马军团在进攻大不列颠岛时很谨慎，他们听说这里气候寒冷，于是在出发前带了一些罗马荨麻的种子，之后在登陆地点，也就是如今的肯特郡罗姆尼沼泽种了下去。

“那么，”威利问，“这些荨麻对于寒冷的气候有什么用呢？”

这个嘛，罗马人是想用荨麻扎自己，让身体有灼烧的感觉，从而抵御寒冷。他们一定有着厚实的皮肤，因为罗马荨麻的毒性

比前两种荨麻强得多。这个故事是卡姆登[①]讲的，就像我一开始说的，信不信取决于你们自己。

你们看到盘旋在荨麻上的蝴蝶了吗？它叫荨麻蛱蝶。它的幼虫身上长有黑色与黄色相间的条纹，完全靠吃荨麻叶生存。其他蝴蝶的幼虫也会吃荨麻叶，比如优红蛱蝶和孔雀蛱蝶。

A 荨麻蛱蝶（*Aglais urticae*）；B 优红蛱蝶（*Vanessa atalanta*）；
C 孔雀蛱蝶（*Aglais io*）

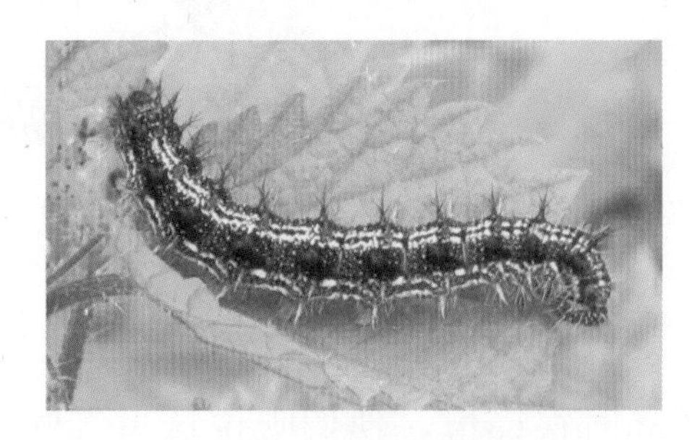

荨麻蛱蝶幼虫

我曾在一个春天吃过异株荨麻的嫩枝叶，尝起来和菠菜有点儿像。

① 威廉·卡姆登（William Camden），英国文艺复兴时期的历史学家、考古学家。

6 火麻树：比荨麻毒性更强的植物

在热带地区，有一类与荨麻同科不同属，体型更大、毒性更强的植物——火麻树（荨麻科火麻树属）。

胡克博士曾在尼泊尔见过一种全缘火麻树，它如灌木一般，足有四五米高。当地人非常害怕这种植物，胡克博士甚至没办法说服他们帮忙砍倒它。他最终成功收集了一些全缘火麻树样本，并且幸运得一点儿也没被扎到。但是，这种植物所散发的“无味的刺激气体”太浓烈了，让他一连难受了好几天。

全缘火麻树（*Dendrocnide sinuata*）

胡克博士还说："人的皮肤一旦被全缘火麻树扎破，就会引发严重的炎症，所以当地人对孩子最可怕的恐吓，就是威胁用它的枝条抽打。"

初到南亚的西方人因为对全缘火麻树不够谨慎小心，引发了非常严重的后果。一位法国植物学家曾被印度加尔各答植物园里的全缘火麻树扎过，据他所说，那感觉就像被烙铁烫过一样疼，而且越来越严重，整整持续了九天。他下巴上的肌肉也在毒素影响下剧烈收缩，甚至连嘴都合不上。

东印度群岛上有一种火麻树，当地人称"魔鬼荨麻"，被它刺一下甚至会有生命危险。

荨麻属中也有能致人死亡的大型植物，比如澳大利亚的木荨麻，有时会长到三四十米高。

木荨麻（*Dendrocnide excelsa*）

7 苔藓虫：挤在一间屋子里的大家族

看，有许多黄菖蒲绕着池塘生长，多漂亮啊。

看，那是黑三棱，它长着剑一样的叶子、圆球状的花。

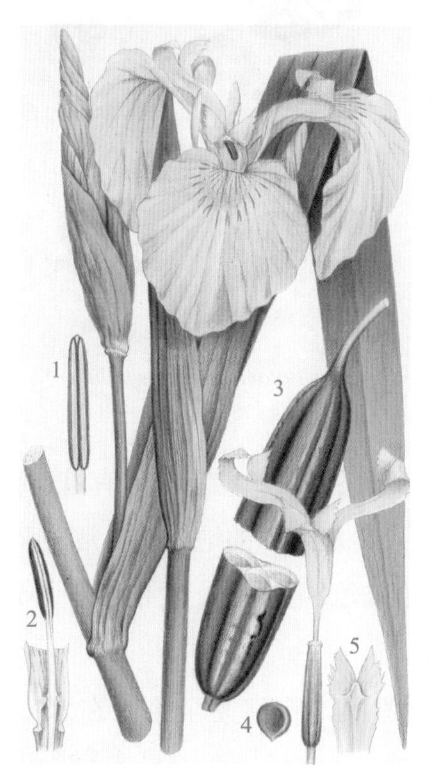

黄菖蒲（*Iris pseudacorus*）：
1 花药；2 雄蕊；3 子房；4 种子；5 雌蕊。

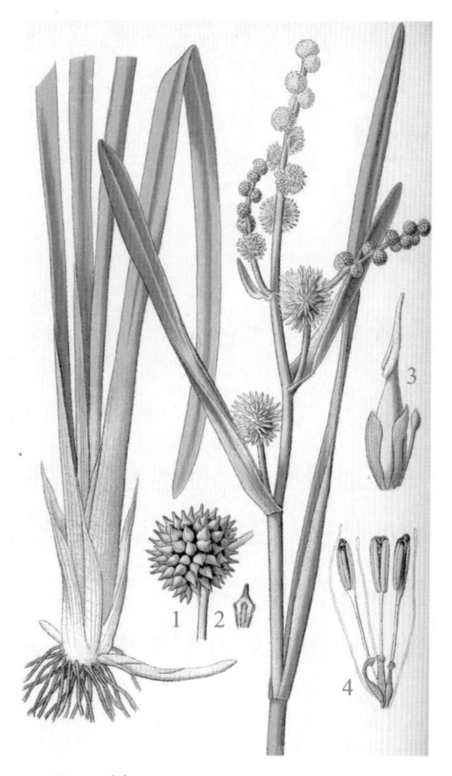

黑三棱（*Sparganium erectum*）：
1 果序；2 果实；3 未开的花；4 雄花。

欧洲慈姑（*Sagittaria sagittifolia*）

穿叶眼子菜（*Potamogeton perfoliatus*）

往池塘里不远的地方看，那里有漂亮的欧洲慈菇。它有着箭头形状的叶子，白色的花，都在离水面十几厘米高的地方，非常显眼。

我还在水里看到了穿叶眼子菜的暗绿色叶子。它们几乎是透明的，干透之后看起来像槌金皮①。

我还看到了一簇簇圆柱形的金鱼藻。它们完全生长在水中，

① 经过处理的动物（通常是牛）肠道外膜，有很强的韧性，旧时被用作打造金箔时的夹层。

胡须一样的叶子分了很多叉。

看，还有一些两栖蓼（liǎo）。它们长着高高突起的玫红色穗状花序。

这些就是池塘附近比较显眼的植物。

池塘里似乎有一些淡水苔藓虫，它们是更加美丽的水下住户。

你们看到了吗？在这片两栖蓼叶子上有一个小家伙。我把它放进瓶子里，你们仔细看，它刚刚从那枚长着一圈小钩子的休眠芽里孵化出来。

这是一种叫鸡冠苔虫的苔藓虫。现在，这个形如心脏的保护

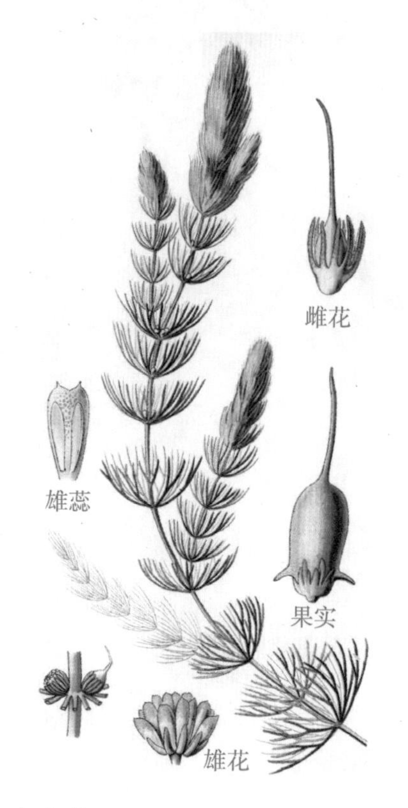

金鱼藻（*Ceratophyllum demersum*）　两栖蓼（*Polygonum amphibium*）

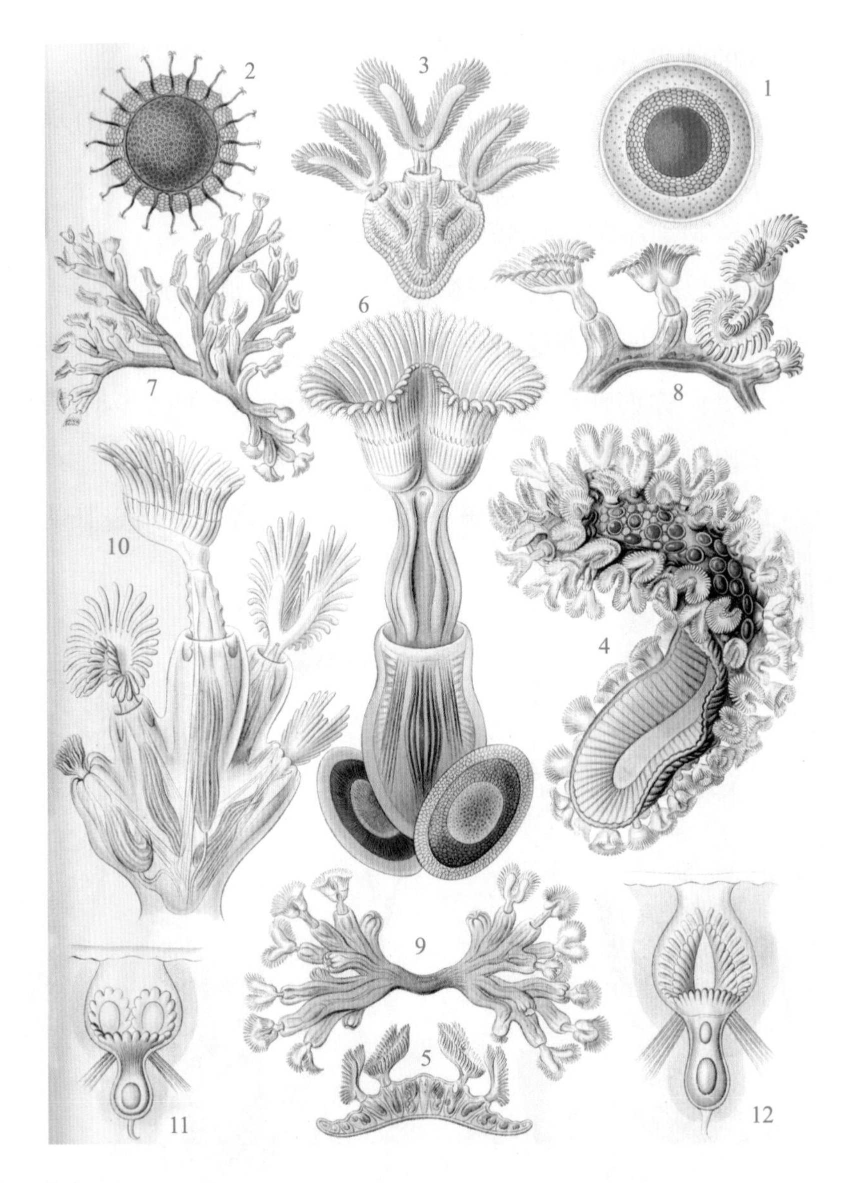

鸡冠苔虫（*Cristatella mucedo*）：1 未成熟的休眠芽；2 成熟的休眠芽；3 初始群落；4 成熟群落；5 成熟群落的横截面。

丛匐羽苔虫（*Plumatella repens*）：6 形成群落前的个体；7 成熟群落；8 成熟群落的局部。

蕈状苔虫（*Plumatella fungosa*）：9 初始群落。

水晶苔虫（*Lophopus crystallinus*）：10 初始群落；11 群落中的幼虫个体；12 群落中的成虫个体。

壳里只有三条虫，但它们会生出新虫，虫再生虫，最终一个群落会有多达六十条虫，聚在一起足有五厘米长。

鸡冠苔虫的外表是黄白色或白棕色的，嘴巴位于两条触须之间，每条触须上都有许多非常小的纤毛。

鸡冠苔虫是一种非常小巧的动物，或者说是动物群。它们虽然是挤在同一间屋子里的超级大家族，但彼此之间互相独立。

你们能在清澈的池塘或水磨旁的贮水池中发现其他苔藓虫。有时，你们以为面前是一块海绵，其实是蕈状苔虫；以为是漂动的水草根，其实是羽苔虫或弗雷苔虫。你们将“海绵”或“水草根”放进装着水的玻璃瓶，观察它表面的小孔，就会发现有许多小家伙冒出了它们的脑袋和触须。

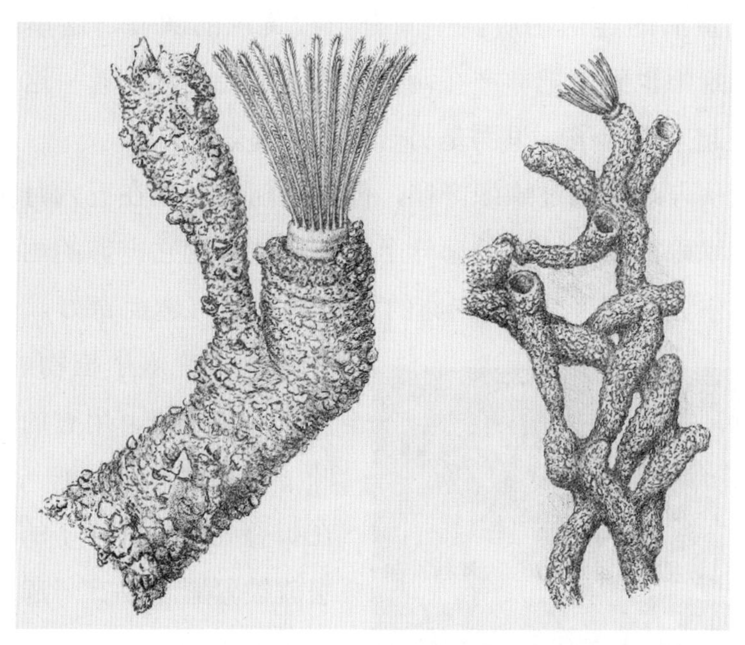

弗雷苔虫（*Fredericella sultana*）

8 蝾螈：会折叠水草的两栖动物

看我发现了什么！离我们一米远的地方有一些丝带状的水草，你们看到水草上那些被折叠起来的地方了吗？我们能在里面找到蝾螈卵。

我来捞一根，把它折起来的地方展开。你们看，里面有一团类似鸡蛋清的透明物质，中间有一枚黄色的圆卵，这里还有一枚。雌蝾螈也经常把卵产在两栖蓼的叶子上。你们看，这里有一片折叠起来的叶子，里面是另一枚蝾螈卵。

我从未亲眼见过蝾螈产卵，但我相信，如果在五六月份，把一条雌蝾螈放在水瓶里的蓼叶上，一定能看到它产卵的画面。

贝尔先生说："蝾螈产卵的那一刻真是有趣而奇妙。雌蝾螈会挑选一片水生植物的叶子，坐在叶子边缘，用它的后肢把叶子折起来，然后把一枚卵产在折叠处，这样叶子的上下两层就被紧紧地黏在一起，从而保护卵不受外界的伤害。雌蝾螈如此产下一枚卵后，就会立

蝾螈卵

刻离开这片叶子，等待一段时间，再去寻找另一片叶子，产下另一枚卵。”

从卵开始，蝾螈幼体的发育会经历多个阶段。刚孵化出来的幼体跟蝌蚪很像，脖子两侧各有一个小巧的叶片状器官，那是处于初级阶段的鳃，用于帮助这个小家伙呼吸。在鳃的前下方，有一对用来支撑身体的小棒，能够让它依附在叶子或其他东西上，不久之后会被吸收进体内。

当蝾螈幼体长到三周大时，两个鳃就有了许多叶子脉络一般的分区，看起来像美丽的羽毛状流苏。在显微镜下能看到鳃里的血液循环，研究起来很有意思。

慢慢地，蝾螈幼体会先后长出前肢、后肢，两个鳃也会变得松弛，但不会脱落，而是被吸收进体内。此前，它一直像鱼一样，在水中用鳃呼吸，现在没有了鳃，该怎么呼吸呢？

原来，蝾螈体内的肺会越长越大，逐渐适应呼吸空气。发育成熟的蝾螈是陆栖动物，用肺呼吸。如果你们注意观察生活着蝾螈的池塘，会看到成年蝾螈时不时浮出水面，吸一大口空气，再

蝾螈幼体的成长过程

回到水底。但除了产卵时，成年蝾螈并不会经常待在水中。

在每年秋天，小蝾螈就已经做好离开水生存的准备了，但我也经常在深冬见到两腮处于发育完全状态的幼体。或许那几只是在夏末才孵化出来的，还没有长出肺，所以要保留着鳃，像鱼一样过冬。

“爸爸，人们经常把蝾螈叫‘阿斯克尔①’。”威利说，“还有，村子里的男人们如果抓到蝾螈，也会杀掉它。他们说被蝾螈咬了会中毒。”

很遗憾，他们的确会这么做，但认为被蝾螈咬到就会中毒是错误的想法。你们已经观察了许多只蝾螈，肯定从没见过哪只想要咬人。我认为它们小小的牙齿、无力的下颚无法刺穿人类的皮肤。但确实有一些色彩鲜艳的蝾螈，它们的皮肤是有毒的。

欧洲滑螈（*Lissotriton vulgaris*）

① 阿斯克尔（Asker），源自希腊神话中的人物阿斯卡拉布斯（Ascalabus）。他因为嘲笑女神得墨忒耳，被后者变成了壁虎。

英国有三种本土蝾螈——欧洲滑螈、冠北螈、掌滑螈，前两种比较常见。我曾在伊顿附近见过一只掌滑螈。雄性掌滑螈和其他蝾螈有着明显不同，它的后足有蹼，尾巴尖有一根细线。

冠北螈（*Triturus cristatus*）

掌滑螈（*Lissotriton helveticus*）

各种各样的蝾螈

9 水叶甲：有金属色泽的美丽甲虫

“爸爸，”杰克问，“我发现有什么东西依附在水草的根部，看起来像某种生物的卵。那是什么？”

那不是卵，而是水叶甲的茧。

看，我用小刀把茧划开，里面是一条白白胖胖的幼虫，尾巴末端有一对奇特的钩子。它刚刚结成茧，正打算从幼虫变为蛹。你们看，这些水草根中间还有其他幼虫，它们还没有结茧。我再划开几个茧，这条已经成蛹了，另一条已经快要蜕变为成虫了。

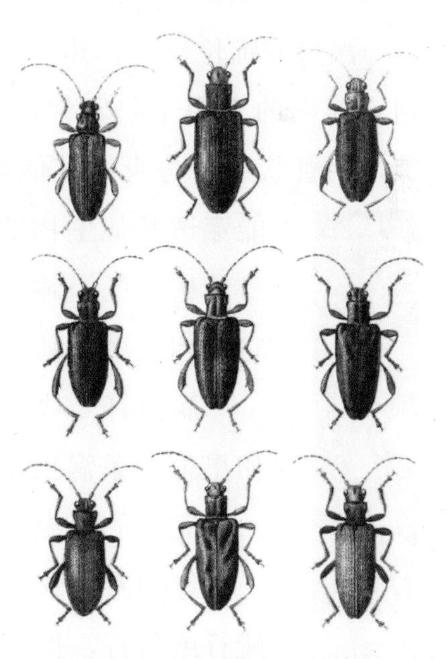

各种各样的水叶甲（*Donacia*）

水叶甲是一种常见的美丽甲虫，外壳泛着金属光泽，并且色彩多样，有蓝色、红色、金色或紫色；身下覆盖着一层薄薄的绒毛。

水叶甲会大量聚集在水生植物的叶子上。它们很懒惰，我们可以轻而易举地用手捉住它们。

10 涡虫：全身遍布肠道的动物

你们拔出的水草上有几条扁平的小虫，它们身上布满了棕色或黑色的斑点，看到了吗？

它们是褐涡虫，虽然外表上不讨喜，但研究起来非常有趣。这些球形或椭球形的大红茧是涡虫的卵。这里有一条奶白色的乳涡虫，它是最大的涡虫之一，很漂亮。乳涡虫也有淡粉色的。

涡虫的嘴位于身体正中央。我把这条涡虫放在手心，你们看到它伸出的东西了吗？你们或许觉得这是它的舌头，但其实是嘴，叫管状喙。与身体其他部位的柔软不同，它的喙强韧有力，能穿透其他生物的身体，吸取汁液，然后通过遍布全身的树状肠道输送营养。我曾仔细观察过涡虫，看到它们相互用喙刺穿对方。褐涡虫通常以乳涡虫为食。

褐涡虫（*Planaria fusca*）示意图

涡虫有一项与水螅类似的本领，就是能断肢再生。如果把一条涡虫切成两段或三段，每一段都能再生为一条完整的涡虫。

你们看，这些涡虫不是在游泳，而是在水草表面爬行或滑行，但有一些种类的涡虫是会游泳的。

第七课 再次去沼泽探索

1 刺猬：远比想象中凶猛的小动物

在今天早上的漫步之前，我们先去看看昨天来到家里的刺猬。我们是在昨天晚上发现它们的，一只刺猬妈妈带着四只刺猬幼崽，爬进了装麦麸的袋子里，一家五口在里面舒服极了！

刺猬幼崽也是很有趣的小家伙。它长得像被拔了毛的小鸭子，刺几乎都是白色的，很软，并且没有覆盖整个身体，而是一排一排的。它现在一点儿也看不见，耳道也几乎是封闭的，叫声微弱，听起来像小狗崽。

刺猬幼崽

我非常想喂养这些幼崽，但对那只刺猬妈妈很不放心，因为试着养过的人普遍发现刺猬妈妈会吃掉自己的孩子。布冯伯爵[①]和其他人都提到过，他们曾多

① 布冯伯爵（Comte de Buffon），本名乔治－路易斯·勒克莱尔（Georges-Louis Leclerc），法国博物学家、数学家、百科全书作家。

西欧刺猬（*Erinaceus europaeus*）

次把刺猬妈妈和幼崽放在一个密闭空间，但刺猬妈妈非但没有喂养幼崽，反而把它们杀死并吃掉了，尽管那里有足够的食物。

但我们还是决定给这些幼崽一次机会，希望刺猬妈妈能喂养它们。所以我们没有加以干预，只是把这一家刺猬移到了别的地方，给了它们足够的稻草，并且给刺猬妈妈提供了面包和牛奶。

“爸爸，我听说农夫和猎场看守很讨厌刺猬，只要逮到就会把它杀死。”威利想知道刺猬是不是有害动物。

我认为刺猬对人类是利大于弊的，因为它们能吃掉许多蛞蝓、蜗牛、田鼠和农场里的其他害虫。但一些没受过科学教育的人认为刺猬会伤害牛。这种荒谬的言论真是可笑，并且没有事实

刺猬与幼崽

雉鸡（*Phasianus colchicus*）

依据，可我们就是没办法说服那些人。毫无疑问，刺猬也会破坏鸟蛋，所以猎场看守会为了保护灰山鹑、雉（zhì）鸡的蛋和雏鸟而消灭刺猬，也就不难理解了。但我相信刺猬几乎不会破坏鸟类巢穴，不会造成什么危害。

“可是，刺猬会吃小鸟。”杰克说，“我们曾把一只死掉的麻雀喂给了刺猬，它狼吞虎咽地吃掉了，除了羽毛，吃得一干二净。您还记得吗？”

“没错，”威利说，“我们还曾把一只蟾蜍和刺猬放在同一个盒子里，您还记得吗？那只刺猬看起来饿极了，对待那可怜的蟾蜍真是残忍至极！但它好像并不喜欢蟾蜍的味道，很快就放弃了进攻。”

刺猬当然会吃小鸟，但我们也要兼顾动物的善与恶，仔细权衡。正如我刚才说的，刺猬的善是远大于恶的。

刺猬非常喜欢吃甲虫，它在捕捉甲虫时可谓一心一意，然后会像你们破开坚果壳一样把甲虫咬碎。有人会专门在家里养刺猬，为的就是消灭厨房里泛滥的蟑螂。

刺猬还会捕食小蛇，这一点得到了巴克兰[①]教授的证实——

“教授抓来一条小蛇，把它和一只刺猬放进同一个箱子。一开始，教授并不知道蛇有没有看到它的天敌，因为它没有远离刺猬，只是沿着箱子边缘慢慢爬行。刺猬则蜷成一团，似乎也没有看到蛇。

“然后，教授将刺猬头朝下地放在蛇身上。这时，蛇开始快速爬行，刺猬也开始行动，它稍微伸展开身子，看清了身下是什么，然后狠狠地咬了蛇一口，又马上蜷成一团。

“刺猬就这样接连咬了蛇好几下，之后爬到蛇的旁边，开始咬断它的骨头，每隔一两厘米就咬断一次。在经受如此折磨后，蛇静止不动了。

“然后，刺猬来到蛇的尾巴尖处，开始从后往前慢慢吃，就像我们吃胡萝卜一样，一刻不停地吃下了半条蛇。第二天早上，剩下的半条蛇也被吃干抹净了。”

刺猬幼崽还算是有趣的宠物，它很快会变得温顺，允许你摸摸它的脸颊。

你们还记得吗？我们曾把一只刺猬放在书桌上，观察它是怎么回到地面的。它先是来到桌子边缘，然后滚下去，在下坠过程中把身体蜷缩起来。覆盖在它身上的刺有很好的弹性，能让它轻松承受掉落在地的冲击力。

① 威廉·巴克兰（William Buckland），英国地质学家、古生物学家。

2 伯劳：把猎物插在荆棘上吃的鸟

我们再去一次沼泽吧，看看沟渠旁芦苇丛生的池塘里的白骨顶和黑水鸡。

你们看到那棵杨树上的大山雀了吗？它正在残忍地杀害一只小莺。看，它在猛啄那只可怜小莺的脑袋，想吃掉里面的脑浆。

“是不是有一种鸟叫伯劳？”威利问，“这种鸟是不是会把猎物插在荆棘上，啄走它们的肉？我们能看到几只吗？”

灰伯劳（*Lanius excubitor*）

英国有三种伯劳，其中的两种十分罕见，我们在漫步时应该遇不到，但我可以跟你们讲一讲。我没有亲

红背伯劳（*Lanius collurio*）

自观察过这些鸟的习性，要讲的知识都是从别处获取的。

英国的三种伯劳分别是红背伯劳、灰伯劳和林鵙（jí）伯劳。红背伯劳是最常见的，四月末来到这里，九月离开。约翰·萧[1]先生告诉我，红背伯劳在每年四月都会造访什鲁斯伯里的采石

① 约翰·萧（John Shaw），英国博物学家。

林鵰伯劳（*Lanius senator*）

场，如果起得早，很容易发现它们。

亚雷尔[①]先生说，灰伯劳偶尔才会来到英国，通常是在春秋两季。灰伯劳吃小鼠、鼩鼱[②]、小鸟、蛙、蜥蜴和体型较大的昆虫。它在杀死猎物后，会把尸体插在分叉的树枝或是尖锐的荆棘上，

① 威廉·亚雷尔（William Yarrell），英国作家、博物学家，著有《英国鱼类志》《英国鸟类志》等。

② 鼩鼱（qú jīng），详见本册第205页。

这样更容易把尸体分成小块。

一位先生曾养过一只伯劳，他说："我养的是一只比较老的伯劳，是十月在诺维奇附近抓到的。我养了一年，它变得非常驯服，会吃我手心里的东西。如果给它一只小鸟，它一定会啄碎小鸟的头骨，从头部开始吃掉。有时，它会用爪子抓住小鸟，像隼一样把猎物撕成小块，但它更喜欢把尸块串在鸟笼的铁丝上撕扯。它一天能吃三只小鸟，还总会把吃不完的部分挂在笼子上。它在春天总是叫个不停，有的叫声听起来像是红隼的。"

伯劳狡猾而大胆，会模仿小鸟的叫声，把它们骗到附近，然后突袭。养隼人通常会用伯劳引诱游隼，他们把伯劳拴在地面，如果有游隼接近，它就会发出尖叫，给躲藏起来的养隼人报信。

你们从任何一张伯劳的图片中都能发现，它弯曲的喙是多么适合猎杀。红背伯劳经常成双成对地前往树林或灌木丛，潜伏在一丛孤零零的灌木最顶端，搜寻猎物。雄鸟偶尔会发出啁啾声，但和麻雀的叫声并不一样。

亚雷尔先生还说："红背伯劳吃小鼠，有时也会吃鼩鼱、小鸟和多种昆虫，尤其是随处可见的金龟子。曾有人怀疑它是否有能力亲自猎杀小鸟，但很多人都见过它杀死像燕雀那么大的鸟。伦敦的捕鸟者也经常用小鸟当诱饵，在它攻击时将其捕获。"

休伊特森[①]先生也说："我曾见过一只红背伯劳在树篱中忙个不停，走近后，发现它正在处理猎物——一只被牢牢插在钝刺上的小鸟。小鸟的头被扯断了，身上的羽毛一根不剩。"

---

① 威廉·查普曼·休伊特森（William Chapman Hewitson），英国博物学家、收藏家、插画家，出版了许多关于昆虫学和鸟类学的著作。

3 七星瓢虫：爱吃蚜虫的美丽益虫

“这片树篱下有好多小瓢虫啊，”梅说，“地面都成红色的了。”

没错，这是一种十分常见却非常漂亮的瓢虫，叫作七星瓢虫。你们看，它红色的鞘翅上有七个黑点——每片鞘翅上各有三个，呈三角形分布；两片鞘翅顶端连接的地方还有一个。

“爸爸，它们是害虫吗？”威利问，“您说过这里有许多害虫，我希望小瓢虫不会搞破坏。”

我可以高兴地告诉你，瓢虫没有辜负它美丽的外表，是益虫。你们知道蚜虫吧，就是那种讨厌的绿色或黑色飞虫，它们分布在许多花草树木的枝叶上，净搞破坏。而这些小瓢虫，无论是幼虫还是成虫，都爱吃蚜虫，不让这些坏家伙大片繁殖。

我经常见到瓢虫的嘴里咬一只蚜虫。瓢虫的幼虫长得很奇特，有六条腿，身长不到一厘米，在夏末和秋季很常见，也非常喜欢吃蚜虫。柯蒂斯[①]先生说，两只瓢虫在二十四小时之内就能把两株天竺葵上的蚜虫全部吃掉。

瓢虫的种类非常多。除了七星瓢虫，还有一种很常见的瓢虫，

① 约翰·柯蒂斯（John Curtis），英国昆虫学家、插画家，著有《英国昆虫学》。

1 十三星瓢虫（*Hippodamia tredecimpunctata*）；
2 十九星瓢虫（*Anisosticta novemdecimpunctata*）；
3 多异瓢虫（*Hippodamia variegata*）；4 落叶松瓢虫（*Aphidecta obliterata*）；
5 姬赤星瓢虫（*Chilocorus similis*）；6、7、8 二星瓢虫（*Adalia bipunctata*）；
9 五星瓢虫（*Coccinella quinquepunctata*）；10 七星瓢虫（*Coccinella septempunctata*）；
11 双七瓢虫（*Coccinella quatuordecimpustulata*）；
12 四斑和瓢虫（*Harmonia quadripunctata*）；13 菱斑巧瓢虫（*Oenopia conglobata*）；
14 四斑光瓢虫（*Exochomus quadripustulatus*）；
15 四斑显盾瓢虫（*Hyperaspis reppensis*）；
16、17、18、19 十星瓢虫（*Adalia decempunctata*）；
20 十八星瓢虫（*Myrrha octodecimguttata*）；21 灰眼斑瓢虫（*Anatis ocellata*）；
22 十六斑黄菌瓢虫（*Halyzia sedecimguttata*）；
23、24 方斑瓢虫（*Propylea quatuordecimpunctata*）；
25 十六斑小盾瓢虫（*Tytthaspis sedecimpunctata*）；
26 二十二星菌瓢虫（*Psyllobora vigintiduopunctata*）；
27 长斑中齿瓢虫（*Myzia oblongoguttata*）；
28 十四星裸瓢虫（*Calvia quatuordecimguttata*）。

它每片猩红色的鞘翅中央各有一个黑点，所以叫二星瓢虫。

还有一种非常优雅的小瓢虫，你们或许会很喜欢。它叫二十二星菌瓢虫，个头小小的，每片黄色的鞘翅上各有十一个点。

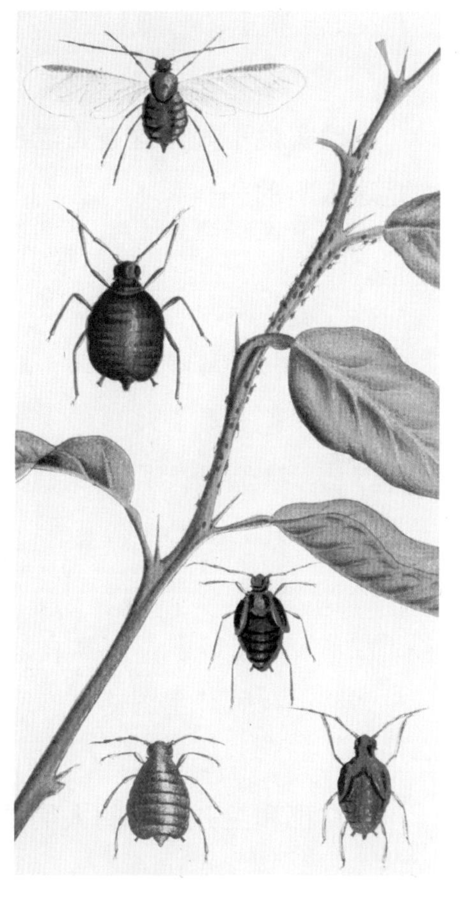
各种蚜虫（*Aphidoidea*）

对某一种动物的观察，能引导博物学家发现他们终身热爱的研究，这实在是很有意思。

古尔德先生告诉我们，他最初对鸟类研究燃起兴趣，是因为被父亲抱起来观察林岩鹨的巢。正是那份对巢里美丽的蓝鸟蛋的爱，让他将一生都奉献给了鸟类研究。

柯比曾将一只瓢虫放在酒精中浸泡了一天，将其拿出后，它却展翅飞走了。如果我没记错，正是这种绝妙的生命力吸引了柯比，引导他开始研究昆虫。

“有一首童谣唱的就是瓢虫，”梅问道，“它想表达什么？”

小瓢虫，小瓢虫，
快快飞回窝，
家里着了火，

孩子安全吗？

我确实说不好。这首古老的童谣还有其他版本，其中一个版本是这么唱的——

小瓢虫，小瓢虫，
快快飞回窝，
家里着了火，
孩子还在家，
只有一只还活着，
躲在石头下，
快飞回家，小瓢虫，
不然家要烧没啦。

约克郡和兰开夏郡的人们是这样唱的——

小瓢虫，小瓢虫，
快快飞回家，
房子着火啦，
孩子影无踪，
只剩下小南，
身在盘中坐，
手急织金边。

4 楼燕：难以从地面起飞的短腿鸟

现在，我们找一找白骨顶和黑水鸡，它们既喜欢在池塘的水草间嬉戏，也喜欢躲藏在浓密的树篱和芦苇之间。

看那些普通楼燕（简称“楼燕”），它们滑翔得多快啊。

还记得我们之前讲过的家燕、崖沙燕、白腹毛脚燕吧，这三种燕子都属于燕科，而楼燕属于雨燕科，所以不要把这两类燕子弄混了。

楼燕有着形如镰刀的美丽翅膀，轻微分叉尾巴。不过，这种鸟能将尾巴上的羽毛并在一起，所以有时会看不出分叉。

楼燕通常会在5月5日来到这附近，不过约翰·萧先生告诉我，他早在今年的4月23日就在什鲁斯伯里见到了几只。在整个燕子家族中，楼燕虽然来得最晚，但离开得最早，它们大多在八月中旬就会离开英国。

楼燕的腿非常短。我小时候曾不止一次将落在地上的楼燕放飞，因为它的腿太短，翅膀又太长，如果不帮它离开地面，它就很难自己起飞。

如果我们手上有一只楼燕，我就能指给你们看，雨燕科燕子与燕科燕子在脚趾结构上的不同之处——燕科燕子的四根脚趾都是三根在前，一根在后；而雨燕科燕子的四根脚趾都指向前方。

在英国，偶尔还能看到另一种雨燕科燕子——高山雨燕，它比楼燕体型更大，翅膀更长，飞行速度更快。

A 普通楼燕（*Apus apus*）

B 高山雨燕（*Tachymarptis melba*）

5 白骨顶：额头长着白盾甲的水鸟

注意，芦苇丛里有一只白骨顶，我听到了它的动静。我敢说，如果我们保持安静，就能看到它。

那只白骨顶出现了。看，它身后还跟着不少雏鸟，真是一群黑乎乎、毛茸茸的小家伙啊。看看我们的距离够不够近，能不能观察一会儿。

白骨顶成鸟的前额有一块白色的硬质盾甲（额甲），这也是它名字的由来。它现在面对着我们，在阳光的照耀下，你们可以看到那块白色额甲。它的身体是黑色的，带着点儿暗灰，翅膀边缘有一道白。

白骨顶的脚很特别，它每只脚有四根脚趾，朝前的三根脚趾上长着几片圆叶状的膜，那是它的蹼。它的爪子非常尖利，如果抓它的时候疏忽大意，它会毫不犹豫地用爪子抵抗。所以，霍克上校会这样叮嘱刚入行的猎手："要小心白骨顶，它会像猫一样挠人。"

白骨顶几乎不会潜水——至少我没见过，但人人都知道黑水鸡是潜水高手。

白骨顶成鸟给它的孩子们拔出了一些水草，悉心照料这群小

白骨顶（*Fulica atra*）

白骨顶和雏鸟

家伙。雏鸟的脑袋几乎光秃秃的，呈现出一种夹杂蓝色的亮橘色，但这种绝美的颜色只能维持几天。

白骨顶的巢是用断裂的芦苇和菖蒲筑的，或藏在茂密的草丛里，或直接筑在水边。比维克[①]提过一个例子，有一只白骨顶曾把巢筑在草丛里，后来大风把草丛吹散了，巢也随之被吹到河里，四处漂流。尽管如此，那只白骨顶仍然卧在原处，在漂流的巢中把小宝宝养大了。

看，它们都躲进芦苇丛了。白骨顶喜欢在傍晚来到开阔的水面，在白天并不常见。

白骨顶筑在水上的巢

① 托马斯·比维克（Thomas Bewick），英国博物学家、插画家，著有《英国鸟类志》。

6 黑水鸡：会转移蛋的水鸟

芦苇丛里还有很多黑水鸡，它们不像白骨顶那样安静，而是喜欢攻击小鸭子。那里就有一只正在游着的黑水鸡，它翘起底部泛白的尾巴，不时点一下脑袋。

黑水鸡的体型比白骨顶要小，但二者无论在外形还是习性上都很相似。不过，它们的脚差别很大，黑水鸡脚趾上的膜没有裂成几片，而是窄窄的。

黑水鸡会从巢里移走它们的蛋，腾出地方多放几枚，或是换一窝新蛋。塞尔比[①]先生曾记录下有趣的一幕——

“在某年的初夏，一对黑水鸡在贝尔山的观赏水池边筑了巢。那里水面宽阔，水源通常来自高处的泉水，但偶尔也会由另一个大池塘供水。当时，雌黑水鸡正在孵蛋。它们筑巢时的水位还比较低，所以当水从另一个大池塘灌进来时，水位一下子升高了，很快就会淹没那个巢，破坏里面的蛋。

“两只黑水鸡显然注意到了这一点，立刻采取措施，在紧要

---

① 普里多·约翰·塞尔比（Prideaux John Selby），英国鸟类学家、植物学家、插画家，著有《英国鸟类学插图》。

黑水鸡（*Gallinula chloropus*）

关头保护它们的蛋。那里的园丁忠实可靠，他看到水位迅速上升，立马去查看巢的情况，以为巢一定会被大水淹没，而那些蛋就算没破，至少也会被黑水鸡抛弃。但还没走近，他就发现两只黑水鸡正在水池边的巢附近忙碌着。等到走近了，他清楚地看到黑水鸡正在尽最大速度给巢添加新的材料，使巢始终高于水面。而巢里的蛋已被它们移走了，放在离水边至少三十厘米远的草丛上。

“园丁继续观察了一会儿，看到巢的高度在迅速增加。遗憾的是，他怕惊扰到两只黑水鸡，所以并没有观察太久，没有看到它们把蛋移回巢里的有趣一幕。他在离开不到一小时后，发现雌黑水鸡已经静静地卧在加高后的巢里，开始孵蛋了。

“几天后，雏鸟出生了，跟其他同类一样很快离开了巢，和爸爸妈妈一起下水游泳。之后不久，我去看了那个巢，一眼就能分辨出哪一部分是原来的，哪一部分是加高的。”

黑水鸡和雏鸟

黑水鸡的巢

7 小鸊鷉：潜行速度极快的水鸟

“水里的那只小鸟是什么？”杰克问，“它突然不见了，您看到它跳进水里留下的涟漪了吗？”

我还没看到，它就扎进水里了，不过从你的描述来看，那一定是小鸊鷉（pì tī）。如果我们安静下来，保持不动，它一定会再次出现的。看，它在水中扑腾着，寻找潜伏在水草里的昆虫。

英国有五种鸊鷉，其中凤头鸊鷉非常漂亮，生活在湖泊河流中，而小鸊鷉是最常见的。

凤头鸊鷉（*Podiceps cristatus*）

小鸊鷉（*Tachybaptus ruficollis*）

小鸊鷉的脚非常特别，不像鸭和鹅那样被蹼连成一片，而是每只脚朝前的三根脚趾周围都各自有宽宽的膜。它的腿位于身体末端，脚底板也很平，方便直立。它的翅膀很短，几乎不用于飞行，但它是游泳和潜水的好手。

小鸊鷉的羽毛颜色会随着季节变化。现在是夏季，它的头、脖颈后部和背部都呈深褐色，脸颊和脖颈前部呈栗色，下颚处则是黑色。在冬季，脸颊和脖颈前部的栗色褪去，外面的羽毛覆上一层橄榄色，里面则是白色。在过去，人们以为不同的羽毛颜色代表了两种不同的鸊鷉。

小鸊鷉（右为冬季毛色）

小鸊鷉和雏鸟

古尔德先生告诉我们，小鸊鷉的巢是圆饼状的，由许多杂草、树叶和水生植物精心堆叠而成。雏鸟的喙是娇嫩的淡红色，身上有斑纹，胸部是淡红偏白的颜色。

在野外，我们几乎看不到留在巢中的雏鸟，因为即使是刚出生一两天的小家伙，也有着极好的水性。雏鸟一孵化出来，要么自己下水游泳，要么在一小时内爬上父母的背，让父母带着它游到安全地带。古尔德先生提到，他的一位朋友曾和他一同外出钓鱼，打中了一只正在小溪潜行的小鸊鷉。古尔德先生的抄网不仅捕到了这只受伤的小鸊鷉，还有趴在它背上的两只雏鸟。

小鸊鷉潜行的速度快极了，经常能躲过子弹。它来水面换气时只露出嘴尖，甚至连嘴也藏在草丛中。

小鸊鷉有一个怪异的习惯，就是会拔掉身体下方的羽毛，并把它们吃掉。但我们还不知道它为何要这么做。

8 旋花：让农民头疼的美丽花朵

“那些漂亮的粉色小花是什么？”梅问，“它们有着长长的茎和箭头形状的大叶子，长得和花园里美丽的旋花很像，所以我猜它们一定属于同一类植物。”

你说的没错，它叫田旋花，和旋花都属于旋花科，从名字就能看出这种植物喜欢缠绕在其他物体上。看，它紧紧地缠绕在这棵长长的草上。

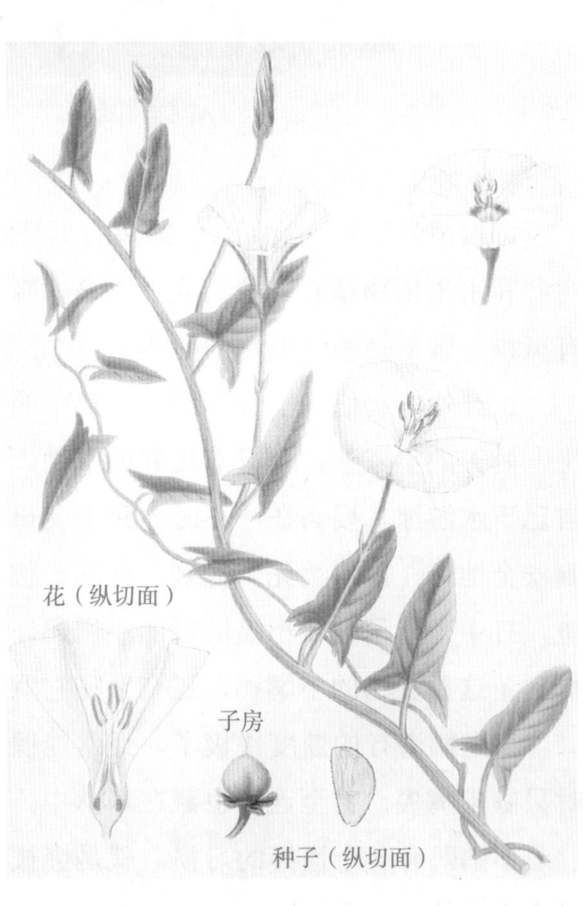

田旋花（*Convolvulus arvensis*）

田旋花很漂亮，而且散发的清香。它的花朵呈白色或淡粉色，边缘起皱的部分颜色稍深。尽管如此，它却是让农民非常头疼的杂草。

花园里的旋花更大，它们在七月到九月开花，花朵呈钟形，有的呈雪白色，有的带有粉色的条纹，有的几乎呈玫瑰色。它们大量生长在高高的灌木丛上，也非常令人讨厌。

但我要说的是，一些旋花科植物有很高的药用价值，比如南美的药喇叭、地中海东岸的司格蒙旋花。此外，被中国、日本和其他热带国家视为健康食品的番薯，其实是一种旋花科植物的根。

旋花（*Calystegia sepium*）

药喇叭（*Ipomoea purga*）

司格蒙旋花（*Convolvulus scammonia*） 番薯（*Ipomoea batatas*）

这些旋花科植物之间的关系如此亲近，特性却相差很远，真是太神奇啦。

第八课

继续去沼泽探索

1 串珠藻：长得像一串串小珠子的水藻

今天，让我们再去沼泽边走一走吧。

我们在一座横跨小溪的桥上停留了一会儿，观察水中有什么有趣的东西。看，四米外的那片阴影里是什么？那里有许多深色斑点。我一下就认出来了，那是美丽的鞘丝藻。

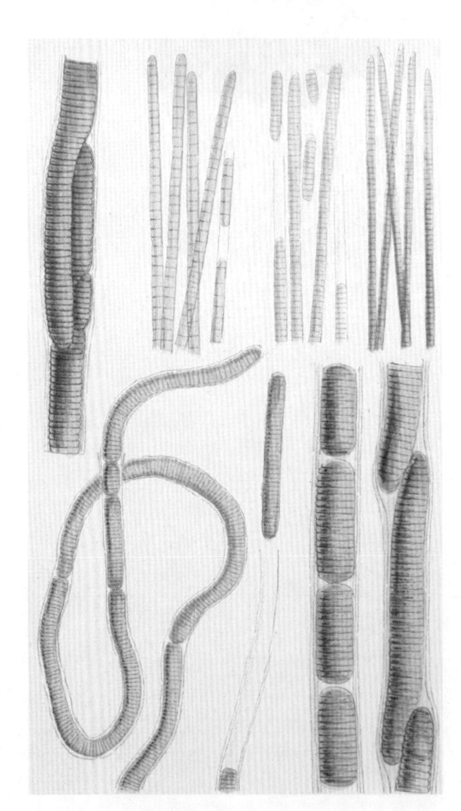

鞘丝藻（*Lyngbya*）

看，一簇簇鞘丝藻依附在水底的石头上，我们捞一些上来。鞘丝藻属于蓝藻，是由一群叫蓝细菌的原核生物构成的，不属于植物。它们聚合在一起时，无论看上去还是摸起来都像一大团深色果冻。就让这一团鞘丝藻在水瓶里漂着吧。

你们见过比鞘丝藻还要美丽的水藻吗？有一种叫串珠藻的水藻，它们有许多小轮子形

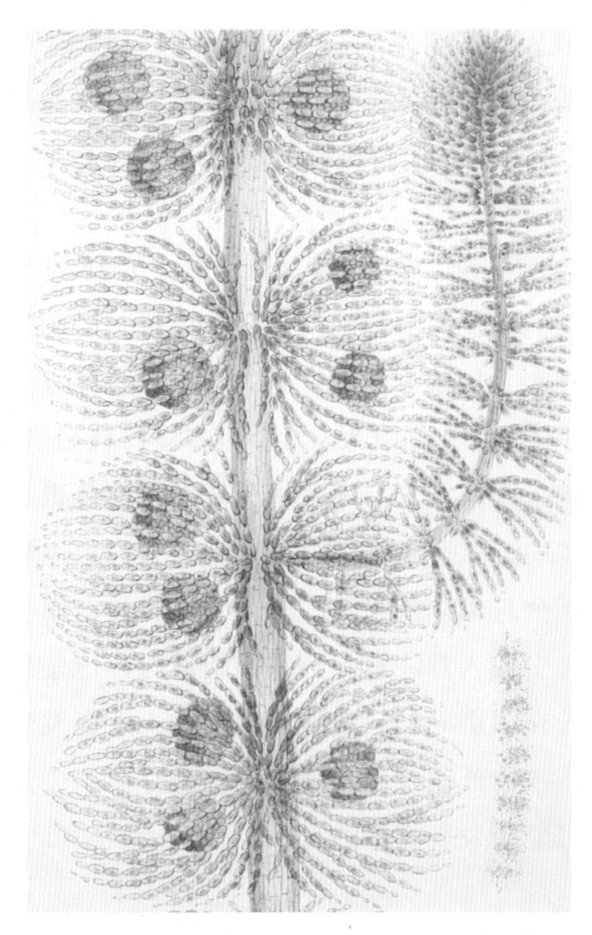

串珠藻（*Batrachospermum*）

状的分枝，看上去像一串串小珠子。如果我们能捞一些回家，然后小心地把它们铺在干燥的纸上，用针尖把这些珠子似的分枝一一拨开，让水分慢慢蒸发掉——你们应该猜到了，在显微镜下，这种水藻非常美丽。

“您觉得，”威利问，“串珠藻能在我的鱼缸里活下来吗？”

我曾多次在鱼缸里养串珠藻，但它们只能活几天，之后就慢慢褪色，变成碎片。事实上，正如哈索尔[1]教授所说："这些水藻基本只生活在纯净的活水中，多见于流速较慢的泉水、井水和溪流。"所以，串珠藻只会在最纯净的水中大量繁殖，要想长得好，水流还得缓慢。

哈索尔教授还说："串珠藻非常灵活，周围的水哪怕有一丁点儿动静，它们都会跟着摆动，那轻盈而优美的动作真是举世无双。它们离开水之后就不再是之前的模样，仿佛成了一滩被碾碎的果冻。然而只要将它们浸入水中，那些枝杈就会迅速恢复原样。它们能紧紧地吸附在纸上，随着水分蒸发，颜色也越来越深。但只要能回到水中，就算干枯了很长时间，它们也能恢复如初。"

我永远不会忘记，自己第一次见到这种神奇而美丽的水藻时有多高兴。大多数人都注意不到它们的魅力，这些果冻状的水藻总是低调地长在阴影处，只有善于观察的人才会发现。但是，只要水流缓慢、水位低浅，串珠藻就很容易存活。今天我们如果用心观察，很可能会发现它们的身影。

---

① 亚瑟·希尔·哈索尔（Arthur Hill Hassall），英国医生、化学家、微生物学家，著有《英国淡水藻类志》。

2 团集刚毛藻：像小苹果一样的球形水藻

在这条小溪里，还有其他美丽的水藻。

看，那是团集刚毛藻长长的绿色丝线。这种藻同样依附在石头上，随着水流摆动，有时能长到六十厘米长。它和串珠藻一样，也喜欢纯净的水，但也经常被我养在鱼缸里，两个星期后状态还很好。它全身呈深绿色，体态优美，很多人都爱把它养在鱼缸里。

团集刚毛藻（*Cladophora glomerata*）

我薅上来一小团，看它那美丽的分叉。你们还记得吗，家里有一个绿色的小圆球，约有一个小苹果那么大？那个球就是团集刚毛藻，来自埃尔斯米尔。

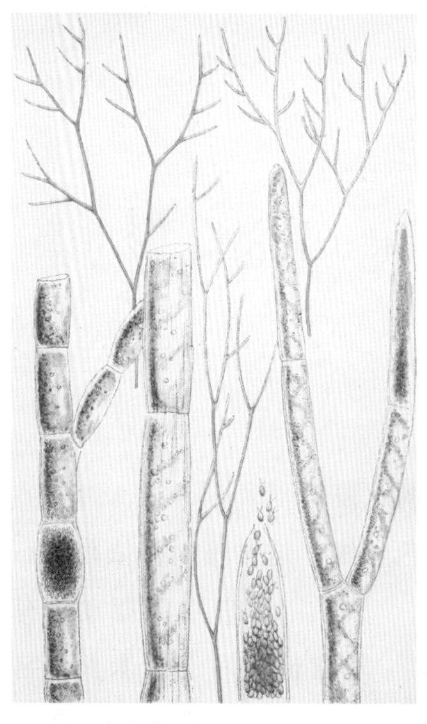
刚毛藻（*Cladophora*）

哈索尔教授是这么描述这些小球的："我认为，团集刚毛藻是这样形成的：一条高山溪流因下雨而水位上涨，一条普通的刚毛藻被迫与它依附的物体分离，顺着水流一路向下，不断旋转，最后就形成了一个紧凑的球，落在溪水涌出而形成的水池或水库中，也就是人们经常发现团集刚毛藻的地方。"

水里还有一些团集刚毛藻，它们的表面不是绿色的，而是深棕色的。这是因为它们长长的分叉上又附着了其他水藻。看，我薅了一小团，装进水瓶里摇了摇，就有许多棕色的东西脱落下来，露出了团集刚毛藻绿色的细线状分枝。

我敢肯定，你们会觉得这些棕色的附着物很难看，它们其实包含了两种水藻，分别叫硅藻和鼓藻。回家之后，我会让你们用显微镜观察，你们会看到很多非常美丽的形状。我现在不会给你们讲太多，但可以给你们看看图片，上面是用显微镜观察到的这些藻类。

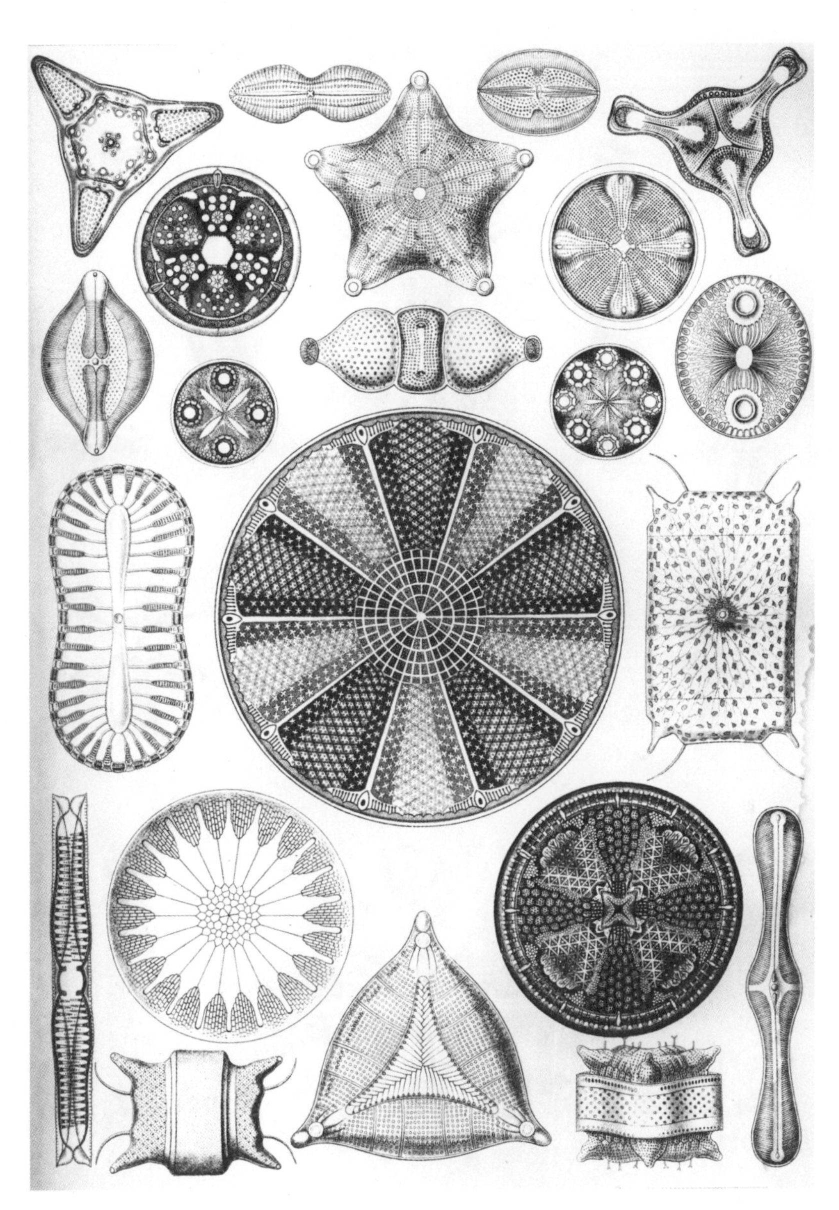

硅藻（*Bacillariophyceae*）

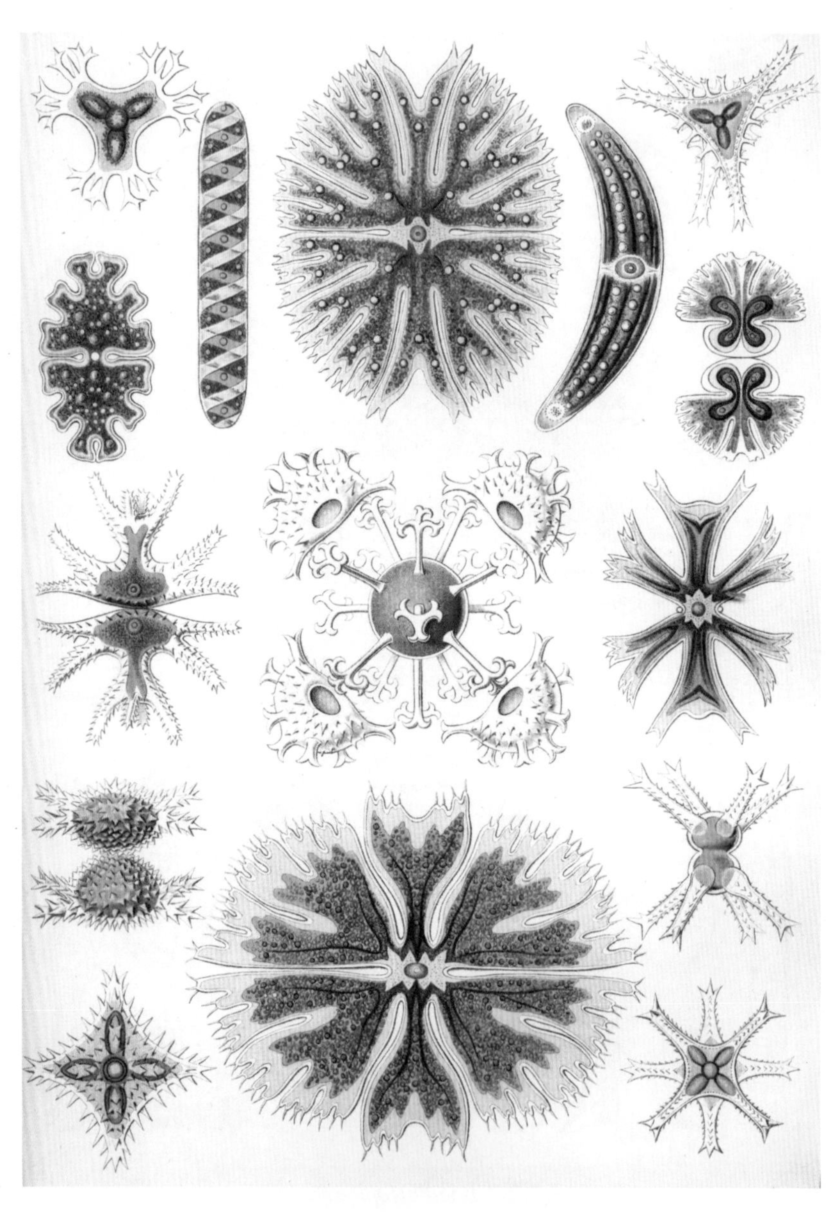

鼓藻（*Desmidiaceae*）

3 红隼：喜欢在天空盘旋的猛禽

我们继续在沼泽中走一走吧。其实，如今这片沼泽已经没有那么“原生态”了，早已被人类开垦成了牧场。但毫无疑问的是，这里曾经被水覆盖过很长时间。

你们看，这里的土壤都是泥炭，不同的地方厚度不同，能在下面发现沙子和鹅卵石。这里似乎曾经是一个湖的底部，这个湖足有十六千米长，五千米宽。金纳斯利村显然曾经是一座岛屿，你们能看到，整座村庄到处都是沼泽。曾经，这整片区域都被水覆盖着，在大约两百年前，这里开始长满树木。

“爸爸，您看到那儿了吗？”杰克说，“一只隼猛扑向一只小鸟，把它抓到那棵冷杉上吃掉了。”

那是红隼，英国最常见的隼之一，经常在附近出没。不过我担心它很快就会被凶狠的猎场看守驱逐出这里。

“但是，爸爸，”威利说，“这些隼不是会捕食年幼的灰山鹑和雉鸡吗？猎场看守肯定不会置之不理。”

的确，红隼有时会捕食灰山鹑雏鸟，但小鼠也是它们的主食。除此之外，它们还吃鼩鼱、甲虫和蜥蜴。如果让这些帅气的隼无处可去，那真是太可惜了。

“我经常看到有一种隼总是在同一片区域盘旋，那是不是红隼？”梅问。

没错，红隼的别称“盘旋者”就是从这一习惯而来的。它会将尾巴上的羽毛伸展开来，在空中滑翔，头永远朝着风吹来的方向。

红隼（*Falco tinnunculus*）

4 雀鹰：个子小却胆子大的猛禽

我经常见到雀鹰，偶尔也会见到灰背隼，它们都是小型猛禽。

和红隼相比，雀鹰对雏鸟的杀伤力更大，不能让它们出现在猎场或养殖场附近。雀鹰的胆子大极了，它会俯冲向养殖场，抓起一只雏鸡再腾空飞起。老母鸡一旦发现有雀鹰在鸡窝附近盘旋，就会恐惧地尖叫，你们有没有听过那种声音？

古尔德先生在他的书中记载了一件有关雀鹰的趣事，是他的朋友讲给他的——

“三四年前的一天，我驾驶马车前往多佛，突然有一只雀鹰如游隼般俯冲过来，把一只云雀扔向了马的头部，就像游隼会扔下捕获的松鸡或灰山鹑那样。但那只雀鹰并不打算下来用餐，而是直接飞走了。

“我跳下马，捡起云雀的身体和头——它已经身首分离了，刚刚那个俯冲的速度和力量一定非常大。我曾多次见过松鸡或灰山鹑的背部和脖子上的肉被吃光，只剩下孤零零的脑袋，但我还从未见过一颗脑袋被干净利落地扭掉。”

据说，一只雀鹰曾在人的两腿之间抓住了一只雀，还打破了玻璃窗，想抓笼中的鸟。

雀鹰（*Accipiter nisus*）

灰背隼（*Falco columbarius*）

云雀（*Alauda arvensis*）

5 欧亚鵟：爱帮别的鸟养孩子的猛禽

“爸爸，那种大鸟是什么？”威利问，“就是去年十一月您在伊顿附近看到的那只。它也是一种猛禽，对吧？”

没错，那是欧亚鵟（kuáng）。虽然我一靠近，它就飞走了，但我还是在远处观察了一会儿。它有时会在树上停一会儿再慢慢飞走，落到另一棵树上。和小型猛禽不同，欧亚鵟没那么活泼，胆子也比较小。

亚雷尔先生在他的《英国鸟类志》中展示了一幅欧亚鵟哺育一窝雏鸡的画，这场景是不是很奇怪？

亚雷尔先生是这么解释的——

“有多个事例可以证明，雌欧亚鵟非常喜欢在特定季节孵蛋并喂养雏鸟。几年前，乌克斯桥（英国地名）一家名叫契克斯的旅馆，在花园里养着一只雌欧亚鵟，它非常喜欢收集掉落的树枝，

喂食雏鸡的欧亚鵟

并把它们折断。饲养人注意到了这一习惯，便给它提供了一些材料。最终，它搭了一个窝，卧在两枚鸡蛋上并成功孵化了，之后又开始喂养雏鸡。此后，它每年都会孵化并喂养一窝雏鸡。

“它喜欢在地上挖一个洞，并折断从周围得到的所有树枝，用来搭窝，然后在里面孵蛋。一年夏天，饲养人为了让它免受孵蛋的劳累，从别处弄来一窝刚孵出的雏鸡，放在了它的身下，结果全被它杀死了。

“有一年六月，它一共喂养了九只雏鸡——本来有十只，但有一只走丢了。饲养人给它肉时，它会勤快地把肉撕成小块喂给雏鸡。可如果雏鸡只吃一点儿肉就去吃谷物了，那它就会显得非常焦虑。”

欧亚鵟（*Buteo buteo*）

6 鼩鼱：被古人当作牲畜天敌的小动物

草丛里有一只小鼠一样的动物，你们猜它叫什么？

它跑得真快，我抓住它了。它又跑了，在草根下挖地道。这次我把它抓得紧紧的，我戴着手套，它咬不到我。

看这个小淘气，它身上的毛短短的，柔软光滑；鼻子又长又尖，十分灵活，能在厚厚的草里或土里翻找食物；牙齿锋利，能咬碎蠕虫和许多昆虫的幼虫。

它叫普通鼩鼱（简称“鼩鼱”），虽然长得像小鼠，但严格来讲并不属于鼠科，而是和鼹鼠的关系更近一些。

鼩鼱很喜欢打架，如果两只鼩鼱被困在同一个箱子里，较强的那只会打败较弱的，并把对方吃掉。鼹鼠也会吃掉较小的同类，虽然我没有亲眼见过，但这已经被认定为事实了。

“猫会抓鼩鼱吃吗？”梅问。

我敢说，猫肯定会捕杀鼩鼱，但不会吃掉它。我也试过用死鼩鼱喂猫，猫根本就不吃。我猜这是因为鼩鼱的味道太难闻了，你们闻一闻我手里抓住的这只就明白了。小心，别让它咬到你们的鼻子。

普通鼩鼱（*Sorex araneus*）

我们已经仔细观察过这只鼩鼱，该放它走了，伤害动物不是好孩子该做的事。鼩鼱不做坏事，只会吃昆虫幼虫，那就更不应该伤害它了。虽然一些有害生物是必须消灭的，但我们也要小心谨慎，把它们的痛苦降到最低。

你们能不能想到，我刚刚放生的小家伙竟然被认为是牛的天敌。我们的祖先对此深信不疑，认为一头牛被鼩鼱从背上跑过，它的腰就会软弱无力；一头牛被鼩鼱咬伤，它就会因为心脏肿胀而死。这种传言已经很荒唐了，但治疗伤口的方式却更可笑，那就是用鼩鼱梣树枝在牛背上划一下。

吉尔伯特·怀特[1]说："古时候，人们认为鼩鼱天生带毒，无论是马、牛还是羊，任何牲畜被它从身上跑过，都会引起剧痛，甚至不得不截肢，而用鼩鼱梣树枝划一下，就能立刻减轻疼痛。为了让牲畜活下去，古人总是随身备着一根鼩鼱梣树枝，他们相信那根树枝的治愈能力永远不会消退。鼩鼱梣的制作方法如下：在欧梣树干上钻一个深深的洞，塞进去一只活鼩鼱，再把洞堵上，当然还要念几句早已失传的奇怪咒语。如此，一棵普通的欧梣就变成具有治愈能力的鼩鼱梣。"

古人竟然会相信这种东西，真是不可思议。但如今仍有人接受这样的无稽之谈，可见迷信和无知对人们思想的控制是多么顽固。

画于 1836 年的鼩鼱梣

① 吉尔伯特·怀特（Gilbert White），英国博物学、生态学和鸟类学的先驱。

7 蜘蛛：会织网的猎手

看这片山楂树篱，上面结着一张蜘蛛网。它由纤细的蛛丝编织而成，形状像长长的漏斗，顶部向四周扩散成一张宽大的网，用蛛丝连接在树枝上。蜘蛛停留在网的底部，一旦有昆虫落网，它就立刻爬上去。如果我们把手伸进网口，它就会立刻爬下去，从网底的“后门”逃走。

这张网的主人叫作迷宫漏斗蛛，是一种大型蜘蛛。这种蜘蛛的网在树篱、草丛、灌木丛和荆豆丛中很常见。

你们在看到蛛网时，一定要分清它是捕食用的网，还是居住

迷宫漏斗蛛（*Agelena labyrinthica*）

用的巢。常见于树篱上的轮状大网，是用来捕捉昆虫的陷阱。清晨，这种网上会挂满露珠，非常美丽。

夏栎（*Quercus robur*）

这棵夏栎（lì）下有许多去年秋天掉下的坚果，果实已经脱落，只剩黑色的果壳。你们看，这枚果壳里有一张小巧的蛛网，网内有许多小小的圆卵，一只小蜘蛛在守护着它们。这就是蜘蛛的巢。许多蜘蛛会为它们的卵编织茧，安置在不同的地方，然后离开。还有的蜘蛛会细心呵护它们的卵，走到哪儿都随身带着。

就拿迷宫漏斗蛛来说，它的卵茧是用白色蛛丝织成的，非常结实，每一枚茧中约有一百枚淡黄色的圆卵。它会把许多根蛛丝紧紧地黏在一起，做成较粗的绳子，再编成用来装茧的网兜，挂在草木的茎或其他物体上，最后用几片枯萎的叶子遮住。

布莱克沃尔[①]先生在他的杰作《英国蜘蛛》中说："不同种类的蜘蛛有不同的捕猎方法——许多蜘蛛会为了寻找食物而四处奔跑；有些蜘蛛会小心翼翼地靠近猎物，从远处扑过去；有些蜘蛛会藏在花里或叶间，等猎物靠近再一下抓住；还有很多蜘蛛会设下复杂的陷阱。"

---

① 约翰·布莱克沃尔（John Blackwall），英国博物学家，主要研究方向为蜘蛛。

这些陷阱中最美丽的，当属我刚才提到的轮状大网，它是由园蛛科的蜘蛛结成的。

蜘蛛有着强壮的钩状下颚，每个颚的根部都有一个毒囊，受到挤压时，里面的毒液会通过一根狭窄的管道，从毒牙顶端的裂缝注入猎物的伤口。

蜘蛛的足底有两个或更多带齿的爪子，从而可以更灵巧、更高效地织网。

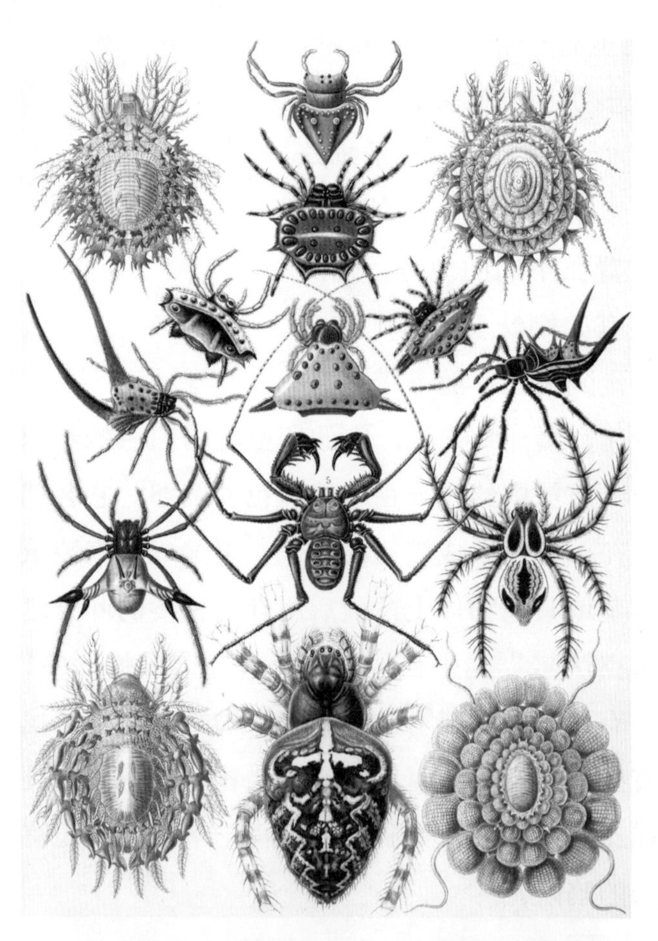

各种各样的蛛形纲生物，包括蜘蛛、螨虫等

8 植狡蛛：能把空气运到水中的蜘蛛

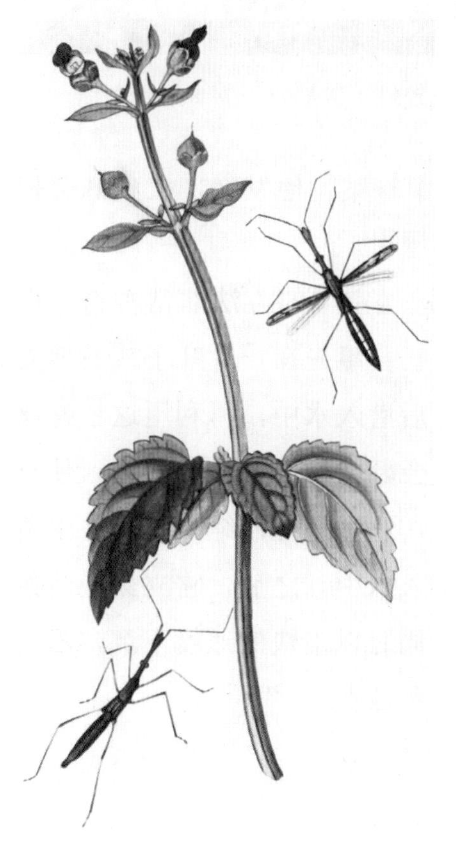
尺蝽（*Hydrometra stagnorum*）

“那种身体瘦长、长得像蜘蛛的虫子是什么？”威利问，“我经常能看到它们在水面滑来滑去。”

那并不是蜘蛛，而是一种叫尺蝽的昆虫。之所以叫这个名字，是因为它有一种特殊的癖好，喜欢在水面上滑滑停停，量一量自己滑了多远，再继续滑。

不过，的确有很多种蜘蛛能在水面上跑，比如你们知道的植狡蛛，它就住在水里。

几年前，我在鱼缸里养了一只植狡蛛，看到它在水草上编织了一张奇特的圆顶屋。这个小屋开口朝下，长得像一个潜水钟，或是半个鸽子蛋，泛着美丽的银光。你们应该对它很感兴趣。

实际上，这是一个被密密麻麻的白色蛛丝包裹起来的大气泡。植狡蛛把它的卵封在茧里——每一枚茧里能有上百枚卵——再将茧黏在小屋的内侧。

植狡蛛（*Dolomedes plantarius*）

“这个气泡是怎么做成的？”杰克问，“空气是从哪儿来的呢？”

这个问题问得很好，而且善于观察的贝尔先生已经给出了答案。他发现，植狡蛛会把空气从水面带到水中，并释放在小屋里。

贝尔先生的原话是：“植狡蛛运送空气的方法非常神奇，据我所知，还没有人精准地描述过。它会事先在一片叶子或其他支撑物上黏一根连接小屋的蛛丝，然后潜入水中，再利用这根蛛丝慢慢回到水面。它一靠近水面，就会翻个身，让腹部朝上，使身体的下半部分暴露在空气中。然后，它猛地往回缩，将一些附着在腹部绒毛和两条后腿上的空气带入水中。之后，它立刻把两条后腿尽可能地交叉，以锁住空气，同时以最快的速度下沉，沿着蛛丝回到小屋中，把身体翻过来，释放空气。”

第九课

去田野漫步

1 琉璃繁缕：被称作“牧羊人的晴雨表”的花

琉璃繁缕（*Anagallis arvensis*）

我们再去一趟田野吧。虽然太阳正当空，但如果走累了，我们可以在树荫下乘凉。

“这是什么植物？它猩红色的花朵已经完全绽放了。”

这是琉璃繁缕，又叫“牧羊人的晴雨表”，它能预感到雨水的到来，提前合拢花朵。虽然别的植物，比如旋花，也会在下雨前闭合花朵，但人们认为琉璃繁缕预测得最准。

琉璃繁缕还有另一个特征：下午三点过后，它就基本上不再开花了。

其他国家的琉璃繁缕也有这种特性。前往北极考察的西曼[①]

① 伯特霍尔德·卡尔·西曼（Berthold Carl Seemann），德国植物学家，他游历广泛，收集并描述了来自太平洋和南美洲的植物。

注意到，即使在极昼期间，琉璃繁缕也会按时闭合花朵。他说：“虽然太阳不再落入地平线下，但这种植物从未弄错过时间。当南部温暖的地区迎来夜晚时，它们也会垂下枝叶，开始睡觉。”

看它那猩红色的花瓣，紫色的花蕊，真是灿烂夺目。除了鲜艳的虞美人，我觉得再没有别的野花像它这样红艳了。

不过，琉璃繁缕的花瓣也不都是猩红色的，有一些变种是白色的，还有一些是深蓝色的。

虞美人（*Papaver rhoeas*）

蓝花琉璃繁缕（*Lysimachia foemina*）

2 婆罗门参：爱睡午觉的花

“爸爸，这是什么花？”杰克问。

这是婆罗门参，一种习性奇怪的植物，它有一个奇怪的俗称叫“睡午觉的杰克”。我们有时也会用“树篱旁的杰克”称呼你，这是另一种植物——葱芥的俗称。显然，梅的名字来自“五月花（May）”，也就是单子山楂。而家里的罗宾，因为他经常撕自己的衣服，所以有了“破衣者罗宾”的外号，这是布谷鸟剪秋罗的俗称。

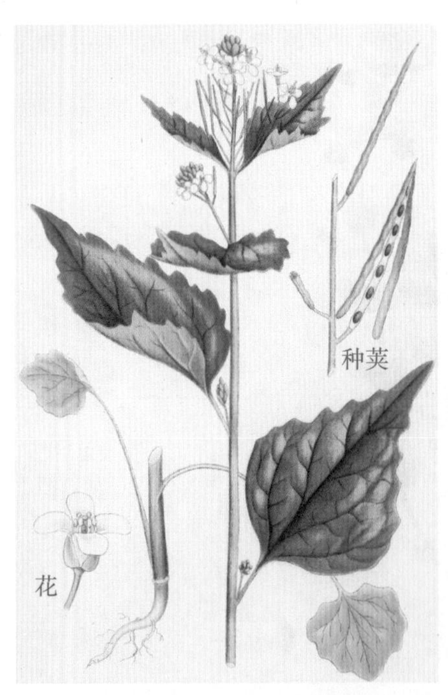

葱芥（*Alliaria petiolata*）

婆罗门参还有另外一个俗称——“山羊胡”。它的叶子长长的，像草，茎的表面有一层海青色的粉。它的花是亮黄色的，现在没有到十一点，所以还盛开着，它们通常在正午就闭合了。这种花绝不会在午后开放，所以叫它“睡午觉的杰

布谷鸟剪秋罗（*Silene flos-cuculi*）

婆罗门参（*Tragopogon pratensis*）

克”再合适不过了。有一首以它为主题的小诗是这么写的：

> 正午阳光多美妙，
> 塔尖顶上太阳照，
> 威严庄重，至尊荣耀。
> 草地上现在几分几秒？
> 山羊胡抬头大声呼叫，
> 绽放的花朵盖上了头纱，
> 将艳黄的花瓣遮盖在下，
> 就像农民们所说，
> 上床睡觉啦。

3 石蚕：会给自己“盖房子”的石蛾幼虫

我们来到了小溪边。你们看到水底那些缓慢移动的东西了吗？看上去像一根根小木棍。

“我知道，那是石蚕的房子。”杰克说，“每一个房子里都有一条肥肥的石蚕。”

没错，你说的“房子”是石蚕的外壳。这里有另一种石蚕，它们的外壳是用细沙做的，能贴在光滑的石头上。你们看，这里有一个长筒形的外壳，很薄。我用小刀把它划开，你们现在可以看到里面的石蚕了。

石蚕和它的外壳

石蚕的种类繁多，最有趣的一点是，它们建造的外壳也各式各样。有些石蚕的外壳可以随它们移动，而我们刚刚

见过的那种，它们的外壳是固定在某处的。不同外壳的建造材料也不同，比如沙砾、碎木、叶子、草茎、蜗牛壳等等。石蚕能从嘴里分泌出一种黏合剂，把小木棍和沙砾黏在一起，所以我们在看到沙砾外壳时可以留意一下，也许能看到外壳两侧各有一根细长的灯心草或木棍。

石蛾（*Trichoptera*）

一位女士曾把许多石蚕从外壳里取出来，和许多材质不同的碎屑一起放在水缸中，这些碎屑来自彩色玻璃、光玉髓、玛瑙、黑玛瑙、黄铜、珊瑚和龟甲。石蚕会从中挑选它们喜欢的材料，为自己建造新的外壳。

不久之后，这些石蚕就会蜕变成石蛾。石蛾的两对翅膀上覆盖着粗细不等的毛，因此在生物学分类中被称作“毛翅目”。你们一定见过这类昆虫，它们长得像飞蛾，在池塘和小溪旁很常见，常常沿着“之”字形的路线飞来飞去。

4 沼泽勿忘草：有着感人故事的水边花

看，岸边有一大片沼泽勿忘草。看它那粉蓝色的花朵，每一朵中间都有黄色的花蕊。它的叶子是鲜绿色的，比较粗糙。

有一种和沼泽勿忘草长得很像的植物，但是个头更小，你们或许在树篱和田野间经常见到，它叫森林勿忘草。不过，沼泽勿忘草才是人们俗称的“勿忘我”。

沼泽勿忘草（*Myosotis scorpioides*）

森林勿忘草（*Myosotis sylvatica*）

关于“勿忘我”这个名字的来历，有许多故事，其中一个是这么讲的：

很久以前，一位女士和她的骑士恋人在河边漫步。女士看到河水中央长着一些鲜艳的蓝色花朵——我猜应该是长在一个小岛上——便想要这些花。她的恋人立刻跳进水里，游过去摘到了花，但是水流太急，他没能游回岸上。在被河水淹没之前，他用尽浑身力气，把花朵扔上了岸，喊道：“请勿忘记我！”

有一首民谣是这么唱的：

> 深爱着那位女士的骑士，
> 我们记得他的不幸遭遇。
> 她喜爱的鲜艳花朵，
> 她用来编发的蓝色花朵，
> 被她叫作“勿忘我”。
> …………
> 岸边的鲜艳花蕊、蓝色花瓣，
> 是骑士珍贵的心愿，
> 动人的“勿忘我”。

我们必须继续往前走了。我承认，这条缓缓流淌的小溪真叫人不舍，但我们不能在这里逗留太久。所以，再见了。

5 红额金翅雀：演技超群的美丽小鸟

我们在过马路的时候遇到了两个捕鸟人，他们一手拎着鸟笼，一手拿着涂了粘鸟胶的长树枝。两人的鸟笼里都有一只温顺的红额金翅雀，它们是用来引诱同类的。

红额金翅雀（*Carduelis carduelis*）

他们一开始仅抓到一只红额金翅雀，售价半克朗。这只鸟用叫声吸引来了其他的金翅雀，它们有时会落在鸟笼上，立刻就被关在了里面；有时会落在涂着粘鸟胶的树枝上，再也飞不起来。

红额金翅雀是英国最常见的宠物鸟之一，它羽毛艳丽，生性活泼，体态优雅，歌喉嘹亮，而且很容易依赖上饲主，所以被很多人饲养。它很能适应笼中生活，能养十年之久，甚至曾有一只活了二十三年。

红额金翅雀的大部分时间都是在歌唱中度过，它们喜欢用歌声吸引同类，因此成了捕鸟人的好诱饵。好抓又好卖，使得红额金翅雀成了鸟雀交易中的重要品种。

在过去的伦敦街头，一只红额金翅雀能卖到六便士到一先令。如果捕鸟人多捕了几只，货源充足，那么一只能卖三到四便士。据统计，每年有七万只鸣禽被卖到伦敦，其中红额金翅雀占了约十分之一。

养鸟人教会了红额金翅雀许多逗趣儿的技能，比如叼来大小如戒指的一桶水，或是掀开小盒的盖子，从里面叼出一粒种子。它还会装死，就算有人抓着它的尾巴或爪子，把它拎起来，它也一动不动；会头朝下、脚朝天地倒立；会模仿荷兰挤奶工去集市的样子，把小桶放在自己的肩膀上；会扮演哨兵放哨。

曾经有一只红额金翅雀被训练成了炮手。它头上戴着帽子，肩膀上挂着枪，会用爪子夹起火柴，点燃迷你加农炮的引线，然后发射出一枚小小的炮弹。这只鸟还会装作受伤，躺在一个迷你手推车里，似乎要被送去医院。此时，如果有别的鸟来看望它，它就会提前飞走。

还有一只红额金翅雀会转风车。还有一只敢站在一堆正噼啪燃放的烟火中间，一点儿都不害怕。

有多少鸟儿越来越温顺、亲人，能唱出优美动听的歌？又有多少鸟儿对人类有益，帮着我们消灭害虫？但它们几乎得不到保护，这不是太奇怪了吗？我曾见过不少以虐待动物为乐的人，他们手里把玩着一只无助的小鸟，想尽办法折磨它。可就算我去劝告他们不要再做这种野蛮、残忍的事，他们也不会听，简直是对牛弹琴！

6 蝗虫：用腿摩擦翅膀来发声的昆虫

听，这些蝗虫多吵闹，它们在不停地高声叫着，尽情享受夏日的阳光！威利，给我抓一两只来。看那儿，有一只绿牧草蝗跳到你前面的叶子上了。

抓住了吗？

“没有。”

好吧，用这个捕虫网抓。

“这次抓到了。”

“蝗虫是怎么发出那种奇怪声音的？”梅问。

你们只要在蝗虫发出声音时，贴近了仔细看，就能发现是怎么一回事。看，那片长叶车前的茎上就有一只。

你们看，它的后腿在翅膀上快速摩擦。现在它安静下来了，后腿也不动了，所以显而易见，它是通过后腿上的刮器和翅膀上的音锉相互摩擦来发声的。我用手里这只绿牧草蝗的后腿摩擦它的翅膀，你们听到尖锐的声音了吧。只有雄性蝗

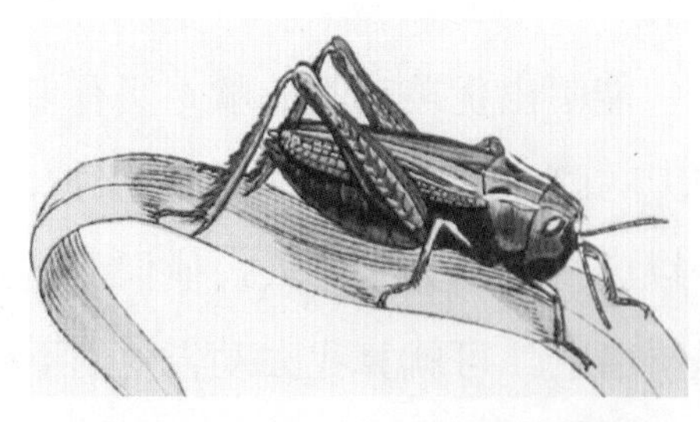

绿牧草蝗（*Omocestus viridulus*）

牛蝗（*Pneumoridae*）

虫才会发出嘹亮的声音，雌性只能发出微弱的嘶嘶声。还有一种叫牛蝗的蝗虫，它的音锉没有长在翅膀上，而是长在胖胖的腹部。

我曾多次用玻璃杯把田野蟋蟀和绿牧草蝗罩在一起，并喂给它们湿草叶。看它们吃草时狼吞虎咽的样子，真的很有趣。

你们应该记得，绿牧草蝗和飞蝗是近亲，两者长得非常像，只是飞蝗的体型更大。飞蝗可以细分为很多种，每一种都是害虫，会对树木和庄稼造成极大的破坏。幸运的是，飞蝗很少造访英国，

飞蝗（*Locusta migratoria*）

长叶车前（*Plantago lanceolata*）

因为据记载这里很少有大型的蝗灾。

蟋蟀也是绿牧草蝗的亲戚。和许多吵闹的人一样，蟋蟀也想做屋子里最吵的那一个，一旦它们在一栋房子里安了家，就很难被彻底消灭。有人讲过一个故事，你们不必当真——

一位女士曾千方百计想消灭房子里的蟋蟀，但都无济于事。后来她在家中举办婚礼，用鼓声和号角声欢迎客人。从那以后，她再也没有听到过蟋蟀的声音，那吵闹的鼓角声把蟋蟀赶走了。

蝗灾

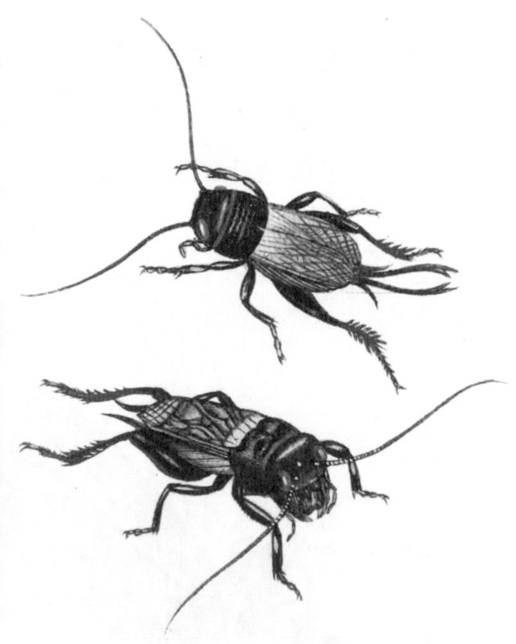

田野蟋蟀（*Gryllus campestris*）

7 白斑狗鱼：什么都爱咬的贪吃鱼

这里有一个大池塘，我们能从岸边看到水下的东西。

那里有一些叶子宽大的欧亚萍蓬草。我之前注意过，经常有一些双翅目飞蝇的幼虫在啃食它们的花。那些飞蝇会在花朵中产卵，孵化出来的幼虫以花为食。

你们看，那里有一条白斑狗鱼，它在贴着水面晒太阳，一动不动。它个头不小，要我说得有三四斤重。

“真希望我们能抓到它。”威利说。

可惜我们没有带渔具。况且，当白斑狗鱼像这样贴着水面晒太阳时，它是不会上钩的。

“您钓过的最大的白斑狗鱼是什么样的？”杰克问。

五年前，我在运河里钓到了一条白斑狗鱼，那条鱼真不

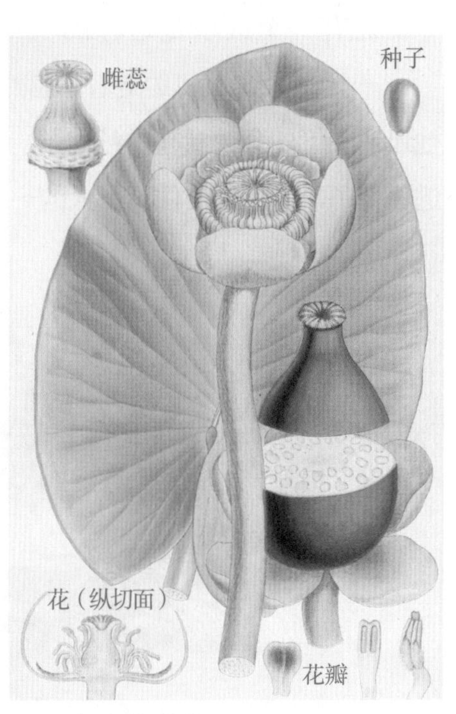

欧亚萍蓬草（*Nuphar lutea*）

错，有将近二十斤重。

白斑狗鱼非常贪婪，经常吃小鸭子、黑水鸡和白骨顶，有时还会试图吞下比它的喉咙大得多的鱼。

曾经有一只天鹅把头扎进水里觅食，一条白斑狗鱼咬住了它的头，并吞下去很大一部分。有人注意到这只天鹅把头扎进水里的时间太长了，便划船前去查看，结果发现天鹅和白斑狗鱼同归于尽了。

在罗纳河，曾有一条白斑狗鱼咬住了河边一头骡子的嘴唇，还没等鱼松开嘴，骡子便把它从水里甩了出来。

曾有一只水獭抓了一条鲤鱼，一条饿极了的白斑狗鱼为了这条鲤鱼而和水獭争斗，被从水中拽了出来。

此外，一位波兰女士在池塘洗衣服时，曾被白斑狗鱼咬住了脚。

还有一个故事是这样的——

一个男人在韦河边走着，忽然看到一处浅滩里有一条大白斑狗鱼。他迅速脱下外套，卷起衬衫袖子，想把那条鱼扔上岸。那条鱼发现自己逃不掉了，便狠狠咬住了男人的一条胳膊，伤口很久都没有消退。

白斑狗鱼（*Esox lucius*）

第十课

去树林探索

1 牛舌菌：长得像牛排的蘑菇

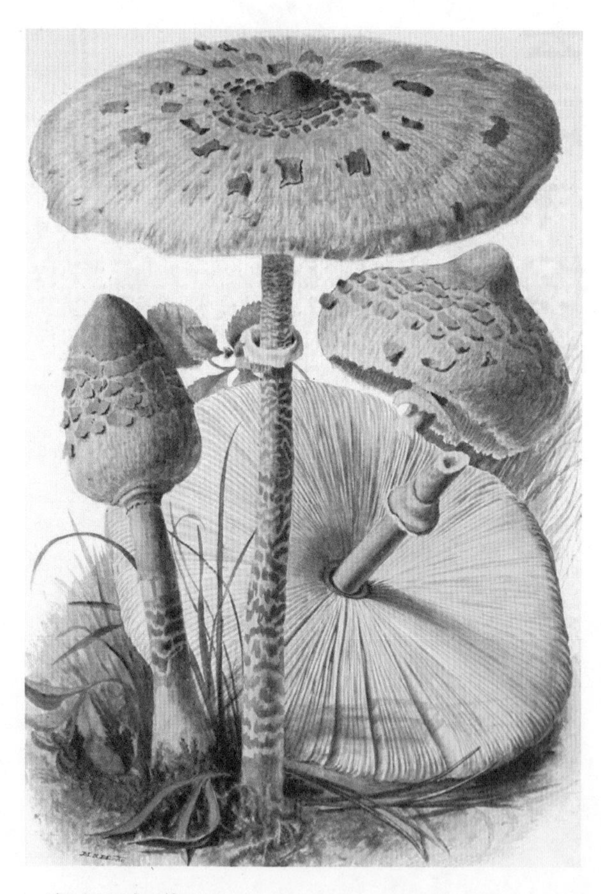

高大环柄菇（*Macrolepiota procera*）

我们刚刚度过秋季最宜人的时节，那时候成熟的稻谷金灿灿连成一片，果园里结满了苹果和梨。如今已是深秋，金色的稻谷被收割了，大多数的鸟儿也停止了歌唱——除了欧亚鸲和林岩鹨，这两种鸟甚至在冬天也会放声高歌。不过，还有几种野花可以让我们欣赏，蕨类植物现在仍然很美丽，有很多蘑菇在田野和树林里肆意生长。

今天天气不错，很适合外出。我们要驾车前往里金山，探索山脚的那片树林。我相信，我们会见到很多美丽的东西。落叶将树林点缀得极其美丽，让我们穿过草地上的这扇小门，朝十树山的方向走吧。

看看谁能第一个找到亮红色的毒蝇伞？这种蘑菇非常美丽，但是有毒。我们要把无毒的蘑菇放在一个篮子里，毒蘑菇放在另一个篮子里。

双孢蘑菇（*Agaricus bisporus*）

你们看，这就是优雅的高大环柄菇，它的菌柄很长，菌肉上有棕色的斑点。这种蘑菇很美味，我觉得比双孢蘑菇好吃。

“爸爸，我们能找到牛舌菌吗？”威利问。

我从没在这里见过牛舌菌，它喜欢长在比较老的夏栎下，而且很少见。

牛舌菌也叫“牛排菌”，因为它切开后的截面很像牛排，还会流下如同肉汁的红色汁液。虽然鲜嫩的牛舌菌看起来非常可口，但我尝过几次，觉得并不好吃。不过它的营养价值很高，食用它对身体很有好处。

这里有很多黄绿毒鹅膏菌，它们的菌肉带着点儿绿色，菌柄是白的，非常漂亮。它也是一种毒蘑菇，味道很难闻。

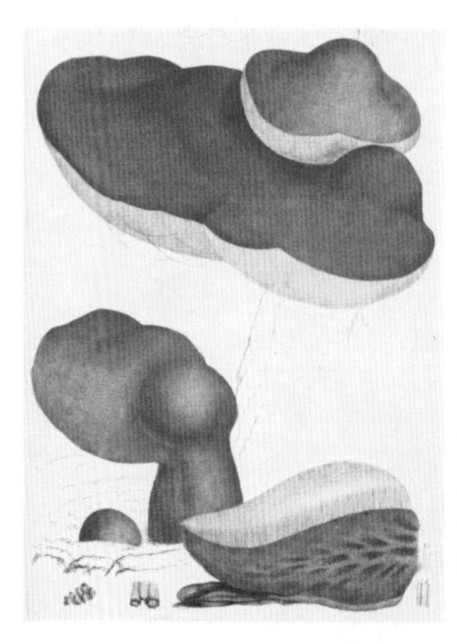

牛舌菌（*Fistulina hepatica*）

黄绿毒鹅膏菌（*Amanita phalloides*）

被切成片的牛舌菌

2 毒蝇伞：艳丽但有毒的蘑菇

看，在我们前方大概二十米的地方有一大片红蘑菇，我猜是毒蝇伞。我们过去看看。

我果然猜对了，它们有些刚长出来，还只是一个红色的小球；另一些已经完全长大了。

看它们多美啊，伞盖上有很多白色的斑点。我们来看看这些斑点是怎么形成的。

这里有一个刚刚露头的毒蝇伞，我把它挖出来。看，它整个表面包裹着一层白色的薄膜，这叫“菌幕”。随着它继续生长，菌幕会被撑裂，在伞盖上留下许多分散的斑点。它的菌褶是白色的，有些发黄，菌柄上有细小的鳞。

人在食用毒蝇伞后会中毒，反应就像喝醉了一样。巴德姆[①]博士吃过很多种蘑菇，并写了一本有关无毒蘑菇的书。他曾采集了一些毒蝇伞，寄给两位女性朋友，并想着之后拜访她们时再顺便解释——他送这些毒蝇伞只是因为它们长得很好看。可是他后来没有去，而两位女士说：“巴德姆博士肯定不会送给我们不健

① 查尔斯·大卫·巴德姆（Charles David Badham），英国作家、医生、昆虫学家、真菌学家。

康的东西，我们煮一点儿这种蘑菇，配茶吃吧。”于是，她们烹饪了一些毒蝇伞并吃掉了，结果严重中毒，好在不良反应很快就消失了。

毒蝇伞之所以会叫这个名字，是因为人们曾用它们煮出来的汁水杀灭飞蝇。西伯利亚人会吞下这种蘑菇，以让自己产生中毒后的幻觉。

毒蝇伞（*Amanita muscaria*）

3 赭盖鹅膏菌：俗称红脸菇的蘑菇

这里有另一种蘑菇，它和我们刚刚观察的黄绿毒鹅膏菌关系很近，但长得一点儿也不像。它叫赭（zhě）盖鹅膏菌。

你们看，赭盖鹅膏菌的伞盖上也布满了白色的斑点，不注意观察的话，就会把这两种蘑菇弄混。

现在仔细观察。我用刀把这个赭盖鹅膏菌切开，轻轻按压。你们看，它现在变红了一些，立刻就能和另一种有毒的黄绿毒鹅膏菌区分开了。这也是它被俗称“红脸菇”的原因。

彻底加热后的赭盖鹅膏菌是无毒的。你们还记不记得，去年秋天我们吃过一些，无论是做成早点还是晚餐都非常美味。

但是，如果一个人既不知道如何分辨蘑菇，也不向专业人士请教，我强烈建议他不要采摘与食用蘑菇。孩子们，如果一种蘑菇你们没有拿来给我看过，千万不要吃它。

赭盖鹅膏菌（*Amanita rubescens*）

4 松鼠：在树上跳来跳去的小动物

看那只欧亚红松鼠（欧亚大陆最常见的松鼠，本书简称“松鼠”），它爬树的姿态多敏捷。它蹲在了一根树杈后面，觉得我们没发现它。

我来让你们瞧一瞧，它是怎么从一根树枝跳到另一根去的。我拍了拍手，杰克扔了一块石头，这只小家伙就开始行动了，它跳得真棒。

欧亚红松鼠（*Sciurus vulgaris*）

中国南方常见的赤腹松鼠（*Callosciurus erythraeus*）

随着冬季越来越近，松鼠会忙着储备过冬的食物，比如各种坚果。在冬季大部分时间里，松鼠都会冬眠，但如果天气不错，它会从休息的树洞中出来，在储藏室里转一转，吃几个坚果，然后再回去睡觉。

松鼠的窝是用苔藓、树叶和树枝搭建而成的，通常位于树枝的交叉处。松鼠幼崽通常在六月出生，一窝有两三只。

一位绅士在写给杰宁斯[①]先生的信中说："屋子的窗外有一棵树，一对松鼠经常光顾那里，惹来一对喜鹊的极大敌意。双方

① 索姆·杰宁斯（Soame Jenyns），英国作家、国会议员，动物伦理的早期倡导者。

争斗了很长时间，两只松鼠敏捷地从这根树枝跳到那根树枝，从这棵树跳到那棵树，找寻两只喜鹊，精力无比充沛。这种争斗到底是源于它们之间天生的敌意，还是担心对方侵犯自己的领地，我也不知道。”

欧亚喜鹊（*Pica pica*）

5 牛肝菌：俗称见手青的蘑菇

里金树林里有许多直径四五米的黑色圆圈，你们猜那是什么？

那是烧炭人烧毁树木后留下的痕迹。你们如果见到了，一定要仔细观察，因为在这些烧剩下的树桩上，长着许多在别处很少见的生物。

比如这种蘑菇，它叫烧地鳞伞，喜欢长在木炭上，其他地方是见不到的。沃辛顿·史密斯[①]先生告诉我们，烧地鳞伞在英国

烧地鳞伞（*Pholiota carbonaria*）

钹孔菌（*Coltricia perennis*）

---

① 沃辛顿·乔治·史密斯（Worthington George Smith），英国插画家、考古学家、植物病理学家、真菌学家。

角拟锁瑚菌
（*Clavulinopsis corniculata*）

血红铆钉菇
（*Chroogomphus rutilus*）

雕纹口蘑
（*Tricholoma scalpturatum*）

赭红拟口蘑
（*Tricholomopsis rutilans*）

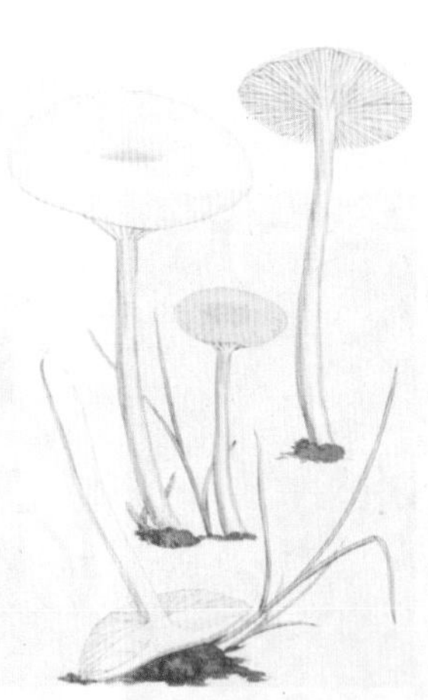

芳香杯伞
（*Clitocybe fragrans*）

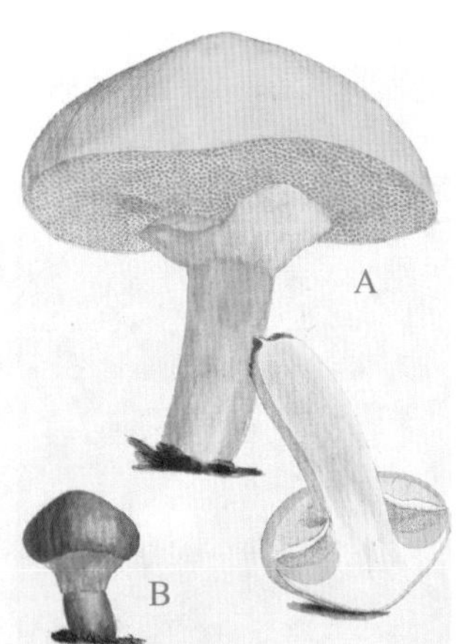

A 黄乳牛肝菌（*Boletus flavus*）；B 褐环乳牛肝菌（*Suillus luteus*）

美味牛肝菌
（*Boletus edulis*）

褐疣柄牛肝菌
（*Leccinum scabrum*）

十分罕见。伯克利[1]先生的《真菌学综述》里也没有提到它。

这边的蘑菇叫钹孔菌，非常美丽，同样很罕见。它带有浓郁的赭色、巧克力色和黑色，同样只长在这种木炭中。

我们继续前行吧。看，那一大片苔藓中长着一些鲜艳的橙色蘑菇。它们叫角拟锁瑚菌，每一个鲜嫩的菌柄上都长着珊瑚形的短枝，彼此连成一片，根茎互相缠绕。

这一片是黏糊糊的血红铆钉菇；这一片是美丽的雕纹口蘑；还有可爱的赭红拟口蘑；这里覆盖着一层小小的芳香杯伞，它闻起来有一股刚割下的牧草味。

这里有许多牛肝菌属的蘑菇，看它伞盖下面的许多小孔，和

---

① 迈尔斯·约瑟夫·伯克利（Miles Joseph Berkeley），英国真菌学家，植物病理学的创始人之一。

红网牛肝菌（*Suillellus luridus*）

其他蘑菇都不一样。它们的菌肉在受到挤压或被切开时会变成靛蓝色，所以又叫见手青。

我们能找到褐环乳牛肝菌、黄乳牛肝菌、美味牛肝菌、褐疣柄牛肝菌，以及美丽且煮熟后无毒的红网牛肝菌。

从名字就能看出，美味牛肝菌味道鲜美，对人体健康有益。褐疣柄牛肝菌和褐环乳牛肝菌也是如此。但也有一些牛肝菌是有毒的。

6 丘鹬：百发百中的抓蚯蚓高手

看，有一只鸟从我们面前飞过去了，你们知道它叫什么吗？

它叫丘鹬。虽然丘鹬有时会在英国待一整年，但这只应该是从欧洲南部姗姗来迟的。这种鸟很漂亮，翅膀上有着黑褐色的横斑，喙长长的，黑溜溜的眼睛大大的。

“丘鹬吃什么？”威利问。

有人说“它们靠喝水生存”“并不吃什么食物”，但这是完全

丘鹬（*Scolopax rusticola*）

错误的。丘鹬特别爱吃蚯蚓，你们注意观察的话不难看到。西班牙的某个大型鸟舍里养了一只丘鹬，我把那里的观察记录念给你们听——

“这里有一眼泉水，源源不断地提供水源，滋润土壤和树木。这里有从别处运来的新鲜草皮，里面有许多蚯蚓，它们在徒劳地寻找藏身之处。丘鹬在饥饿的时候，会依靠味道搜寻蚯蚓。它会把喙伸进土里，但鼻孔依然露在外面，咬住蚯蚓后再把喙抬高，将其整个拽出来，几乎不动嘴巴地轻松吞下。这套动作能在一瞬间完成，并且和丘鹬平常的举动没什么两样，难以被察觉到。丘鹬在抓蚯蚓时百发百中，再加上它从不会把鼻孔伸进土里，所以人们认为它是通过气味搜寻食物的。”

丘鹬和雏鸟

丘鹬有一种十分有趣的天性，我可不能忘记告诉你们。丘鹬成鸟有时会在夜里把雏鸟从巢里带去柔软的沼泽地，用那里的蚯蚓和昆虫幼虫喂食，第二天早上再带回巢中。

“它们是怎么携带雏鸟的？”梅问。

有一些鸟类观察者说，雏鸟是被成鸟用爪子抓着带走的。但根据圣约翰先生的说法，有些成鸟会将雏鸟紧紧夹在两腿中间。

“雌丘鹬和雄丘鹬是不是很难分辨？”

没错，我认为从外观上分辨丘鹬的性别简直是不可能的。雄丘鹬的体型比同龄的雌丘鹬稍微小一些，羽毛颜色也有略微区别。但是，你在野外看到的丘鹬不可能都是同龄的，羽毛颜色也会发生变化，所以还是很难分辨它们的性别。

在夜晚捕食的丘鹬

7 年轮：能判断树木年龄的圆圈

“爸爸，我们坐着的这根树桩上有很多圆圈，这是什么？”威利问。

这些圆圈叫年轮，代表了树木生长的阶段，一圈就是一年。

在寒冷的冬季，树木会停止生长一段时间，所以前一年最后生长的部分和第二年新长出来的部分，它们之间会有一圈分界线——在四季分明的温带地区最为明显。因此，人们可以用数年

年轮

轮的方式确定树木的年龄。

不过，在气候变化不明显的热带地区，那里的树木没有明显的年轮，而如果某地的气候在一年内出现了多次剧烈变化，那里的树木也会在那一年产生多个年轮。

我们知道，就算树龄相同的同一种树，不同树木的高矮也会有差异。年轮也是如此，哪怕是同一棵树，宽窄也会有很大区别。我们身下的这根树桩就是一个例子。看，这些年轮各不相同，有些很宽，说明那一年气候好，树木生长得快；有些很窄，说明那一年气候差，树木生长得慢。就算同一圈年轮也有宽有窄，一般是向阳的那一面年轮较宽，背阴的那一面年轮较窄。

树木的生长很有意思，你们长大以后可以多多观察。

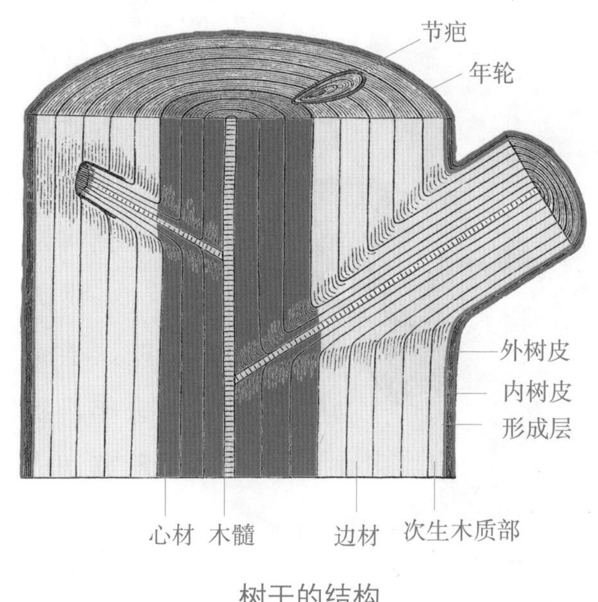

树干的结构

8 卷缘齿菌：长着无数“牙齿”的美味蘑菇

这里有一种叫卷缘齿菌的蘑菇，虽然只有这么一点儿，但是能在这片树林里看到，我也非常高兴。

我们把它摘下，翻过来。看，它长得多有趣，底部（专业说法叫“子实层”）不像伞菌属蘑菇那样有那么多菌褶，也不像牛肝菌那样有很多小洞，而是长着密密麻麻的白色小凸起，就像一排排牙齿。但这些“牙齿”非常脆弱，一折就断。

卷缘齿菌（*Hydnum repandum*）

“它好吃吗？”杰克问。

我认为它非常好吃，尝起来像牡蛎。去年，我们曾把这种蘑菇切成豆粒大的小块，炖成白酱，晚饭时搭配牛排一起吃，单就味道而言，所有

人都以为这就是牡蛎。我并不是说卷缘齿菌酱真的和牡蛎酱一样美味，两者只是味道相似。一种蘑菇就算再好吃也比不上牡蛎，毕竟后者可是至高无上的美味佳肴。

硬柄小皮伞（*Marasmius oreades*）

天色渐渐暗了，我们不能再逗留了。我们采了几种可食用的蘑菇？我来数一数，有高大环柄菇、赭盖鹅膏菌、卷缘齿菌，还有我们走进树林前在草丛里找到的硬柄小皮伞。我们把这些蘑菇带回家，做成晚餐或早餐。我们也要把其他蘑菇带回家，和书里的描述、插图对比一下。

到这里，我们陆地上的自然课就结束了。大自然里有许多东西值得我们去发现、欣赏，它所创造的万物都有自己的使命，我们也要完成自己的使命，尊重生命、勤奋好学、与人为善、富有耐心，以此表达我们对自然的爱。

致谢

本册所用的部分图片来自知识共享平台 Wikimedia Commons，
特此向图片提供者表示感谢。

墨西哥羽毛草（P140）：©MurielBendel，CC BY-SA 4.0

罗马荨麻（P145）：©Donald Hobern from Copenhagen，Denmark，CC BY 2.0

全缘火麻树（P147）：©Kalyanvarma，CC BY-SA 3.0

蝾螈卵（P154）：©Gilles San Martin from Namur，Belgium，CC BY-SA 2.0

刺猬幼崽（P162）：©T137，CC BY-SA 3.0

黑水鸡的巢（P182）：©AnemoneProjectors，CC BY-SA 2.0

团集刚毛藻（P193）：©Rebecca Johnson，CC BY 4.0

迷宫漏斗蛛（P208）：©Golfopolikayak，CC BY 4.0

植狡蛛（P212）：©GreenZeb，CC BY-SA 3.0

石蚕和它的外壳（P218）：©Wlodzimierz，CC BY-SA 4.0

牛蝗（P225）：©yakovlev. alexey from Moscow，Russia，CC BY-SA 2.0

被切成片的牛舌菌（P232）：©Le. Loup. Gris，CC BY-SA 3.0

烧地鳞伞（P239）：©jacilluch，CC BY-SA 2.0

年轮（P246）：©Lokilech，CC BY-SA 3.0

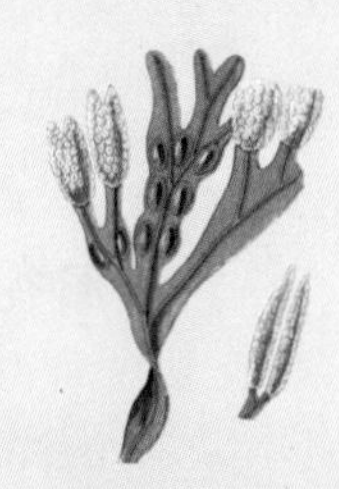

博物学家爸爸的自然课

海洋生物 上

〔英〕威廉·霍顿 著
李坤钰 译

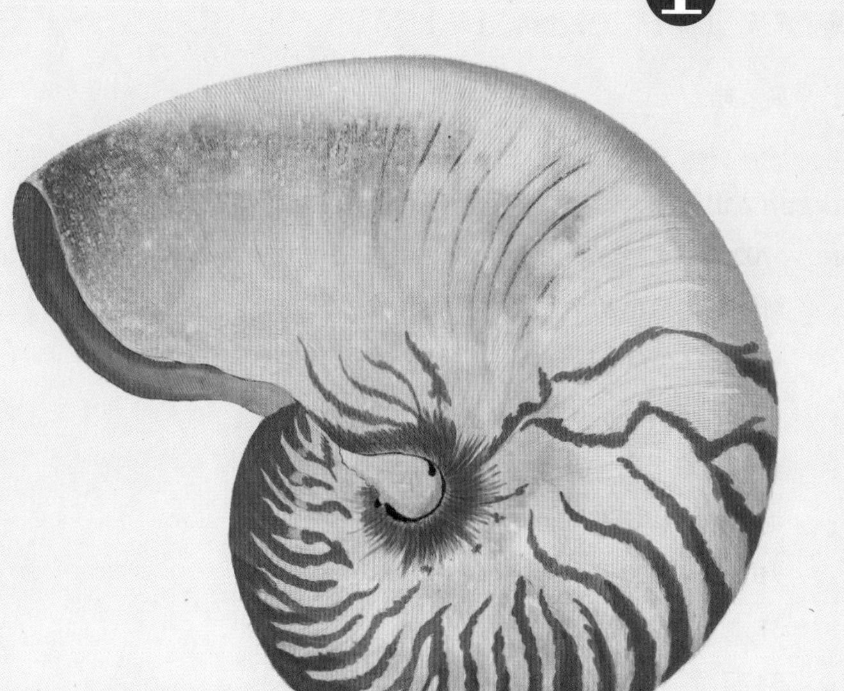

南方出版社
海口

图书在版编目（CIP）数据

海洋生物 / (英) 威廉·霍顿著 ; 田烁, 李坤钰译
. — 海口 : 南方出版社, 2022.7（2022.9重印）
（博物学家爸爸的自然课）
ISBN 978-7-5501-7668-3

Ⅰ. ①海… Ⅱ. ①威… ②田… ③李… Ⅲ. ①海洋生物—儿童读物 Ⅳ. ①Q178.53-49

中国版本图书馆CIP数据核字(2022)第116113号

博物学家爸爸的自然课：海洋生物

BOWUXUEJIA BABA DE ZIRANKE：HAIYANG SHENGWU

〔英〕威廉·霍顿 【著】 李坤钰 【译】

责任编辑： 高 皓
封面设计： Lily
出版发行： 南方出版社
邮政编码： 570208
社 址： 海南省海口市和平大道70号
电 话：（0898）66160822
传 真：（0898）66160830
经 销： 全国新华书店
印 刷： 河北鹏润印刷有限公司
开 本： 710 mm×1000 mm 1/16
印 张： 31
字 数： 347千字
版 次： 2022年7月第1版 2022年9月第2次印刷
定 价： 298.00元（全四册）

目录

第一课 去沙滩漫步

第二课 再次去沙滩漫步

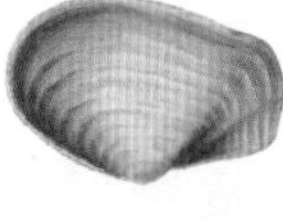

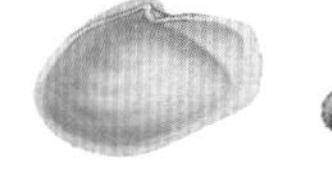

第三课 从海岸到鱼梁的漫步

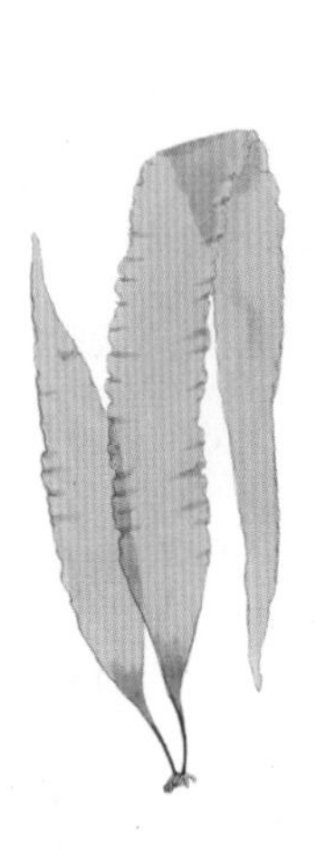

第四课 去海滨漫步

第五课 寻找礁石里的有趣动物

第六课 去海岬观察生物

第一课

去沙滩漫步

1 鲨鱼卵壳：传说中美人鱼的钱包

到海边啦！来海边度假真快乐呀！

七月，我们离开炎热的乡间，远离尘土飞扬的道路，来到海边感受清爽的风，呼吸新鲜的空气。我们沿海岸漫步，会遇到多少稀奇古怪的生物呀！现在正好赶上涨潮，带上威利和杰克去洗海水浴，多么愉快呀！

我们住在朋沙恩的小村庄里，那里紧邻亚伯格镇，边上有通往切斯特和霍利赫德的铁路，去里尔、康威和兰迪德诺都很方便。我们可以在任何一处停留几个小时，天黑了再回家。

“太好了。”威利说，“我们可以去找那些在家里的书上看到过的美丽海葵，还有贝壳、海虫等等海洋生物。梅可以捞一些海藻回来，风干之后仔细观察。杰克肯定会带一些稀奇古怪的东西回来，小亚瑟和罗宾可以在岸上堆沙丘。”

是的，我们肯定会找到很多有趣的东西，从中汲取快乐，获得知识。让我们准备出发去海滩吧。我会带上打捞篮、几个广口瓶，还有植物培养皿；梅和杰克，你们需要每人带一张结实的细布网，用来捕捞鱼类和退潮时留在沙滩上的小甲壳类动物。

我们很快就到了海滩，潮水已经退去了一半，大人和小孩都在这里漫步。有一些小孩在挖沙子，或者把石头扔进海浪里。

我们来看看潮水退去时沙滩上留下了什么吧。你们看，有海藻、小木棍、腐烂的木头，还有这团缠在一起的黏糊糊的东西。

“爸爸，这里缠着一个奇怪的东西，它是什么？我觉得它是被海藻缠住的，它死了吗？”杰克一边问，一边把它拿了起来。

在大多数游客眼里，海藻只是脏兮兮的垃圾，但事实上许多海藻长得很漂亮，并且对人有益。我们来看看是什么东西引起了杰克的注意吧。

哦，我知道这是什么，这种东西在海滩很常见。你手里这个椭球形、摸起来像皮革的东西是鲨鱼卵壳。

“鲨鱼卵壳！”梅惊叹道，“世界上竟然有模样如此奇特的东西。”

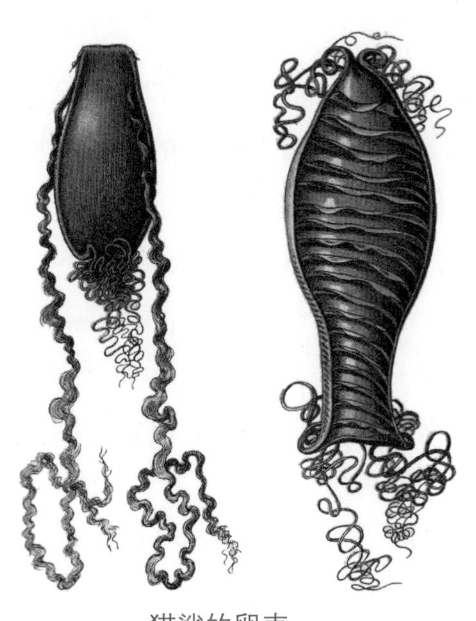
猫鲨的卵壳

大多数鲨鱼不会产这样的卵壳，而是直接产下幼体。但有一些鲨鱼会产下这种模样奇怪的卵壳，每一个卵壳中都有一条已经发育的幼体。

杰克手里的这个卵壳大约有七厘米长，两端伸出长长的卷须。你们看，这些卷须既粗糙又结实，能够缠在海藻或珊瑚上，将卵壳牢牢固定住，以抵御翻涌的海浪。

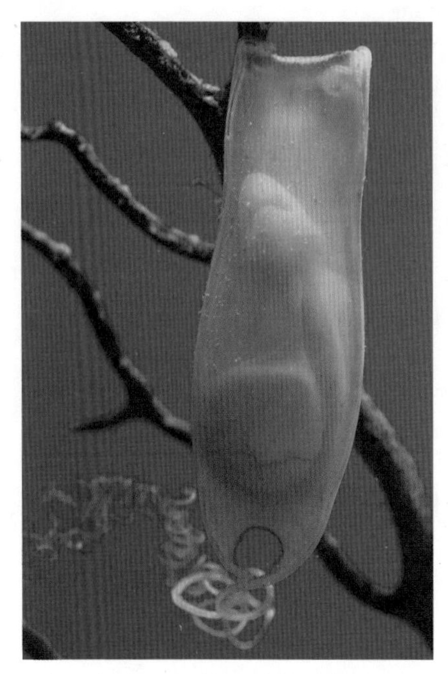
裹着小点猫鲨幼体的卵壳

宽纹虎鲨（*Heterodontus japonicus*）的卵、卵壳及幼体

卵壳的两端还各有两条长长的缝隙，能够让海水流入流出，以保持卵壳内始终有新鲜的海水，给幼体营造良好的发育环境。和其他鱼类一样，刚刚从卵中孵化出的鲨鱼幼体会被一层球形的卵黄囊包裹着，依靠卵黄里的营养物质发育。等到幼体的嘴发育成熟，可以捕食猎物，它就会从靠近头部的那条卵壳缝隙钻出去，游入大海。

“爸爸，”威利说，“我记得我在您的书上看到过它的图片，沿海地区的人会叫它‘美人鱼的钱包’。”

你说得很对。类似的还有鳐鱼卵①，它的外形酷似口罩。

① 详见《海洋生物》（下）第162页。

2 鲨鱼：长着好几排牙齿的凶猛鱼类

“爸爸，这是不是大白鲨的卵壳？”梅问，“我们在书里读到过那种凶残的鲨鱼，它会吃掉不小心从船上落入海中的人。”

不是，大白鲨是卵胎生的，不会产下卵壳。你们现在看到的这个是小点猫鲨的卵壳。

“猫鲨也属于鲨鱼吗？”杰克问。

没错，鲨鱼是一个大家族，包含了许多外形相近的种类，比如猫鲨、星鲨，等等。大多数鲨鱼十分贪婪，会结伴猎取食物，所以英国人会用“狗鱼”“滑皮猎犬”“糙皮猎犬”之类的词称呼它们。

与你们熟悉的其他鱼类相比，鲨鱼的一大特点是颈部两侧各有五到七条裂缝，它们是支气管的开口，叫鳃裂。而大多数其他鱼类的鳃是被鳃盖保护着的。

“鲨鱼的牙齿是不是非常可怕，能够造成严重的伤害？”威利问。

虽然不同种类的鲨鱼会有不同形状的牙齿，但是大多数鲨鱼的牙齿非常尖利。鲨鱼的牙齿也很有特点，它们不像其他动物牙齿那样固定在颚上，而是长着好几排，会用后排的牙齿替换前排

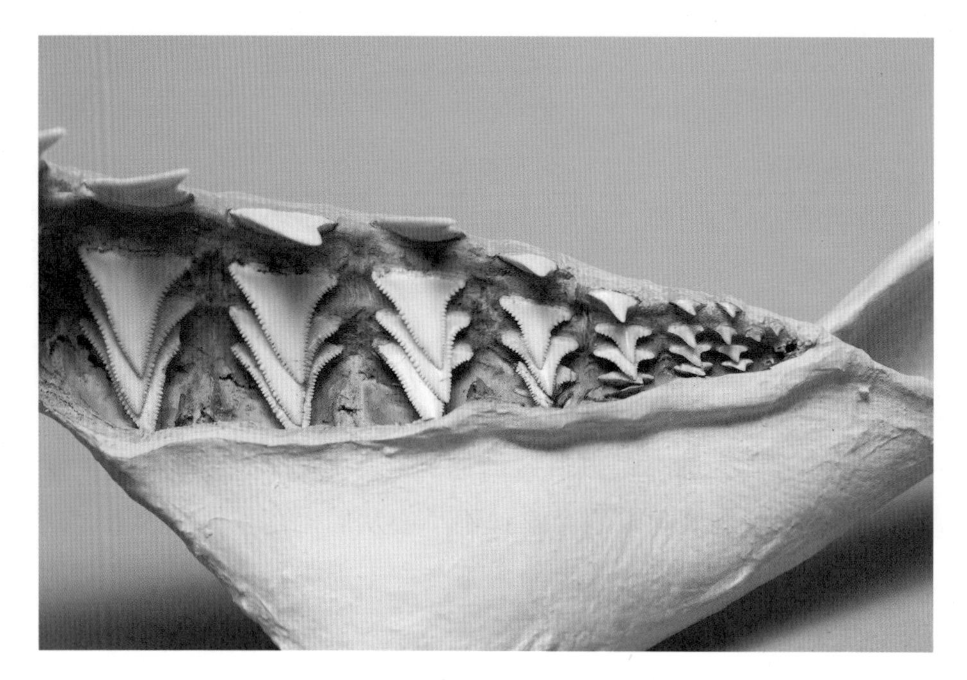

大白鲨的牙齿

磨损的牙齿。

我跟你们讲一件好笑的事：过去的人把鲨鱼牙当作蛇牙，认为它们有神奇的魔力，他们会给鲨鱼牙镀上一层银，送给换牙的孩子。

“爸爸，您见过锤头双髻（jì）鲨或者大白鲨吗？”梅问，“那些令水手们恐惧的大白鲨会不会接近英国海岸？”

“您见过最大的鲨鱼是什么样的？”杰克问。

我没有亲眼见过长相奇怪的锤头双髻鲨，只是通过图片和文字描述了解过它。锤头双髻鲨能长到两三米长，它非常凶猛，会攻击在近海游泳的人。这种鲨鱼在地中海并不少见，但我确信它

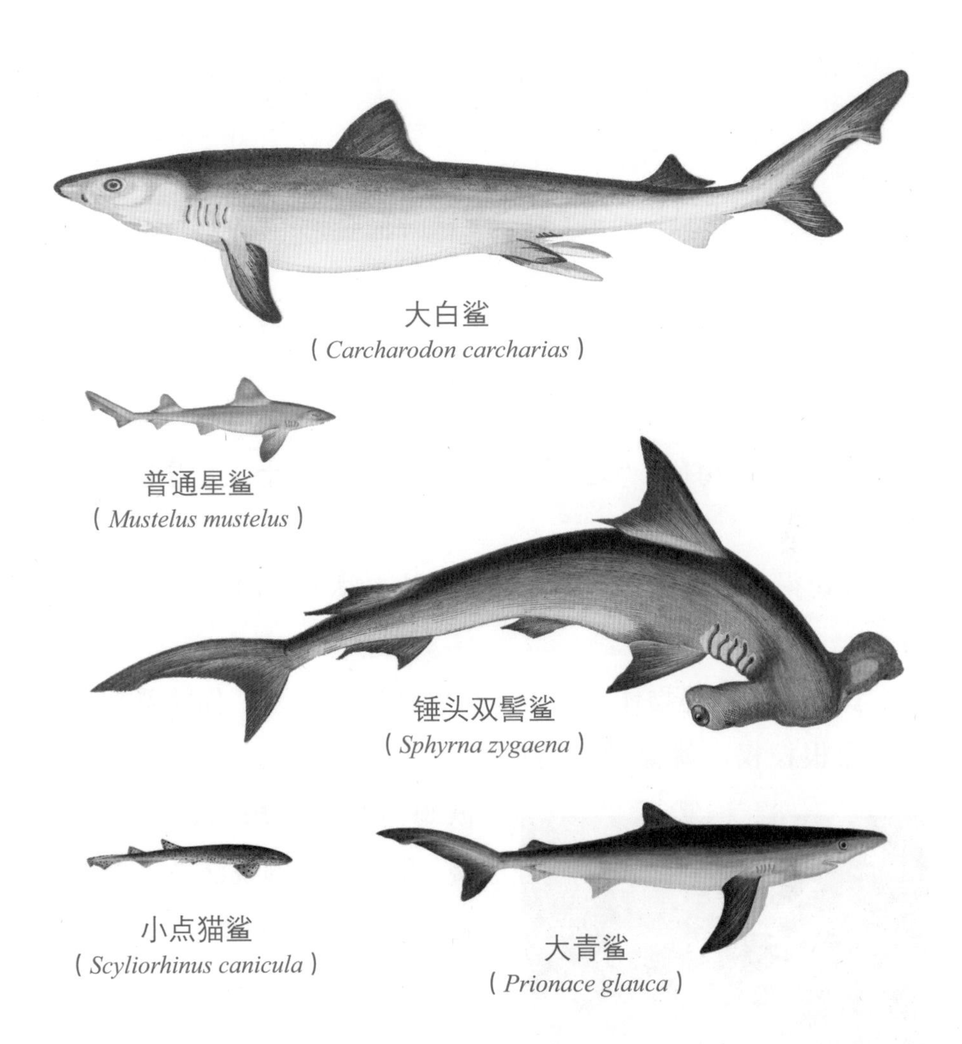

大白鲨
（*Carcharodon carcharias*）

普通星鲨
（*Mustelus mustelus*）

锤头双髻鲨
（*Sphyrna zygaena*）

小点猫鲨
（*Scyliorhinus canicula*）

大青鲨
（*Prionace glauca*）

们并不常来英国近海。

大白鲨广泛分布在几乎所有热带和温带海域，但在英国周边海域并不常见。

我见过最大的鲨鱼是一条长约两米的大青鲨标本，它是多年前在滕比捕获的。

3 海洋水螅：把家建得像植物的小家伙

“爸爸，”梅问，“这堆缠在一起的东西是什么？看起来不像海藻。”

你说得对，这的确不是海藻。拿着放大镜，你能更清楚地观察它。

我从那堆神秘物体上摘下一簇细线般的东西。你能看到它有着一根根枝杈，就像微型的柏树。它叫海冷杉，是一种叫柏状枞螅的海洋水螅们建造的住宅楼，用更专业的说法是“聚落”。它每根枝杈的两侧都长着一些小囊，虽然现在已经空了，但曾经被一些小小的柏状枞螅占据过。这是一簇较大的海冷杉，看它多漂亮呀！

柏状枞螅（*Abietinaria abietina*）聚落

让我们看看另一堆缠在一起的东西。这是一簇非常好的干蕨，是另一种海洋水螅——银色桧叶螅的聚落。这簇干蕨

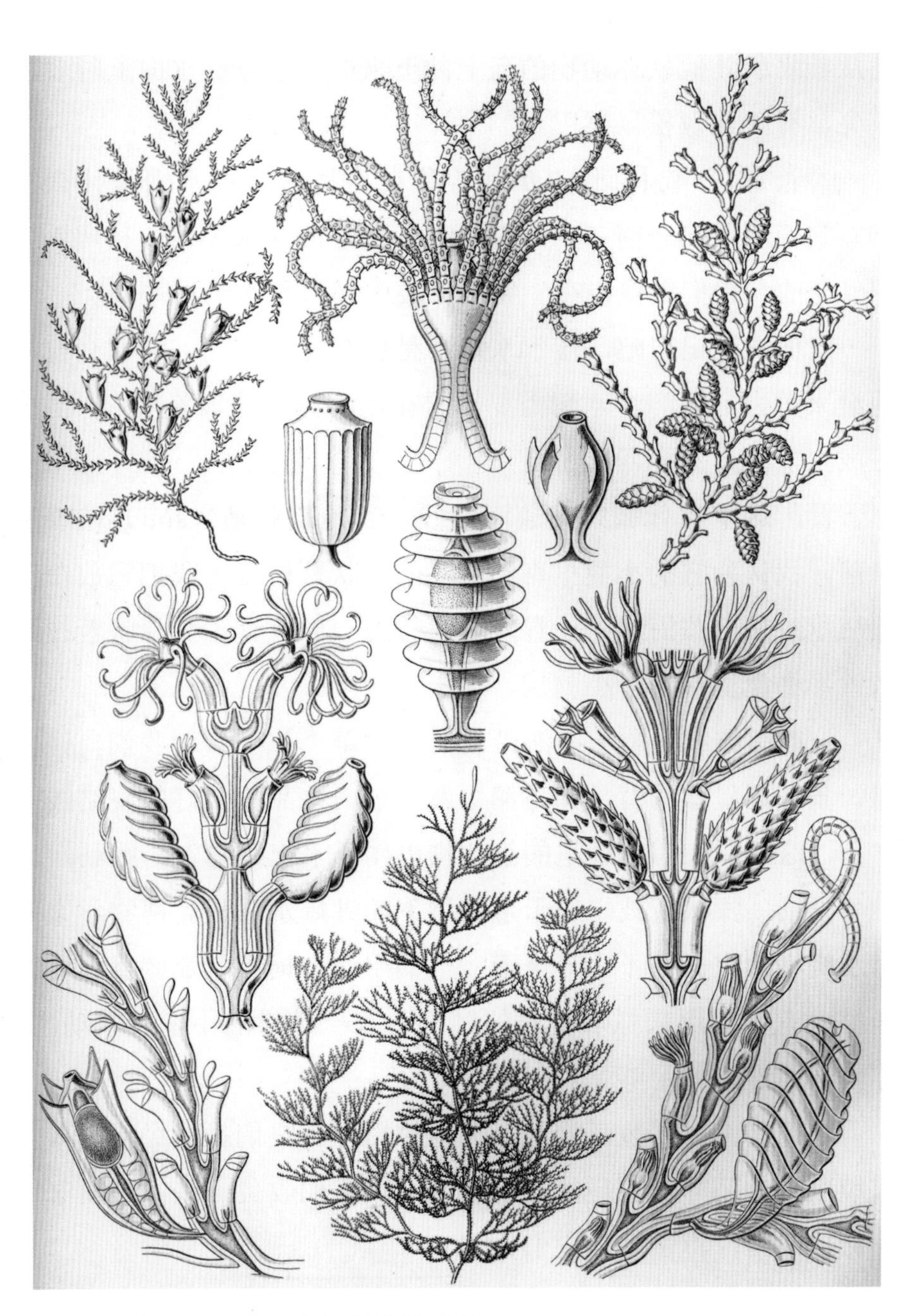

各种各样的桧叶螅（*Sertularia*），
底部中央为银色桧叶螅（*Sertularia argentea*）聚落

是从牡蛎或其他软体动物的壳上冲下来的，它浮在水面上时非常漂亮，有点儿像松鼠尾巴。

“爸爸，”威利问，“那些曾住在这里的海洋水螅长什么样子？它们和我们之前在乡间漫步时发现的淡水水螅[①]一样吗？”

是的，它们很像，在生物学分类中都属于水螅纲。

但你们还记得吧，淡水水螅不是住在房子里的，它们会自在地游来游去；而海洋水螅需要群居在形同植物的聚落里——至少在成虫阶段，不会四处游走。

看，这里有什么？一簇海结线，它是膝状薮（sǒu）枝螅的聚落，我认为它的小囊里有一些活的膝状薮枝螅。我把它放在广口瓶里，加一些海水——看，跟我想的一样，有不少膝状薮枝螅从钟形小囊里探出了小脑袋，伸出了触手。

这簇海结线是附着在海带上的。库奇[②]先生告诉我们，他曾在一条普通星鲨的背部和尾鳍上发现过一些品相良好的海结线。

“这些住在海结线里的小动物也属于水螅纲吗？”威利问。

没错，膝状薮枝螅属于水螅纲下的钟螅水母科。博物学家们对水螅纲的定义并不十分严谨，他们用这个词指代那些身体可以伸缩、有许多用来抓取食物的触手、有一个胃的小型胶状动物。你们记住这些就足够了。

水螅纲包含许多科，以及大量的物种。它们虽然经常被人当作垃圾，却是非常有趣的微观动物，让我们收集一些，带回家用显微镜观察，再试着给它们命名吧。

---

① 详见《陆地生物》（上）第99页。

② 乔纳森·库奇（Jonathan Couch），英国鱼类学家，著有《不列颠群岛鱼类志》等。

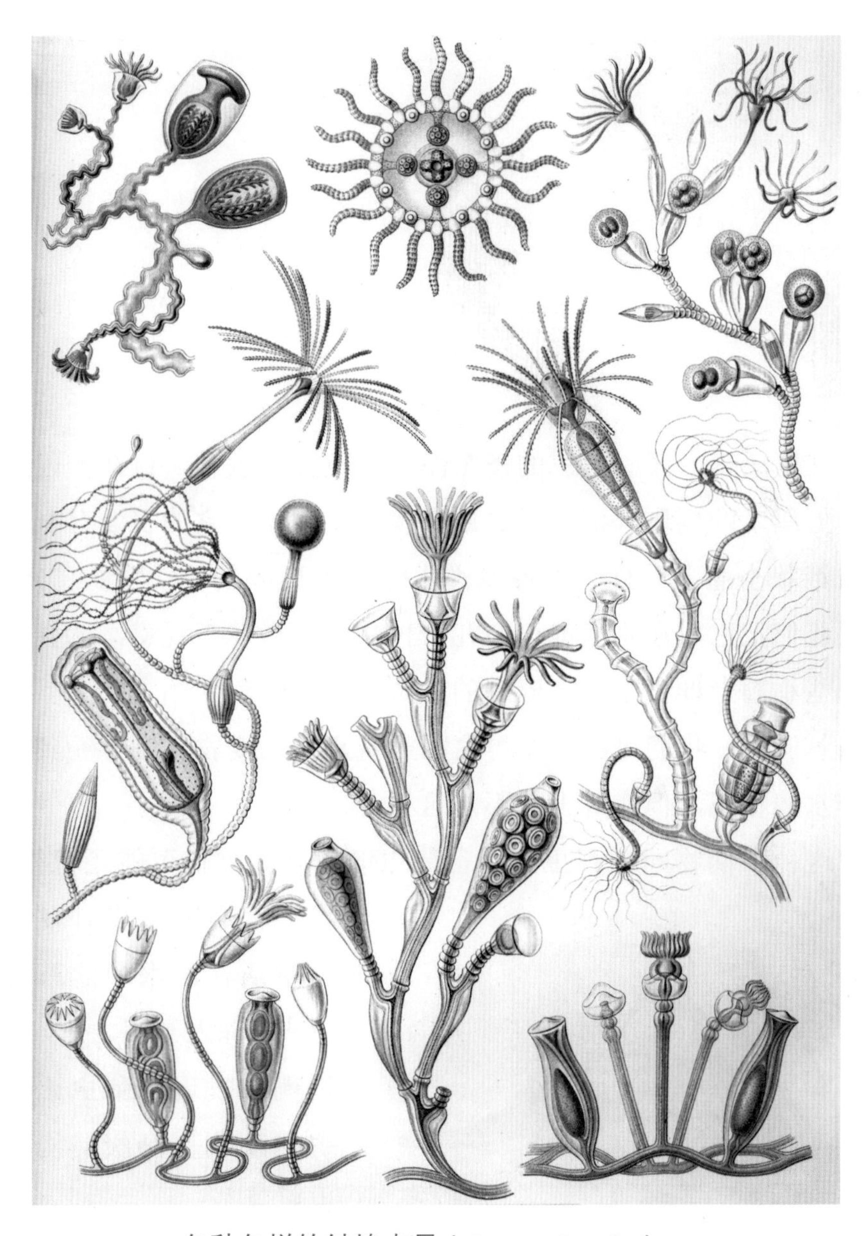

各种各样的钟螅水母（*Campanulariidae*），
底部中央为膝状薮枝螅（*Obelia geniculata*）聚落

4 棉苔虫：表面长满触须的块状动物

这里还有一团脏白色的怪东西，有点儿像软骨，包在一段长约十五厘米的珊瑚外面。透过放大镜，我观察到它的表面有一层硬质锥状小瘤，看样子不像海洋水螅的小囊或其他动物的息肉。如果我们把它放在水里泡一会儿，再拿到显微镜下观察，就会看到那些小瘤上伸出了密密麻麻的触须。

乍一看，我们可能会觉得这团鼓着小瘤的动物和刚才看到的海洋水螅相似，但实际上并不是这样。

这种小动物叫棉苔虫，是苔藓虫的一种。你们可能还记得，我们在乡间漫步时发现过生活在淡水中的苔藓虫[①]。深入了解之后，你们就会发现苔藓虫比水螅纲动物更高级，构造也更复杂。

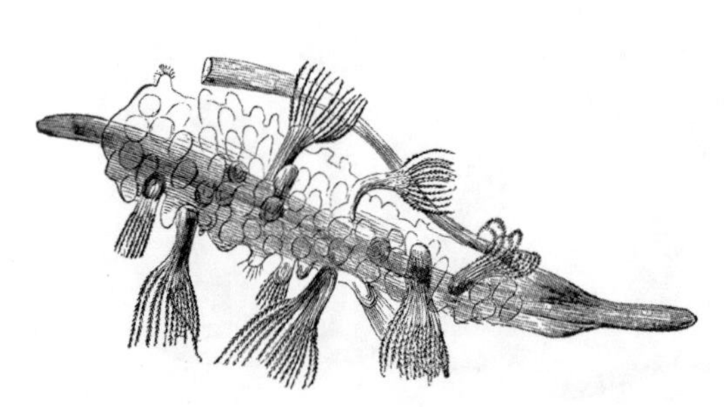

棉苔虫（*Alcyonidium hirsutum*）

① 详见《陆地生物》（下）第149页。

5 项链镶玉螺：产出马蹄形卵团的海螺

杰克，你又发现什么东西了吗？

“爸爸，我在海滩上发现一摊软软的东西，我也不知道是什么。”杰克说，“它是一条卷成马蹄形的宽带子，看起来像是凝胶和沙子混合而成的。”

“让我看看。”梅说，“把它举起来对着光看，会发现它近乎透明，表面有很多棱角。爸爸，这是什么呀？”

这是某种有着漂亮外壳的软体动物产下的卵团，你们经常能

项链镶玉螺的卵团

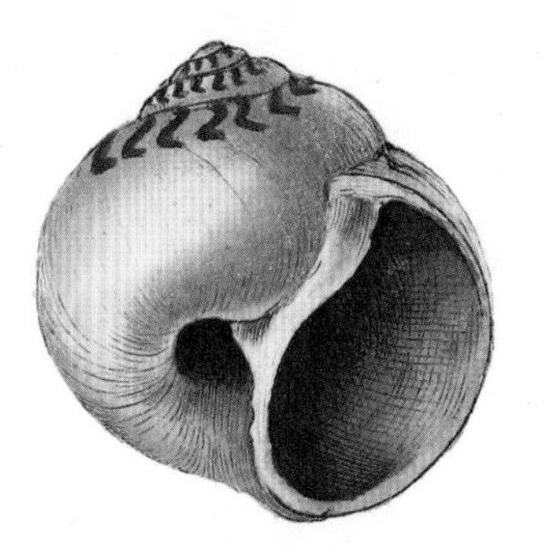

项链镰玉螺（*Euspira catena*）

在海滩上找到它们的壳。拿上这条弯弯的卵团，我敢确定我很快能给你们找到这种软体动物。

“它是什么样子的呀？”威利问，“是单壳类还是双壳类？”

它是一种单壳类动物，表面非常光洁，呈浅棕色，但有深色条纹和斑点。

“看，就是它吧，”杰克说，“跟您的描述完全相符。”

非常正确。它叫项链镰玉螺，就是它产下了这条样子奇怪的卵团。虽然它现在只剩空壳，但我敢说，只要我们继续往沙子下挖，就能找到里面住着主人的活螺。

项链镰玉螺非常贪吃，它会在双壳类软体动物的壳上钻洞，然后吃掉里面的肉。

我们把这条带状卵团带走，回家后看看能不能孵化出幼螺吧。

6 鳞沙蚕：俗称“海鼠”的小动物

“爸爸，”梅喊道，“我发现这里躺着一条海鼠，但我不想碰它。”

你认得很准。不过那个小动物虽然叫“海鼠”，但它并不是你想的那种活跃的、恒温的、四条腿的小鼠。“海鼠”比小鼠要低级得多，实际上，它是一种沙蚕，叫鳞沙蚕。

“我可不这么认为，”杰克说，“它看起来和我们钓鱼用的沙蚕差别很大呀。”

的确，鳞沙蚕的外形与其他沙蚕很不一样，但是从内部结构来看，它的确是沙蚕。我希望你再长大一些后，能够自己去验证。

我们来看看这条鳞沙蚕。它的身体是椭圆形的，呈深灰色，大约有十厘米长，背上长着光滑柔顺的毛，身体两侧长着许多排黑色的刺，其间夹着一些又长又顺的毛。在阳光下从不同角度观察，能看到它的毛发泛着金属般的光泽，大多是深红色、蓝色或绿色。我在它柔顺的毛发下面看到了好几对鳞片。

鳞沙蚕（*Aphrodita aculeata*）

我把这条鳞沙蚕翻个身。看，它的腹部有很多横纹，每道横纹的两端各有一只肉芽状的短足，能够用来游动或爬行。我来数数这些短足的数量，大约四十只。每只短足的外侧都长着几根带有倒钩的刺，它们是鳞沙蚕的奇特武器，能够对身体柔软的动物造成伤害。更厉害的是，它可以把这些刺收进短足里。

我们正在观察的这只鳞沙蚕颜色十分靓丽，但可惜的是，它经过海浪拍打，无法展现出最好的姿态了。状态最好的鳞沙蚕通常是在清淤挖泥时发现的。几年前，我在格恩西岛的挖泥船上找到了许多非常好的鳞沙蚕。

鳞沙蚕主要捕食小螃蟹和海沙蠋，有时也会捕食同类。莱莫·琼斯[①]先生曾在水族箱里养了两条鳞沙蚕，在它们相安无事地度过了两三天后，他发现先养的那条鳞沙蚕正企图吞食它的同伴——另一条较小的鳞沙蚕，已经用它宽阔有力的长喙吞进了一半身体。受害的小鳞沙蚕还在拼命挣扎，想要逃脱。然而，在保持吞食状态一段时间后，大鳞沙蚕不得不把它的猎物吐了出来，但小鳞沙蚕的背部已经碎了。第二天早晨，可怜的小鳞沙蚕只剩下一部分身体，其他部分都被吃掉了。胜利的大鳞沙蚕正躺在角落里，反复伸缩它的长喙，以便把剩下的部分吃完。

我们今天发现的生物虽然数量不多，但都非常有意思。对于那些愿意仔细研究的人，它们还会讲述出更多有趣的故事。

有一位捕虾的老婆婆走了过来，我们没有时间跟她聊天了，但对于博物学家来说，她的虾网可是珍贵的宝藏。下次有机会的时候，我们跟她聊一聊，看看她的虾网里面有什么吧。我们现在要回家了，回去后再好好观察一下捡到的东西吧。

---

① 托马斯·莱莫·琼斯（Thomas Rymer Jones），英国外科医生、学者、动物学家。

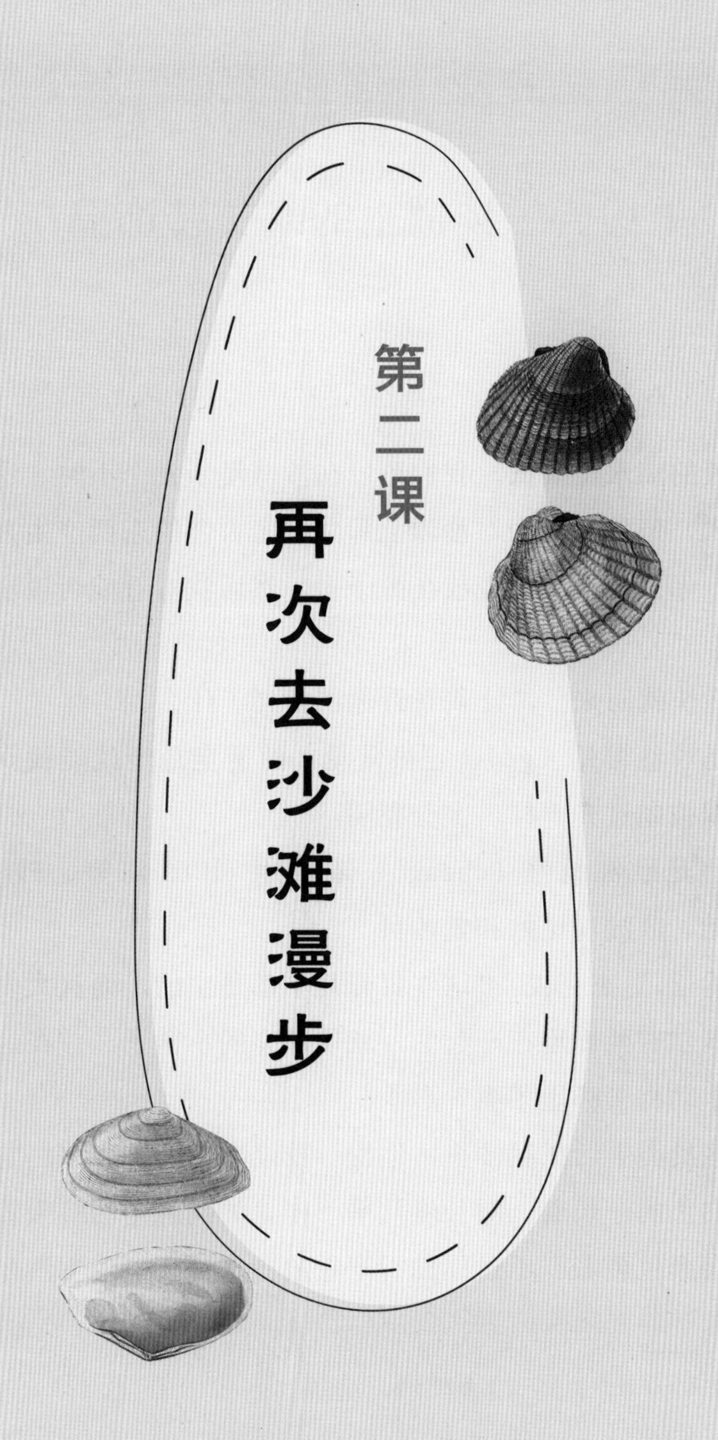

第二课

再次去沙滩漫步

1 贝壳：沙滩上的精美装饰品

今天的潮水位很低，我们可以在沙滩漫步几个小时。这里有一些游人，但他们极少对沙滩上那些稀奇古怪的东西产生兴趣。

梅，你去捡一些贝壳放在篮子里，然后我看看能否说出它们的名字。

这么快就回来了，让我看看你都找到了什么。

这是粉红樱蛤（gé），它很常见，随便走几步就能找到。它的外壳像被抛过光一样，十分亮丽。

这些是欧洲竹蛏（chēng）、笨蛤蜊（lí）、海笋、砂海螂、截形斧蛤、欧洲鸟尾蛤和紫贻贝[①]。

“爸爸，”杰克说，“这些贝壳几乎都是空的，而且大多是单瓣的，偶尔有两瓣连在一起的，就像漂亮的小盒子。住在这些贝壳里的小动物去哪里了呢？”

这些贝类生活在泥沙里，你挖一挖没准能找到一些。它们的身体是白色的，长着一对长度几乎一样、如同触角的虹吸管，被一身外套膜包裹着。不过你们得把它放在水里才能观察清楚。

---

① 详见《海洋生物》（下）第213页。

“那两根虹吸管是做什么用的？”威利问。

虹吸管是外套膜的延长部分，也是呼吸器官，其中一根负责吸水，另一根负责把流经鳃的水排出去。如果把贝类放入混杂着细微颗粒物的水中，就能看到它呼吸时水流的状态。

1 欧洲鸟尾蛤（*Cerastoderma edule*）；2 海笋（*Pholas dactylus*）；
3 笨蛤蜊（*Mactra stultorum*）；4 粉红樱蛤（*Tellina tenuis*）；
5 截形斧蛤（*Donax trunculus*）；6 砂海螂（*Mya arenaria*）；
7 欧洲竹蛏（*Solen marginatus*）。

2 海笋：能在石头上打洞的贝类

看这个海笋壳，它的内面细腻，泛着纯白色的光泽；外面粗糙，有横向的鳞状隆起。海笋属的拉丁学名是 *Pholas*，源自希腊语，意思是“隐藏”，以此暗示这类动物居住在洞穴里——它们会把自己隐藏在泥炭、淤泥、沙土、木头和石头上的洞里。

“爸爸，”杰克问，“海笋的壳这么脆弱，拿在手里都很容易碎掉，它是怎么在石头上钻洞的？”

你问了一个令人费解的问题，研究者们对此给出了多种解释。不过，让我先告诉你海笋是什么样的。它的身体很胖，是棒形的，长有肥大的足和一对虹吸管。

“可您还是没有告诉我们，它到底是如何穿过石头并住在里面的。”威利说。

我先列举一些已有的解释：有人说，海笋把它的壳作为钻头，通过旋转来钻洞；有人说，海笋用壳上的硅质物摩擦石头，从而形成了洞；有人说，海笋不断震动身上的纤毛，引起水流变化，从而冲刷出了洞；有人说，海笋能分泌一种酸性物质，溶解它想打洞的物质；还有人说，洞是酸性物质和壳的摩擦共同作用的结果。

“人们的意见不统一时，该如何判断呢？”

我的观点是，海笋通过简单而持续的足部运动，在石头上磨出了洞。

“像海笋足这么软的东西，竟然能在石头上磨出洞来，这还是很奇怪。”梅说。

你说得很好，但你需要记住的是，时间会创造奇迹。你看这块石头上的洞和印记，是笠螺[①]在一个点位上不断移动它们柔软的身体，慢慢磨出来的。

“爸爸，”杰克说，“这让我想起了普林斯顿的运河桥下的几根铁柱子，它们被安置在石桥下的角落里，上面有几道凹槽，是牵引驳船的马匹用力拉紧绳子，使软软的绳子在坚硬的铁上磨出来的。”

钻进石头里的海笋

这是一个非常好的例子。随着时间的推移，哪怕是软绳也能把铁磨掉。因此我相信，通过不断摩擦，海笋也能用它的足在石头上磨出洞来。

① 详见《海洋生物》（下）第211页。

3 海鸥：优雅却贪吃的海鸟

看，那里有一群海鸥，它们飞得多美呀，一会儿展翅高飞，轻松飞到高空；一会儿低空滑翔，几乎要碰到水面。

“爸爸，”梅说，“我记得您前段时间说过，在海鸥和其他海鸟的繁殖期射杀它们是违法的。这些可怜的鸟儿也应该享受它们的假期。”

是的，我很欣慰看到这些海鸟受到法律保护，也希望我们在

海鸥（*Larus canus*）

乡间小道和田野看到的那些捕食虫子的鸟儿能得到同样的保护。

我喜欢听海鸥的叫声，喜欢看它们在空中飞行。它们十分贪吃，可以吞下很大块的食物。我们这里还能看到另一种跟海鸥很像但体型更大的海鸟，叫银鸥。

几年前，住在布罗克顿的约翰叔叔驯养了一只海鸥，并给它取名“吉姆”。晚饭过后，我们总爱将头探出窗口，呼唤“吉姆”，它如果饿了，就会以一种特别的叫声回应。“吉姆”飞到窗口时，我们通常会扔一些带肉的骨头给它吃，它会连肉带骨头一起吞下。

有时候，我们会用捕鼠器抓家鼠给“吉姆”。“吉姆”很喜欢吃家鼠，会先把它放在地上拉扯一会儿，再用喙精准地啄击，直到把它啄软，再连续吞四五下，把它连头带尾整只吞下。但相较于家鼠，“吉姆”更喜欢吃雏鸡、雏鸭。常有雏鸡、雏鸭消失在它宽大的喉咙里，因此要对它严加看管。

我记不清“吉姆”后来怎么样了，只知道它在约翰叔叔去世前死掉了，但不知道是被杀死的还是自然死亡。“吉姆”死后很久，约翰叔叔还把它常去的一条小河叫“吉姆河”。

银鸥（*Larus argentatus*）

4 玉筋鱼：能在沙滩下游动的小鱼

你们看，那片浅滩里有不少鱼正翻腾着把头探出沙子，好神奇呀！

“我们在周围的潮池[1]里发现了很多鱼。为什么在那些靠近大海的潮池里，鱼还很活泼，而在高出海岸线、离海更远的潮池，那里的鱼都死掉了？这些是什么鱼？”威利问。

它们都属于玉筋鱼科，是一类非常漂亮的小鱼。这片沙滩附近的海域里应该生活着三种玉筋鱼——个头较大的尖头富筋鱼、个头较小的鳞柄玉筋鱼，以及海玉筋鱼。我们现在看到的是前两种。海玉筋鱼长得跟鳞柄玉筋鱼很像。

今天的潮水位很低，把这些玉筋鱼冲上浅滩的潮水才刚刚退去。看，整个浅滩都有它们的身影。可惜的是，其中成百上千条已经死去了，我猜它们是被炎热的太阳晒死的——玉筋鱼能在潮湿的沙滩下快速游动，但如果沙滩被晒干了，它们也会无法忍受。不管怎么说，它们都已经死了，只有那些靠近大海的鱼还活着，它们一直在等待下一波潮水，希望能把自己带回大海。

---

① 涨潮时，潮水会涌入甚至淹没海岸低陷处的礁石；退潮时，残留在礁石内的潮水会形成一个个封闭的水池，就是潮池。

鳞柄玉筋鱼（*Ammodytes tobianus*）

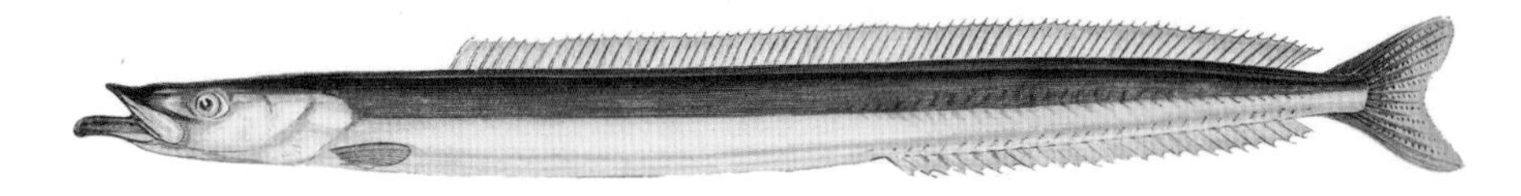

尖头富筋鱼（*Hyperoplus lanceolatus*）

“有人吃玉筋鱼吗？”威利问。

确实有一些人把玉筋鱼作为食物。毕竟光看外表，我也觉得这种鱼非常美味，但从没烹饪过。玉筋鱼也是渔民钓大西洋鲭（qīng）① 时常用的饵料。

鳞柄玉筋鱼

① 详见本册第48页。

5 笔帽虫：头上长“梳子”的环节动物

“爸爸，这根漂亮的细小沙管是什么？”梅问，“它有两三厘米长，呈锥桶形，两端都是开口的。”

这是一种有趣的环节动物——笔帽虫为自己建造的屋子。我把它从沙管里拉出来，你们看，它头上排列着一根根亮闪闪的硬毛，就像一把梳子。这也是笔帽虫属的拉丁学名 *Pectinaria* 的由来，这个名字源自拉丁语“pecten”，意思是“梳子”。

这里应该有很多笔帽虫，让我们再仔细找找。它的沙管总是竖立着，底部浅浅地埋在沙子里。除了像梳子的硬毛，它的头部还有许多触须。

“爸爸，”杰克问，“笔帽虫是如何建造出像纸一样薄的沙管的呢？”

笔帽虫的触须能分泌黏液，它会用触须挑选出合适的沙粒，再一粒一粒地垒成沙管。

“噢！”梅惊叹道，“这样看来，笔帽虫和我们在运河附近的水草里发现的那一大群簇轮虫[1]倒是很相似呢。”

---

① 详见《陆地生物》（上）第84页。

古氏笔帽虫（*Pectinaria gouldii*）

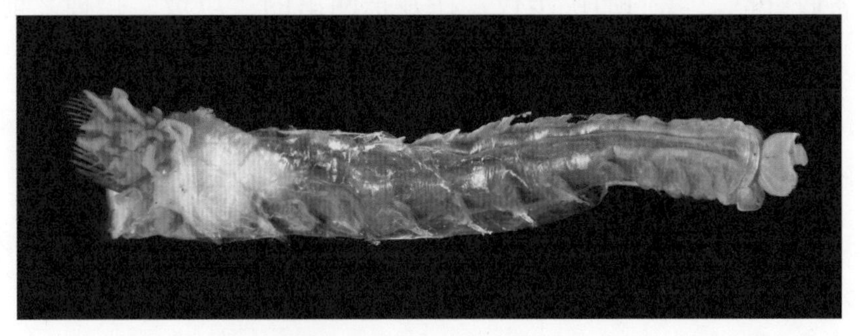

加州笔帽虫（*Pectinaria californiensis*）

确实如此。它们都是向上建造的，因为沙管只能朝上不断堆砌，无法向下建造。

笔帽虫建造的沙管刚好贴合它的身体，二者之间的距离不会超过一粒沙子。沙管通常有两三厘米长，偶尔也能找到六厘米长的。约翰·达利尔①先生说他曾发现过一根长达十二厘米的沙管，里面的虫子也几乎是一样的长度，但那也可能是另一种动物。

① 约翰·格雷厄姆·达利尔（John Graham Dalyell），英国博物学家、古物收藏家。

6 北海蛇龙螣：脖子上长毒刺的小鱼

看，上次见到的捕虾老婆婆在前面不到两百米的地方，她正准备收虾网。我们加快步伐，在她把网里的“垃圾”扔掉之前赶过去。

“嗨，老婆婆，收获怎么样？捕到的虾多吗？请您把虾网打开给我们看看吧。”我向她打招呼。

“捕到了一些品质很好的虾。”老婆婆说，“你们都是好心人，买六便士的吧。”

“好的，我们会买一些，但麻烦您让我们看看网里除了虾还有什么吧。”

“哎呀，小朋友，别碰那些令人讨厌的鱼！”老婆婆喊道，她看到威利想要抓网里的一条小鱼，“会刺伤你的，会让你疼得大哭。”

让我把那条鱼从网里拿出来，放在沙滩上仔细观察。这是北海蛇龙螣（téng），一种在沿海浅滩里常见的鱼。这条鱼大约有十厘米长。

你们注意到这条鱼的嘴是上翻的了吗？北海蛇龙螣习惯把身体埋在沙子里，头露在外面。这种形态的嘴很适合捕捉那些游到嘴边的生物。

“它是怎样刺人的？”杰克问。

你们看到它脖子上的那片黑鳍了吗？上面有四五根尖刺，那就是它的武器。毫无疑问，我们的皮肤只要被其中一根刺划破，就会肿胀发痛。

北海蛇龙螣（*Echiichthys vipera*）

北海蛇龙螣可以用脖子上的尖刺精准攻击那些靠近它或使它感到恐惧的生物。这一招确实很厉害。如果你们不小心靠近了它，哪怕只是靠近它的尾部，它也会迅速掉转身体发动攻击，而且完全不会伤到它自己。

被北海蛇龙螣刺伤是非常难受的。它刺上的毒素虽然不致命，但会引起剧烈疼痛。有事例证明，这种疼痛会在几分钟内从手部扩散到肩膀。

曾经有一个渔夫捕到了一条北海蛇龙螣，然而他的手被那条鱼刺伤了，突如其来的剧痛迫使他不得不扔掉手里的鱼。不了解危险的另外两名渔夫抓住了那条鱼，也都被刺伤了。这三个渔夫不得不停止捕鱼，返回岸上想办法缓解剧痛。

北海蛇龙螣的毒素不耐热，所以有一种缓解疼痛的简单方法，就是用沙子反复摩擦受伤的部位，使其发热。

我还要提醒你们，千万要注意那一对长在北海蛇龙螣鳃盖

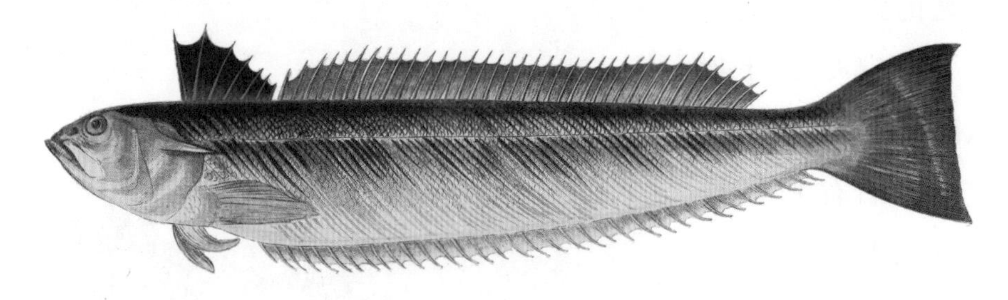

大龙螣（*Trachinus draco*）

上、笔直向后延伸的尖刺，因为这两根尖刺同样也能刺痛你们。

还有一种体型比较大的龙螣，能长到三十厘米长，名叫大龙螣。它们喜欢生活在深水里，在英国近海也很常见。法国人喜欢吃大龙螣，据说味道很不错。按照法规，渔民在出售龙螣时，必须先把它们的尖刺剪掉。

德雷顿[①]在他的书《多福之国》中写道：

> 龙螣，虽长着有毒的尖刺，
> 但统统被渔夫去掉，
> 食客们一无所知，
> 品尝着鲜美的鱼肉。

① 迈克尔·德雷顿（Michael Drayton），英国伊丽莎白时代的诗人。

7 指状海鸡冠：长得像手指的珊瑚

老婆婆的虾网里还有一些小比目鱼、小螃蟹、海草和海星。我们挑一些，再买六便士的虾，还要额外给她六便士，以感谢她一直等着我们。我们向她道一声早安吧。

“咦，网里那个白色肉块是什么？”

那是一种珊瑚，名叫指状海鸡冠。

“这个名字好奇怪呀！”杰克说。

这个名字其实很贴切，我们面前的这块指状海鸡冠是又长又厚的椭圆状肉块，但它有时候会长出几根手指形状的分支。

这块指状海鸡冠虽然现在看起来平平无奇，没有丝毫活力，让我们把它放进装满海水的大玻璃罐中，再观察几分钟看看。

看，有许多小虫冒了出来。它们就是珊瑚虫，每一只都有圆柱状的身体，漂亮的花朵形状的嘴，嘴上还有八条辐射状的触手——和水螅一样，珊瑚虫也是用触手抓取食物的。

指状海鸡冠是一种典型的珊瑚虫聚落，看，它整个表面覆盖着密密麻麻的活泼的“花朵”。如果这幅景象都不能让人们开心，我想就没什么能令人高兴的事了。

你们有没有注意到，当我突然移动玻璃罐时，那些珊瑚虫都

指状海鸡冠（*Alcyonium digitatum*）

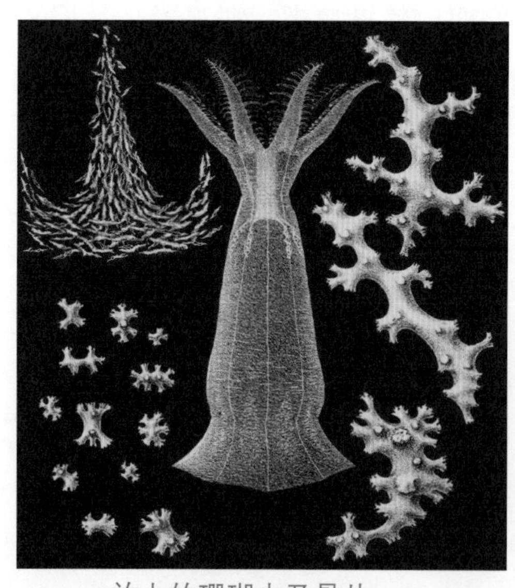

放大的珊瑚虫及骨片

迅速缩回了自己的“小房间”里，所有的“花朵”都消失了，它看上去只是一团死物。

这团肉块里嵌着大量骨片，我们手头没有高倍显微镜，所以无法看清楚那种奇怪的构造。如果我从它身上切下薄薄一小片，放在载玻片上，滴一点儿具有腐蚀性的碳酸钾溶液，把肉质溶解掉，就可以清楚地看到这些钙质骨片了。

我们眼前这块是比较小的指状海鸡冠。它们喜欢待在深水里，通常会附着在老牡蛎壳上。我们到那里挖挖看，也许能捕获一些大的。

潮水退去，在海滩上留下了很多死去的水母！虽然它们现在看起来很无趣，但在风平浪静的夏日，观察它们在水中游动的样子是非常有趣的事。下次来海边的时候，我们再仔细观察它们吧。

> 现在是美好的夏日傍晚，
> 潮水从宽阔的海岸退去，
> 在美丽的沙滩上等待片刻，
> 海上风平浪静，岸上万籁俱寂，
> 正是探索海洋的时刻。
> 或随波漂流，或在岸边滚动，
> 那些鲜活的水母晒得火热，
> 如荨麻般凶猛，并因此而得名。
> 有些是大团的，有些能穿过女士的戒指，
> 它们是大自然雕琢的作品，
> 任何艺术家打造的宝石都无法与之相比。
> 它们闪耀着柔和、灿烂、温柔的光芒，
> 所到之处，月光也更加明亮。

水母

第三课 从海岸到鱼梁的漫步

1 欧洲海滨草：根长得像席子的草

今天我们要坐火车去科尔温湾，然后沿着海岸走到位于罗斯弗莱彻的鱼梁[1]，看望在那里的帕里·埃文斯先生，还可以看他那条名为“杰克”的狗捕大西洋鲑——北大西洋最常见的鲑鱼。

“哇！”孩子们高兴地说，“那一定非常有趣。我们要带上打捞篮和广口瓶，如果碰到喜欢的东西，就可以带回家了。”

就这样，我们从朋沙恩出发，乘坐火车穿过隧道，绕过海岸，俯视着平静、清澈、蔚蓝的大海。孩子们一想到能看到狗捕大西洋鲑的场景，就兴奋地说个不停。而我在想，在退潮之后，鱼梁内会留下哪些鱼类或其他海洋生物。

啊！我多希望我的人生不用四处奔波，而是安稳地待在海边某个地方，那样我就可以静下心来研究各种各样的海洋动物，呼吸清爽的海风，不管是温和的还是猛烈的。

鱼群遍布小溪和海湾，

绿波下的鱼鳞闪闪发光，

---

① 拦截水流以捕鱼的设施。

它们独自遨游，或结群漂游，
穿越海草丛，游过珊瑚林，
向太阳展示它们金色的外衣。
它们安心地躺在贝壳中，汲取其中的养分，
或穿过礁石的缝隙，在下面享受美食。
滑溜溜的海豹，顽皮的海豚，
海洋里的大家伙们体型庞大，行动迟钝，
在海上搅动起波浪。

“科尔温湾到了，科尔温湾到了！”有人用洪亮但模糊的声音把我从睡梦中唤醒——列车员们总是用模糊不清的语音报站名。

很快，我们就能沿着海岸线到达帕里·埃文斯先生在罗斯弗莱彻的鱼梁。但这不到两公里的路程，我们要走很久——有谁会沿着海岸行走却不被沿途的东西吸引而停留片刻呢？

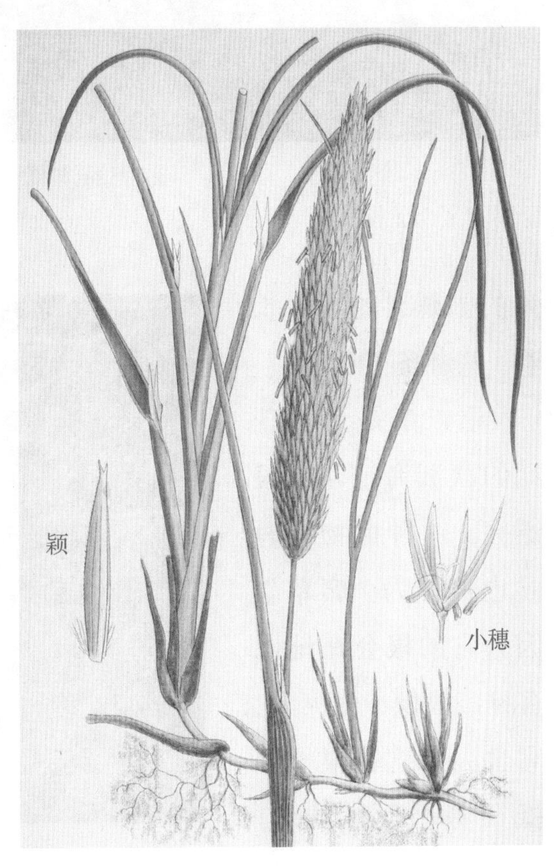

欧洲海滨草（*Ammophila arundinacea*）

在靠近铁路的堤坝

欧洲海滨草

旁的干燥沙地里，长着一些奇怪的植物。

看，那是正值花期的欧洲海滨草，很漂亮。这种植物有时候也被称为“席草”，因为它的根会在地上蔓延，很像一张席子。它也因为这些根能够抵御海水侵蚀陆地，而受到了英国法律的

欧洲海滨草的根

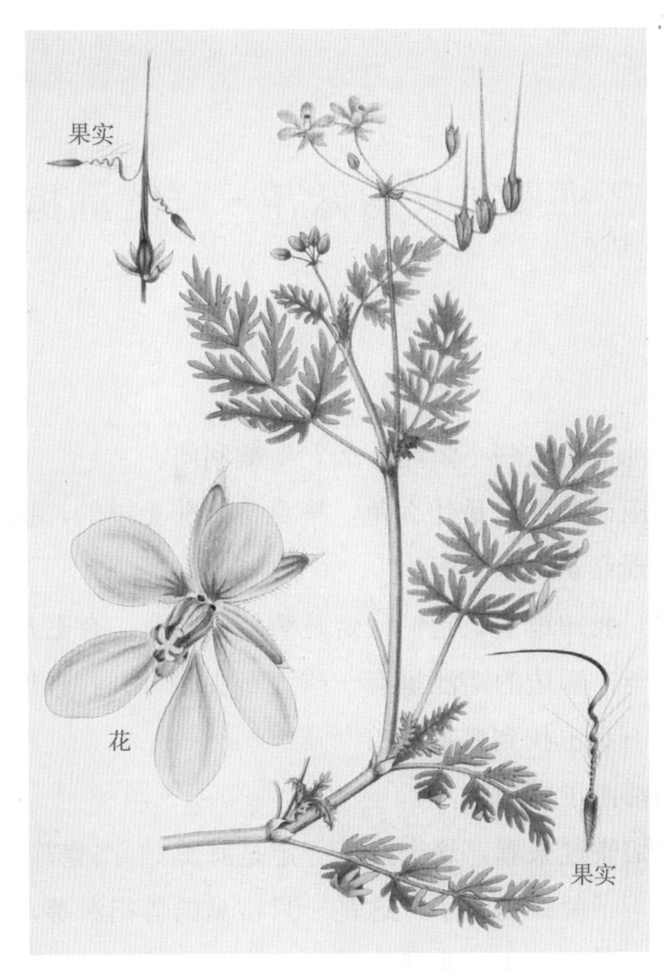

芹叶牻牛儿苗（*Erodium cicutarium*）

保护。它的叶子非常粗糙，我认为不会有牛吃它，即使是饿得半死的新布莱顿驴子也不会吃的。

这里还有一些野生的芹叶牻（máng）牛儿苗，我们采一些带走吧。

2 海葵：长得像花一样的动物

“潮池里的这些小鱼叫什么？”威利问。

你们应该知道这是什么鱼，毕竟是之前见过的，抓两三条来看看吧。现在认出来了吗？

“噢！我知道了！它们一定是鳞柄玉筋鱼，有七八厘米长。”

“爸爸，那边的潮池里有一些大石头。”梅问，“您觉得我们能不能在石头上找到海葵？”

我们都跑了过去。

“你们快过来看，这个东西一定是海葵。”杰克首先喊道。

我一下子就认出来了，这是一只常见的等指海葵，有很多颜色。于是，我们在大石头边上仔细观察它。

这只海葵用宽大的肉质基盘把自己固定在石头上，伸展着无数呈圆环状排列的触手，嘴巴则位于圆环中央。戈斯[①]先生叫它“珍珠海葵”，因为它的嘴巴周围长着很多蓝色的珠状小瘤。海葵属的拉丁学名 *Actinia* 源于古希腊词 ἀκτίς 或 ἀκτῖν，意思是“射线”，指的就是海葵的触手。

① 菲利普·亨利·戈斯（Philip Henry Gosse），英国博物学家、科普作家，他开办了世界上第一所水族馆。

等指海葵
（*Actinia equina*）

我来给你们演示一下海葵是怎么进食的。我抓了一条小鱼扔到海葵的身前，只见它用触手抓住小鱼送到嘴里，大约两分钟后将鱼完全吞下。

这里还有另一只海葵，比杰克发现的那只好得多。

“这只海葵真好看，”梅问，“它和刚刚那只是同一品种吗？”

草莓海葵
（*Actinia fragacea*）

它长得像草莓，所以叫草莓海葵，人们曾一度认为它是等指海葵的变种。

看，我用木棍碰了一下它的触手，它们就立刻缩了回去。海葵没有眼睛，但对光线非常敏感，在有云飘过的时候，它能感知到光线的变化，把触手缩起来。

如果一只倒霉的螃蟹碰到了海葵伸展的触手，就很难逃脱，尽管螃蟹更加强壮有力，也更加灵活。这是因为海葵能用触手上分泌的毒素麻痹猎物。海葵会牢牢地抓住螃蟹，并快速调动嘴周围的触手，把它吞进胃里。螃蟹身体所有柔软的部分，也就是那些富含营养的部分都会被分解、消化。海葵在吃干净后会再次张开嘴，把那些硬壳和其他消化不了的部分吐出来。

一点点食物可满足不了海葵的胃口，像花一样的它看起来无害，其实非常贪婪。它一顿早餐就能吞下三四个贻贝，把除了壳的部分都吃干净。

海葵有类似水螅的再生能力，如果它被一把锋利的刀切成两半，那么每一半都能重新长成完整的个体。

海葵的种类很多，但在这处海岸能看到的品种不多。回家之后，我会给你们看一些色彩亮丽的海葵图片，是戈斯先生为他的书画的插图。

戈斯先生画的海葵

3 海藻：营养又好看的海中美食

梅，你看这丛漂亮的红笔翼藻，它很常见，经常附生在海带上。我把它放在水里，让它漂起来。你看，它多美呀！在英国南岸见不到这种海藻。

这丛翠绿色的是阔叶糖海带，那是长长的扁浒苔，它们是水族箱中的主要藻类。

礁石上附着一丛结出硬壳的珊瑚藻，它的表面覆盖着一层白色的碳酸钙沉积物。你看它那紫色的尖头的茎，感受一下它有多大的魅力。

这里有许多常见的墨角藻，它的茎厚厚的，摸起来类似皮革，有许多气囊。如果我们用脚踩它，就能听到爆裂的声音。

可惜这片海岸的海藻种类不多，等我们去托基或者滕比时，能看到退潮后礁石里留下无数小潮池，里面长着各种各样的海藻，你一定会很开心。

这是裂叶红舌藻，能制成我们常吃的紫菜，是烤肉的主要调味品。

“为什么呢，爸爸？”梅问道，“您的意思是，有一些海藻很好吃吗？”

1 红笔翼藻（*Ptilota gunneri*）；2 扁浒苔（*Ulva compressa*）；
3 阔叶糖海带（*Saccharina latissima*）；4 墨角藻（*Fucus vesiculosus*）；
5 珊瑚藻（*Corallina officinalis*）；6 裂叶红舌藻（*Erythroglossum lacinatum*）；
7 皱波角叉菜（*Chondrus crispus*）。

是的。在英国，有六七种海藻常被人们当作食物，比如爱尔兰部分地区和苏格兰的人们会吃掌状红皮藻[①]，将其晒干洗净后可以直接食用。皱波角叉菜在爱尔兰的草药店很常见，几乎每一家都有售卖，它经常被用于制作果冻，也曾一度被用来给小牛增肥。

在约翰斯通和克罗尔合著的《英国海藻》中有这么一段评论："我们找不到任何理由禁止种类繁多的海藻被端上餐桌，尤其是它们可以为穷人提供有益健康的营养物质。许多海藻完全由淀粉组成，而这正是我们从农作物中摄取的主要物质。我们为何不像利用生长在陆地上的植物那样，利用海藻摄取淀粉呢？"

种类繁多的海藻

① 详见本册第078页。

4 紫色叉鼻喉盘鱼：腹部长吸盘的鱼

“爸爸，”威利叫道，“这块礁石下面有一条长相奇怪的鱼。我已经抓到它了，您知道它是什么鱼吗？”

这是一种在英国海岸很常见的鱼，叫紫色叉鼻喉盘鱼。它的外表呈猪肝色，能长到七八厘米长。它的头部长得很怪，有一个狭长的鼻子。

你看到了吗？它轻轻摆动之后，把自己吸附在了我的手掌心上。我把它翻过来。看，它的腹部有一对被凹槽隔开的吸盘，与腹鳍连在一起。

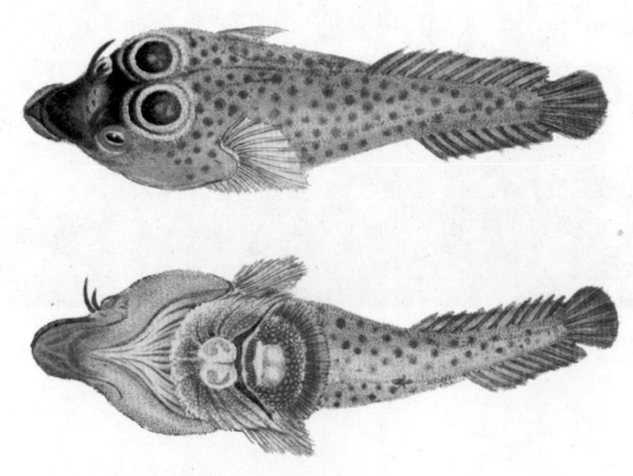

紫色叉鼻喉盘鱼（*Lepadogaster purpurea*）

5 绿迎风海葵：触手像一堆蛇的海葵

看，这里有漂亮的绿迎风海葵。它也叫蛇锁海葵，因为它的众多触手就像许多条蛇似的，会相互缠绕在一起。它喜欢藏在礁石的裂缝里，有时候也长在沙地里。

潮水退得足够低时，我们才能去帕里·埃文斯先生的鱼梁，让我们再等一段时间吧。

绿迎风海葵（*Anemonia viridis*）

6 大西洋鲭：身上长着波浪纹的海鱼

我们已经到鱼梁了。潮水还在渐渐退去，但这里已经有一些围观者了，他们都在急切地等待好戏上演。

你们看这个鱼梁，它由两道用石块垒成的矮墙和固定在上面的篱笆构成，俯瞰之下呈“V”形，尖端有一道结实的铁栅栏，只有最瘦小的鱼能从这里逃脱。

看，那里是鱼梁的主人帕里·埃文斯先生和他的狗“杰克”。

鱼梁

“杰克”来自普鲁士，之前的主人叫它“水獭猎犬”。八年前，一艘帆船航行到罗斯附近的海岸，船员们因为缺少补给，就带着狗上了岸。埃文斯先生注意到一条狗绕着船游来游去，十分灵巧，便去和船员们商量，用一袋土豆换来了它。这条狗便是“杰克”，那时只有九个月大。

过来，“杰克”，好狗狗。看啊，它朝我们跑过来了。

你们看到它脖子上的银项圈了吗？它价值四枚金币，这是大家为了表彰它是一个熟练、聪明的大西洋鲑捕手，专门赠送给它的礼物。

我们要爬到鱼梁的石墙上去，俯视清澈明亮的水池。我敢说，帕里·埃文斯先生要捕到鱼，至少需要二十分钟。

“看那里，”威利说，“有什么东西从水面冲过去了，速度像箭一样快。”

我看到了，这条鱼蹿到了我们的正下方。它是一条大西洋鲑，可能有六七斤重，在清澈的水中看起来是不是很漂亮？它又像箭一样飞速游走了。我敢肯定，捕鱼大师“杰克”要抓到它可不容易。

“爸爸，您见过这样壮观的景象吗？看，一大群鱼正向我们游来。”

确实非常壮观。有三四百条大西洋鲭游进了鱼梁，但它们只能从埃文斯先生定好的路线游出去。它们浅蓝色的背脊上泛着绿色，还有交错的深色波浪纹，非常漂亮。

大西洋鲭价格昂贵，而且正如你们所知，它能被做成餐桌上的美味佳肴。有时，会有大量的大西洋鲭入网，在洛斯托夫特和雅茅斯附近，渔民们一晚上就能捕到一万五千条。在雅茅斯，约有九十条船在捕捞大西洋鲭，总吨位超过三千吨，船员约有八百七十人，每年的捕获量大约价值两万英镑。

大西洋鲭（*Scomber scombrus*）

大西洋鲭是贪婪的食客，生长速度非常快。这种鱼在刚捞上来的时候食用，味道最佳；在天气炎热的时候很快就会变得不适合食用。因此从1698年开始，伦敦允许商贩在街边售卖大西洋鲭。

冬季，大多数鱼会退到深水区，以躲避猛烈的风暴——你们应该知道，只有海面会受到风暴的影响。这使得英国周边海域出现规模庞大的鱼群，为我们带来美味的食物。就像大西洋鲭，渔民们在每个捕捞季都能捕获数百万条。大西洋鲭会在繁殖季游到海岸边产卵，这时人们就能捞鱼或钓鱼了。

“您钓到过大西洋鲭吗？”威利问道。

是的，我偶尔会钓到几条，只要有鱼饵就可以——玉筋鱼就是一种很好的鱼饵。你需要把鱼饵抛得很远，然后挥动鱼竿让它在水中快速移动。

这里也有一条大西洋鲑。这些鱼游不出铁栅栏，我们过一会儿就可以捞鱼了。

7 黍鲱：漂亮的银色小鱼

看，这里有无数闪闪发亮的小鱼，每一条还没有杰克的小指大呢。它们是黍鲱（shǔ fēi）。埃文斯先生在铁栅栏之间塞了很多海草、墨角藻和海带，以阻止它们逃出去。如果你们想要黍鲱，他可以送我们满满一篮子。

黍鲱是一种漂亮的银色小鱼。看，水面上漂着不少亮晶晶的小点，那些是被抄网刮掉的黍鲱鳞片。

黍鲱（*Sprattus sprattus*）

“黍鲱是一个独立品种，还是说这种小鱼只是其他大型鱼类的幼体？”威利问。

黍鲱是一个独立品种。包括亚雷尔[①]先生和库奇先生在内，大多数博物学家都持有这种观点。

大西洋鲑非常喜欢吃黍鲱，它们正是被这么多亮闪闪的小鱼吸引，才留在鱼梁内。帕里·埃文斯先生说过：“没有黍鲱，就没有大西洋鲑！”我怀疑，大西洋鲭也是被黍鲱吸引过来的。

---

① 威廉·亚雷尔（William Yarrell），英国作家、博物学家，著有《英国鱼类志》《英国鸟类志》等。

大西洋鲑是海洋中的贪婪食客，但奇怪的是，它们在回到出生的淡水河流，准备繁殖的时候，从不进食。我曾检查过许多从河里捕捞的大西洋鲑的胃，从没有在里面发现过食物残渣。但是，我曾在一条从海洋里捕捞的大西洋鲑的胃里，发现了四条个头很大的黍鲱。

“可是，爸爸，”杰克说，“它们在繁殖季里，肯定需要适当补充能量才能活下去呀。”

它们不吃任何食物，而是靠体内的脂肪获取能量。长时间生活在淡水里的大西洋鲑会变得非常瘦弱，但它们一旦回到大海，就会恢复食欲，很快变得又肥又壮。

大西洋鲑（*Salmo salar*）

8 颌针鱼：长着尖嘴的长条鱼

看，这里又来了一群长相奇怪的鱼，在我们脚下游来游去。

它们是颌（hé）针鱼，长约三十厘米，体型像鳗鱼一样细长；鳞片闪着亮光；嘴巴又长又尖，像丘鹬[①]一样；骨头是深绿色的。看，它们是不是很美？

库奇先生告诉我们，无论在哪里发现的颌针鱼，都是一副焦躁不安的样子，总在不停游荡。它的消化能力极强，总是处于捕食状态。凸出的下颚能够使它以一种特殊的动作捕捉食物。它不像其他鱼那样会尽可能快地吞下食物，所以当渔船快速驶过时，鱼饵可能从它的嘴里滑出去。它在被鱼钩钩住时不会试图快速逃脱，反而会因为扯不下食物而恼怒，接着迅速跃出水

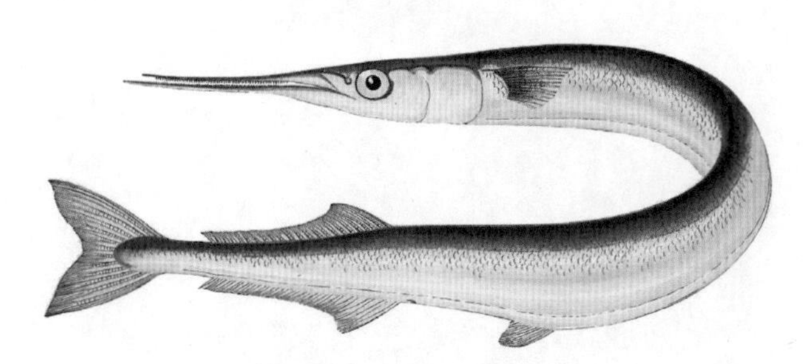

颌针鱼（*Belone belone*）

① 详见《陆地生物》（下）第243页。

面，露出一部分身体，并使劲儿和鱼线争夺食物。它似乎对那些能吞下的食物始终有很好的胃口。

库奇先生提到，颌针鱼最喜欢吃的食物是一种叫布兰福德蚋（ruì）的小飞虫，它们会在天气好的时候落在海面上。他曾在颌针鱼的胃里发现了很多布兰福德蚋，还发现了长度接近颌针鱼身长三分之一的黍鲱——几乎每一条颌针鱼的胃里都有一条黍鲱。

海面平静无波时，颌针鱼会独自戏耍，或成群玩乐，一次又一次地跃过漂浮在海面的木棍或稻草，或者让自己猛地直立在水面上，然后以明显笨拙的方式再次落下。抓鱼的孩子们往海里扔几根细长的木棍，颌针鱼就会围着木棍做各种动作，和他们一起玩乐。

遗憾的是，水池边有太多围观的人了，让这些可怜的颌针鱼感到非常害怕，根本没有玩耍的心情。

颌针鱼

9 绿鳍鱼：长着青绿色胸鳍的鱼

威利，你看到那里的活水母了吗？和我们之前在海滩上看到的毫无生气的死水母完全不一样吧？看，它的动作多么优雅，在平缓地收缩和扩张它的伞状身体。

你们看到那条在水底游动的鱼了吗？它的头看起来很奇怪，还长着两片非常漂亮的扇形胸鳍。

这是绿鳍鱼，因其胸鳍内侧呈现美丽的青绿色而得名。这一条的体型较小，但这种鱼有的会长到六十厘米长。

英国有很多种类的绿鳍鱼，其中细鳞绿鳍鱼（我们现在看到的这种）和红体绿鳍鱼是最常见的。

细鳞绿鳍鱼（*Chelidonichthys lucerna*）

绿鳍鱼非常好吃，在利物浦的市场上经常有售卖，但我还没在纽波特或者惠灵顿见过它们。绿鳍鱼通常用拖网捕捞，有时也用鱼饵来钓。

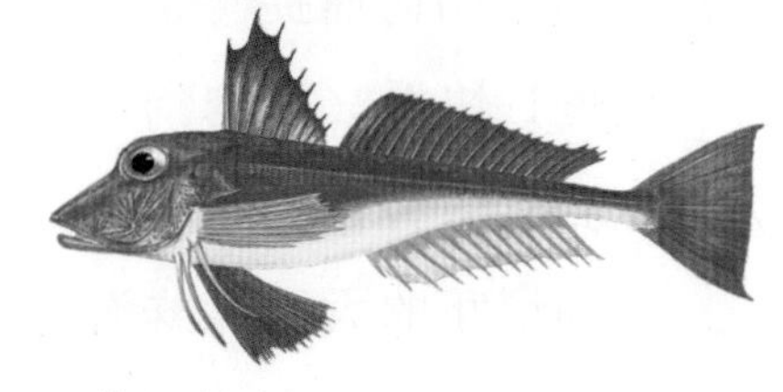

红体绿鳍鱼（*Chelidonichthys cuculus*）

绿鳍鱼非常贪吃，我曾见过它们跃出水面，追逐其他鱼。

10“杰克”：一条会捕鱼的狗

“埃文斯先生，您数出水池里有多少条大西洋鲑了吗？”

“先生，这里现在只有七八条不错的大西洋鲑，其中一两条有九到十斤重。”

看，“杰克”已经迫不及待了，因为它看到水池中不时有大西洋鲑游过来。埃文斯先生把“杰克”的银项圈取了下来，让它自由活动，它一下子就冲到了水池中央。

有趣的事情来了！ 威利和杰克卷起长裤，脱掉鞋子和长袜，手里拿着抄网走入水池。 哎呀！水非常冷，但是他们太兴奋了，很快就暖和起来。

一条大西洋鲑正在快速游来，“杰克”紧随其后，溅起高高的水花。还有另外一条棕色猎犬在学习捕鱼，“杰克”就是它的导师。它在水里追着大西洋鲑跑，好像非常享受这种乐趣，但它还没有学会如何捕捉一条滑溜溜的鱼。

这里！快看！好狗狗，你抓到它了！哎呀，又掉了！干得漂亮，抓到它！好狗狗，趁现在快去抓住它！

受到惊吓的大西洋鲑游得多快呀！“如离弦之箭”都不足以形容它们的速度。

好啊，干得漂亮！你们看到了吗？“杰克”紧紧咬住了一条大西洋鲑的脑袋。好狗狗！帕里·埃文斯先生很快跑了过来，从“杰克”嘴里接过大西洋鲑，然后轻轻拍了拍它的背。他把鱼高高举起，展示给大家看，然后扔到篮子里，由他的人在海滩上守着。

看，鱼群又游过来了！狗狗们和人都过去了，很快又抓到一条大西洋鲑，还抓到了大西洋鲭和颌针鱼，太有趣了！可怜的小鱼们在慌乱中四处逃窜。

杰克，你抓到了一条长鼻子的颌针鱼。哦不，它晃动着身子逃走了。好吧，再试一次。干得漂亮，这次你抓住它了。把它放进鱼筐里吧。

什么？你认为它会咬人？它不会的。好吧，你又让它逃走了。

“爸爸，它很滑。”

没关系，这里还有许多鱼呢。威利，继续努力抓鱼吧。

狗狗们又开始行动了，人和狗乱作一团，又抓到了一条大西洋鲑。

“这些躺在岸上的鱼多好看呀！”埃文斯先生说。

这是一句非常自然的评论，但在我看来，它们在水中自由游动的样子更美丽。不过，从实用的角度看，毫无疑问是岸上的鱼对大家更有价值。

我们花费了大概半个小时，在水池里抓到九条大西洋鲑，平均每条有四五斤重。“杰克”的表现令人佩服，看它用精妙的技巧捕鱼是一件非常愉快的事。它通常会先用力咬住鱼的头，鱼就瞬间无法挣脱了；有时还会咬住鱼的背鳍。

捕鱼结束后，我们去清点战利品——满满一筐的好鱼。我买了一条大西洋鲑和一条颌针鱼。其余的鱼很快就被埃文斯先生卖给了游客，他们都对这次捕鱼活动十分满意。

11 鲑疮痂鱼虱：拖着两条长卵管的寄生虫

稍等一下，这片沙地上躺着一些鱼，我要检查一下它们身上有没有寄生虫。

这条大西洋鲑身上有一种奇怪的寄生虫——鲑疮痂鱼虱。它是一种甲壳类动物，跟我们在什罗普郡的河流中发现的褐鳟身上的叶状鱼虱[①]有亲缘关系。

剑水蚤（*Cyclops*）

看这只大的鲑疮痂鱼虱，它有将近两厘米长，身后拖着两条尾巴状的长管子，长度几乎和身体一样。这是一只雌虫，两条长管子是它的卵管。它让我一下子想起了淡水池中常见的剑水蚤的卵囊。

这条鱼身上还有一种更小的寄生虫，它的外形和刚刚那种类似，但没有尾巴状的卵管。它实际上是鲑疮痂鱼虱的雄虫。

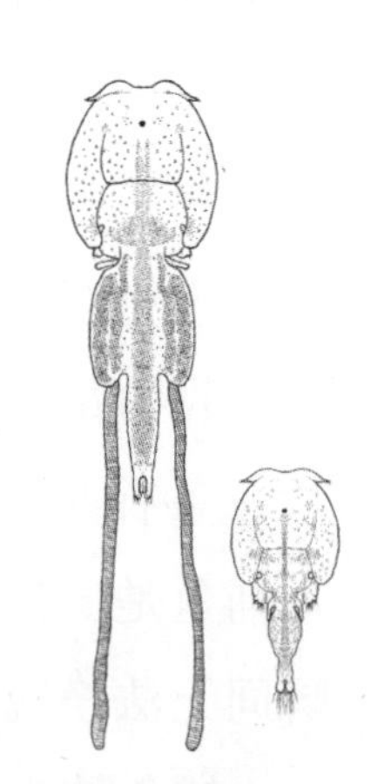
鲑疮痂鱼虱（*Lepeophtheirus salmonis*）

毫无疑问，“杰克”认为它已经完成了一天的工作，安静地跟在主人身后回家了。我们所有人也都和它有相同的想法。我们要离开罗斯弗莱彻的鱼梁了，但难忘的回忆永远不会消失。

---

① 详见《陆地生物》（上）第108页。

第四课

去海滨漫步

1 海冬青：被用来做甜食的植物

我们再次到海边漫步，寻找一些生长在远离海潮的干燥地的植物，寻找那些在乡间从未见过的、海滨特有的植物，比如说海冬青。

你们看，这里生长着一片茂盛的海冬青。这是一种漂亮的植物，有着厚厚的带刺的叶子，上面有美丽的白色脉络；开着密密麻麻的蓝色花朵；根部深入沙地，略有苦味。许多年前，人们会将海冬青的根去皮后与糖浆一同炖煮，制成一种叫“接吻糖”的甜食。

莎士比亚在他的喜剧《温莎的风流娘儿们》中提到过这种甜食，他借福斯塔夫之口说：“让天空降下土豆雨，让雷声应和着《绿袖子》的曲调，降接吻糖，下刺芹雪，我要在这里为自己寻找庇护。”

长期以来，科尔切斯特以这种甜食而闻名。人们认为海冬青的根具有滋补功效，我相信它仍然被当作药物。在瑞典，人们会像吃芦笋那样吃海冬青顶端的嫩芽。

海冬青是一种耐寒植物，在采集后的很长一段时间内都能保持其颜色和外形。

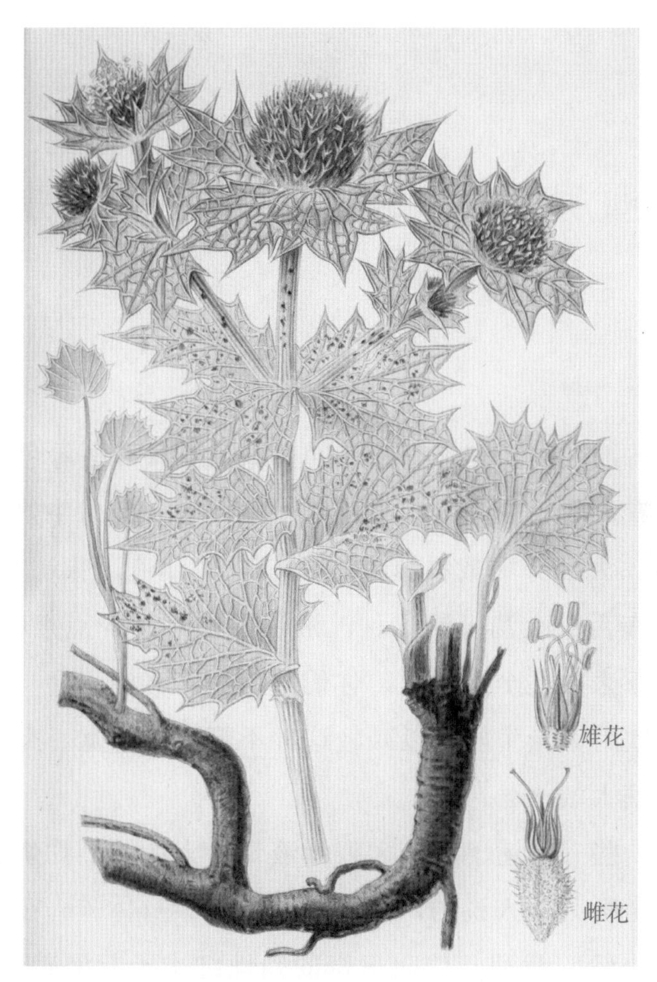

海冬青（*Eryngium maritimum*）

海冬青，

面对风暴的威胁，

带着无畏的骄傲挺身而出，

它天蓝色的花冠像战士的勋章，

它伸出长矛。

2 海滨大戟：叶子里有毒汁的植物

这是海滨大戟，它长着特殊的黄绿色花朵和蓝绿色叶子。

你们看，我只是撕破一小片叶子，就有大量像牛奶一样的液体流出来。大部分大戟科植物都含有这种汁液，味道非常刺鼻。如果你们在舌头上滴一滴这种汁液，并且吞下一点点叶子碎片，那么在接下来的几个小时里，你们的口腔和喉咙里会一直有灼烧的感觉。饮用大量牛奶可以减轻这种不舒服的感觉。杰拉德[①]这样描述海滨大戟——

"有一些书描述了海滨大戟汁液带给人的剧烈灼烧感，但大多数作者是听其他人说的，而我对此有着亲身体验。在埃塞克斯郡的一座小镇，我和一位叫里奇的当地绅士一起沿着海边散步，我取了一滴海滨大戟汁液放进嘴里，尽管只有一滴，我的喉咙也感到灼烧和肿胀，我感觉快要死了。跟我一起散步的里奇绅士也有同样的感受。我们立即骑上马，逃命似的赶到最近的一座村舍找牛奶喝。很快，这种灼热感便消失了。"

"爸爸，看那里！那只在海边飞的大鸟是什么？是海鸥

---

① 约翰·杰拉德（John Gerard），英国医生、草药学家，他的著作《本草通史》对欧洲植物学的发展产生了很大影响。

吗？”杰克问。

不，它是鸬鹚（lú cí），等会儿再告诉你们关于它的知识，我现在想让你们多听一些关于奇特的大戟科植物的知识。

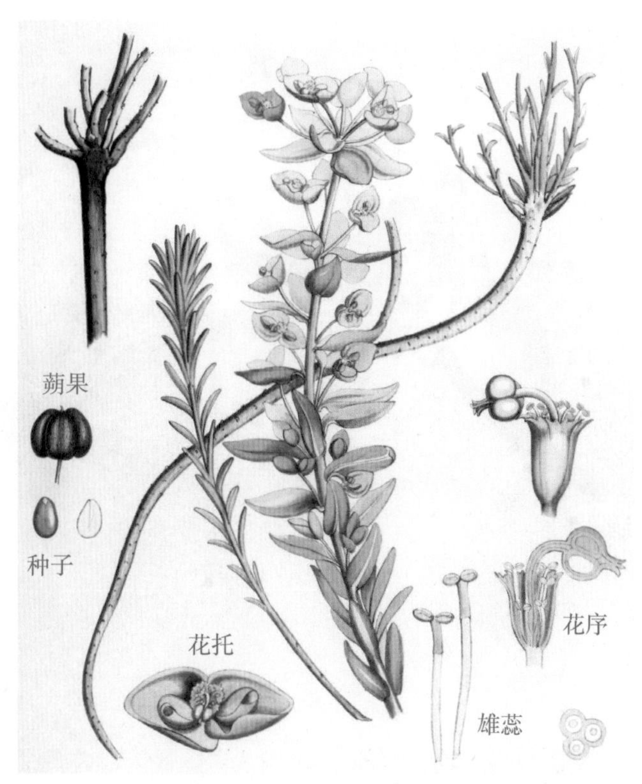

海滨大戟（*Euphorbia paralias*）

我刚才说过，大戟科植物流出的牛奶状汁液是有毒的。你们知道吗？爱尔兰凯里郡的农民会采集大量的大戟，把它们捣碎之后放进有盖的筐子里，然后把筐子沉入河里。他们这样做的目的是让鱼中毒昏迷。

一些热带地区的大戟科植物具有更可怕的毒性，比如生长在西印度群岛的毒番石榴。据说，在这种树下睡觉都有中毒的危险，就连居住在树上的陆行蟹也从它那里获得了毒性。这些说法也许有夸张的成分，但毒番石榴有剧毒是确切无疑的。

在热带地区广泛种植的木薯也是大戟科植物，同样含有剧毒。印第安人会把木薯汁液涂在箭头上，做成毒箭。

“我不明白，”杰克问，“种植这种剧毒植物有什么用呢？”

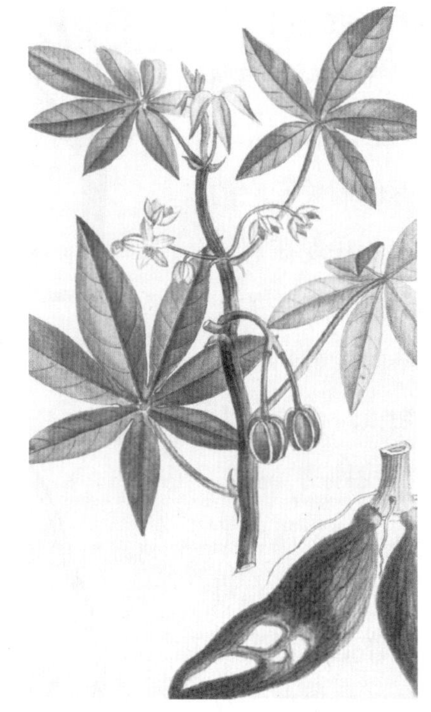

毒番石榴（*Hippomane mancinella*）　　木薯（*Manihot esculenta*）

我来给你解释。木薯的根部含有大量淀粉，其中的有毒物质可以通过去皮、煮熟的方法完全去除。木薯淀粉可以用来制作美味且营养丰富的面包。

“我不太喜欢吃木薯面包。”梅说。

事实上，你偶尔也吃过差不多的食物，比如木薯布丁。制作它们的淀粉就来自味道很苦的木薯根。

西印度群岛上还有一种大戟科植物，叫响盒子，也被称作“猴子的吃饭铃树”。它也是一种危险的植物，有着毒性很强的乳白色树汁。眼睛里一旦沾到它的树汁，就会导致失明。

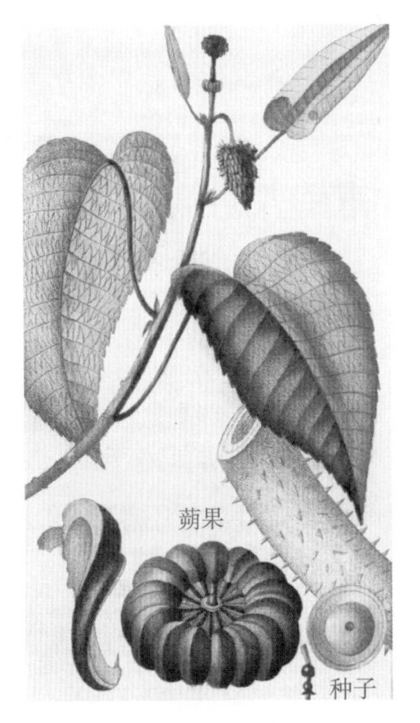

响盒子（*Hura crepitans*）

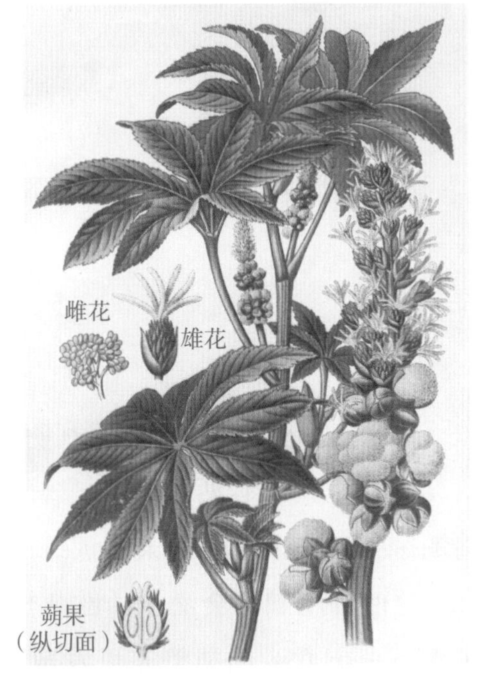

蓖麻（*Ricinus communis*）

蓖（bì）麻油[①]——不用害怕，杰克——也是从大戟科植物蓖麻中提取的。不过人们在用蓖麻种子榨油时，已经将有毒物质去掉了。

---

① 在传统医学中，蓖麻油被用作泻药，服用后会导致恶心、呕吐、腹痛、腹泻。在西方国家，一些父母会通过喂孩子喝蓖麻油的方式惩罚孩子。

3 鸬鹚：渔夫的捕鱼帮手

“又飞来一只鸬鹚。”威利叫道，“这种鸟是捕鱼能手吧。”

是的。英国有两种鸬鹚——普通鸬鹚（简称“鸬鹚”）和欧鸬鹚。在过去，一些渔夫会训练鸬鹚，让它们帮忙捕鱼。

这两种鸬鹚都会潜水，欧鸬鹚的潜水技术尤其高超，人们曾在水下三十六米的捕蟹笼里发现过它的身影。后来的研究证明，欧鸬鹚能下潜到四十五米的深度。

我很喜欢看这些鸬鹚在海岸边的峭壁上栖息，或是在天空中平稳地飞行。

鸬鹚会用树枝、海草和粗草筑一个大巢，产下四五枚白色的蛋，上面有浅浅的蓝色斑块。刚孵化出的雏鸟样子非常怪，全身覆盖着一层乌青色的皮肤，几天后就会长出一层厚厚的黑色绒毛。

鸬鹚的喉咙很宽，可以吞下体型较大的鱼。鳗鱼是鸬鹚非常喜爱的美味。有人曾看到一只鸬鹚从淤泥里抓到一条鳗鱼，然后飞回先前驻足的栏杆上，把鳗鱼朝坚硬的栅栏摔打三四次，再抛到空中，在鳗鱼下落时咬住它的头，一瞬间就将它吞了下去。

“我很想有一只被训练好的鸬鹚，让它为我们捕鱼肯定很有趣。”威利说。

普通鸬鹚（*Phalacrocorax carbo*）

欧鸬鹚（*Phalacrocorax aristotelis*）

鸬鹚的智商很高。我记得陆军上校蒙塔古曾经讲过这样一只鸬鹚，它被驯服得很彻底，只有在主人身边时才会开心。

“在中国，不是直到今日还有人在训练鸬鹚捕鱼吗？”

是的。一位去过中国旅行的人在游记里提到——

“有两条小船，每条船上都有一位渔夫和十到十二只鸬鹚。鸬鹚站在小船的两侧，很显然，它们刚刚到达渔场。现在，主人命令它们下船，这些训练有素的鸬鹚立即四散飞去，开始捕鱼。

“鸬鹚长有一双美丽的海青色眼睛，能够以闪电般的速度发现鱼群并潜入其中。鱼一旦被鸬鹚尖尖的喙咬住，就不可能逃脱。有一只鸬鹚咬着鱼浮出了水面。很快，船上的渔夫看到了它，叫它回到船上。这只鸬鹚像狗一样温顺，跟着主人的小船摆动身体，然后允许主人把它拉到船上。它会把捕到的鱼放下，然后继续下水捕鱼。还有更神奇的事情，有一只鸬鹚抓到一条大鱼，却很难

一户靠鸬鹚捕鱼为生的清朝家庭

独自带回小船，其他鸬鹚便赶紧过去帮忙，齐心协力把这条大鱼拖到小船上。

“有时候，鸬鹚也会偷懒或贪玩，在水里游来游去而不潜水捕鱼。每当这个时候，船上的渔夫就会用他手里那根撑船的长篙敲击鸬鹚附近的水面，并且用愤怒的语气大声责备它们。就像旷课而没有完成作业的学生被发现了一样，贪玩的鸬鹚会立刻停止玩乐，潜水捕鱼。每只鸬鹚的脖子上都系着一根细绳，以防止它把刚捕到的鱼吞下去。”

跟普通鸬鹚相比，欧鸬鹚的体型较小，羽毛是更加鲜亮的绿色。欧鸬鹚很少像普通鸬鹚那样离开海洋到陆地上觅食，也不会住在树上。

“又飞来一只鸬鹚，”梅惊叹道，“它们似乎在这个海岸很常见。”

确实如此。在英国，鸬鹚也被训练用于捕鱼。

十七世纪初，英国国王詹姆斯一世下令从中国引进用鸬鹚捕鱼技术。他在新国会大厦附近建了一个用于饲养鸬鹚的巨型设施，并挖了一个带水闸的鱼塘，引入泰晤士河的水，放入数量适当的鱼。

一个叫约翰·伍德的人成了首位皇家鸬鹚管理员。这个职位同皇家马匹管理员、皇家猎犬管理员一样重要，每年可以得到八十四英镑的薪水。他去马恩岛和其他北方地区搜救受伤的鸬鹚雏鸟时，每天还可以获得半克朗的补贴。

国王不允许任何人打扰他的鸬鹚，甚至对注视它们的人发出警告。在他的强令下，国务大臣康威不得不亲自担任首席皇家鸬鹚管理员。有一次，国王珍爱的一只鸬鹚不知出于什么原因，来到了康威的表弟弗朗西斯·沃特利爵士的领地。于是，沃特利爵

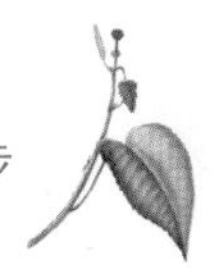

士被怀疑偷了鸬鹚，并在要求之下把鸬鹚送了回去。

不过，英国皇室只是把观赏鸬鹚捕鱼作为消遣，詹姆斯一世之后的国王也不再热衷此事。詹姆斯三世继位后，一个叫本杰明·克林格的人成了最后一位皇家鸬鹚管理员，鸬鹚捕鱼技术在英国只延续了一百年。直到十九世纪中期，鸬鹚捕鱼技术才被萨尔文[①]从荷兰再次引入英国。

萨尔文对鸬鹚的日常管理、配合使用的设备、渔民的着装、他所驯养鸬鹚的性格特点等内容作了非常生动的描述。他还给他的鸬鹚们起了名字，分别叫“贪吃的蹒跚者”“卡斯王”“盗贼”“侦探”和“躲闪能手”。下面这几段描述就出自他的笔下：

“马车已经备好，你也穿上了捕鱼的服装。抓三只鸬鹚，给它们的脖子系上绳子，关在铺着稻草的笼子里，然后放到车上。如果天气很热，就在车上放一些湿草，以此让它们保持凉爽。你还需要准备一个鱼篓、一串鱼饵、一条能抽响的短鞭、一块用来清洁的海绵，把这些都放在车上。

“现在，把车停在河流拐弯处，放两只鸬鹚出来。记得留下一只，等外面的鸬鹚需要休息时再放它出去。用鞭子狠狠地抽打出响声，并喊一些让鸬鹚捕鱼的口令，比如：‘嘿，干活儿啦！’然后不时朝它们扔一些黏土。如果它们都在水面上，那就捕不到鱼。此时再抽打一下鞭子，喊几声，它们就会冲进水中。如果水足够清澈，你还可以看到它们在游动和捕鱼时留下的轨迹。

“接下来便是精彩的捕鱼过程了。在水面上下快速穿梭了两

---

① 弗朗西斯·亨利·萨尔文（Francis Henry Salvin），英国动物学家，主要研究猎鹰和鸬鹚。

三次之后，‘卡斯王’叼着一条大鱼上来了。尽管大鱼挣扎得很厉害，但最终还是被吞进了‘卡斯王’的嘴里，只有尾巴留在外面。因为脖子上被系了绳子，‘卡斯王’无法把鱼吞进胃里，而一直叼着鱼会让它行动不便，所以它只好带着鱼飞到岸上。这时，你悄悄走过去，把手慢慢放在它的头上，在它想要再次吞咽时抓住它的嘴，把它拖到地上，让它把鱼吐出来。

“这时，叫喊声和欢笑声传来，原来是‘侦探’咬住了一条鳗鱼。这条滑溜溜的鳗鱼给‘侦探’添了不少麻烦，它一次次逃走，却一次次被‘侦探’咬住。尽管没有承诺任何奖励，但捕鳗高手‘侦探’还是找准机会狠狠咬住了这条鳗鱼，把它抛到岸上。

“这里的河岸是一片开阔的坡地，鳗鱼试图爬回水里——这是它惯用的逃脱方式，此时却行不通——每当它快到水边时，‘侦探’就会把它叼上来，抛回原处。‘侦探’就这样反复戏弄着鳗鱼，不时兴奋地‘喔喔’叫，其他鸬鹚也跟着叫了起来。

“鳗鱼经常能从鸬鹚的嘴里逃脱，特别是在河岸陡峭的地方。但如果是在缓坡，则没有一条鳗鱼能从‘侦探’的嘴里逃脱——尽管它们会想尽一切办法，甚至扭住‘侦探’的脖子。鸬鹚非常喜欢吃鳗鱼，所以在鳗鱼多的地方，它们都不爱捕其他鱼。我明白，当你的目的是捕鳟鱼时，它们却只捕鳗鱼，这实在让人非常恼火。不过，鸬鹚很快就会对捕鳗鱼感到厌倦，因为这让它们很辛苦。

“鸬鹚将小鱼抛向空中的景象非常美。它们经常这样做，只要咬住了鱼尾或者尾巴附近的部位，就会把鱼抛向空中，在鱼下落时咬住鱼头。所有的鱼在下落时都是头部朝下，因为它们的背鳍是从头部延伸到尾部的，倒着下落时会很难受。”

4 燕鸥：喜欢吃玉筋鱼的优雅海鸟

又有一只有趣的鸟飞了过去，它叫普通燕鸥（简称“燕鸥”）。

看，这只燕鸥飞得多快呀！一会儿从水面掠过，一会儿迅速飞到高空，它这是在找鱼。燕鸥是一种非常优雅的鸟，长着漂亮的红色的喙和下肢。我在什罗普郡中部地区曾偶尔见过它们。

英国有好几种燕鸥，它们都是在五月到来，九月离开。

燕鸥通常在植被稀疏的沙地或砾石上筑巢，一次产两三枚蛋，颜色像偏黄的石头，上面有一些灰色或深棕色的斑点。圣约翰[①]先生说，当天气晴朗、阳光充足的时候，燕鸥会在巢的上空一直盘旋，以便让它的蛋接受充足的光照，并让附近的沙砾尽可能地提高温度。

燕鸥对雏鸟也照顾得非常细致。

燕鸥非常喜欢吃玉筋鱼。圣约翰先生说：“虽然玉筋鱼是整个海洋里游得最快的小鱼之一，但燕鸥仍然能够捕捉数以千计的

---

① 查尔斯·威廉·乔治·圣约翰（Charles William George St. John），英国博物学家、运动员，著有《苏格兰高地的野外运动和自然史简图》《莫里郡的自然史和运动笔记》。

普通燕鸥（*Sterna hirundo*）

玉筋鱼，就像鹗（è）抓鲑鱼似的，只不过燕鸥用的是尖利的喙而不是爪子。我经常在沙滩上捡到燕鸥因受惊而丢弃的玉筋鱼，无一例外地发现这些小鱼身上只在头后侧有一个小小的伤口。燕鸥竟然能以这种方式捕捉滑溜又灵活的玉筋鱼，简直不敢想象。当燕鸥频繁出现在海岸的时候，每一位住在海边的人都会时常看到这种景象。”

鹗（*Pandion haliaetus*）

5 螃蟹：长着八条腿的有趣动物

现在开始退潮了，让我们去海边吧。

这里有一只体型不小的普通滨蟹，它是欧洲滨海最常见的螃蟹。看，它正在以最快的速度逃走。

普通滨蟹（*Carcinus maenas*）

螃蟹是一种奇怪的动物。让我们抓住它，但要注意不要被它夹到。

杰克，数一数它一共有多少条腿。

“它的身体两侧各有四条腿。爸爸，它想用蟹螯夹我。”

看，它的螯多强壮啊。螃蟹能灵活地使用这对螯，就像人的双手一样。观察水族箱里的螃蟹静静地吃掉一些死去的甲壳类或其他动物是很有趣的。它会扯下一小块食物，然后送到嘴里。不管是鱼肉、畜肉还是禽肉，不管是新鲜的还是腐烂的，螃蟹都同样喜欢。

同其他甲壳类动物一样，螃蟹也会蜕壳。最让人惊奇的是，如果你注意观察，会发现螃蟹蜕下的壳非常完美——它的触角、刚毛、眼睛、绒毛，以及其他最细微的部分都可以在蜕下的旧壳上看到痕迹。刚蜕掉旧壳的螃蟹，它的身体会在一段时间内保持柔软状态，但随着时间推移，它会利用水中的矿物质再造一个新壳。

“螃蟹是不是像昆虫那样，会经历一个蜕变的过程？”威利问。

螃蟹的蜕变是一个能让人收获很多知识且非常有趣的话题。母蟹产下的卵带会依附在它的腹部末端。刚刚孵化出来的幼蟹看起来非常奇怪，我曾在水族箱里看到一团游动着的“灰尘”。我取了一些样本放在显微镜下观察，发现这些“灰尘”是刚出生的幼蟹，博物学家称之为水蚤状幼体，它们看起来像是另外一种生物。到了第二阶段，它的样子看起来有点儿像螃蟹了。到了第三阶段则更像螃蟹。最后，它有了成年螃蟹的形态。

“普通滨蟹不是人们常吃的那种螃蟹，对吗？”梅问。

对的。你们在市场上看到的食用螃蟹是普通黄道蟹，它们喜欢住在岩石海岸上，因此我们很难在这里的沙质海岸上找到它们。其实，体型较大的螃蟹大多生活在远离海岸的深水区域。

在很多沿海地区，捕蟹是一项非常重要的职业，有不计其数的螃蟹被人们用蟹笼捕获。过去的捕蟹人通常用白柳的嫩枝编制蟹笼，因为这种材料具有很强的柔韧性。

“捕蟹人是怎么让螃蟹进入蟹笼、自投罗网的呢？”威利问。

他们会在蟹笼里放上鱼块或动物内脏——腐烂的肉是常用的捕蟹诱饵，螃蟹闻着味儿就会被吸引过来。然后在笼底加一些石块，好让它沉入海底。蟹笼上还会拴一根长绳，另一端系着软木塞，用于在海面上指示蟹笼的位置。蟹笼的结构和捕鼠器非常像，唯一的区别就是蟹笼的入口在顶端，捕鼠器的在侧面。

普通黄道蟹（*Cancer pagurus*）

6 掌状红皮藻：可以生吃的美味海藻

你们看，这片牡蛎壳上有一小块非常漂亮的粉红色海藻，它叫掌状红皮藻，在英国沿海很常见，可以用来装饰水族箱。

约翰斯通和克罗尔在他们合著的《英国海藻》里说：

掌状红皮藻（*Palmaria palmata*）

“曾经有一段时期，掌状红皮藻被苏格兰地区的人们当作主食，我们不知道现在是否依然如此，但所有沿海地区的居民仍然把它作为开胃菜食用。掌状红皮藻一般是生吃的，但我们记得小时候曾看到有人把它缠在拨火棍上烘烤，在它由红色变成绿色，并且散发出一种特别的气味后吃掉。对包括我在内的大多数人来说，那种气味令人恶心。

“需求量最大的几种海藻，其表面都有寄生虫。许多人认为，这些附着在海藻表面的小甲壳类

各式各样的麂眼螺（*Rissooidea*）

动物及微型贝类——如麂（jǐ）眼螺和紫贻贝，并不会影响食物的美味。在夏季的城乡市场里，掌状红皮藻常常和嫩海带混在一起售卖。还有一种吃法，是在掌状红皮藻上撒一些胡椒粉，然后食用。”

梅，来尝一口。这一小块上没有寄生虫，你尝一口就知道它是什么味道了。

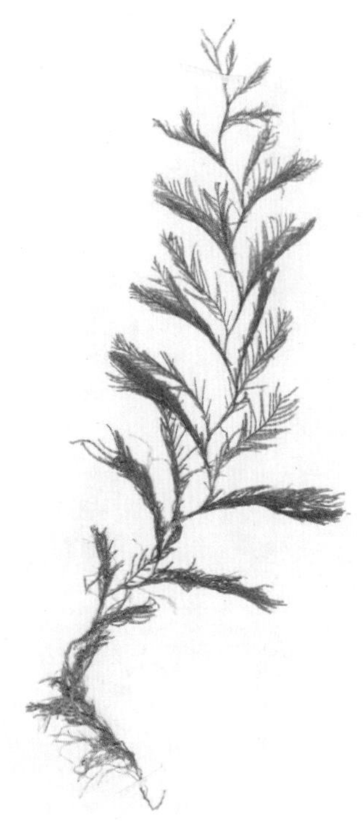

镰状海榧（*Hydrallmania falcata*）聚落标本

“不了，谢谢爸爸。”梅说，“它虽然看起来很漂亮，但气味让我没有食欲。”

看，这块礁石上有一簇俗称“龙虾须”的珊瑚藻，它的每一根分支长得都像龙虾触须，上面间隔着长出一排小囊，那是珊瑚虫的住所。

这些像羽毛的东西是一种非常优雅的海洋水螅——镰状海榧的聚落。

那些像植物根茎的东西是另一种海洋水螅——螺纹根茎螅的聚落。

大自然中的这些物种多么奇妙啊！我们把它们全部装进小盒子里，带回去用显微镜观察吧。

新梢上长出新芽和球茎嫩芽，
在拉长的枝条和突出的根部上，
抑或在母体爆裂的腺体中，
粘在一起的幼苗展开它最初的形态，
分叉的线条装饰着母体的躯干，
在长得像羽毛、发丝或触角后分离。

第五课 寻找礁石里的有趣动物

1 峨螺：能被做成美食的海螺

我们将再次坐火车去罗斯弗莱彻，上一次享受了在鱼梁捕鱼的乐趣。这一次，我们将在落潮后翻起沙滩上的石头，仔细检查一番，毫无疑问地会发现很多有趣的动物。我敢说，我们一定能从潮池中找到一些漂亮的海草。

看，沙滩上有一个很大的海螺，可惜里面是空的。这是欧洲峨螺的壳。威利，你把它放到耳边，听听那低沉的回音。

"它发出了一种奇怪的声音。"

是的。苏格兰的小孩把这种螺壳叫"咆哮的小鹿"。华兹华斯[①]在下面的诗句中暗指的就是它——

我曾见过
一个住在内陆的好奇孩子，
用他的耳朵去听
一枚光滑的螺壳，
用他的灵魂在静默中仔细聆听。

---

① 威廉·华兹华斯（William Wordsworth），英国浪漫主义诗人，与雪莱、拜伦齐名。

他的脸色很快变得喜气洋洋，
因为他从里面听到了喃喃自语
听到了铿锵有力的腔调，
他相信，
螺壳是大海的神秘产物。

峨螺科海螺包含了很多品种，这些软体动物非常贪吃，在各个海域都有分布。以英国最常见的欧洲峨螺为例，它的身体是淡黄色的，带有黑色斑纹。它长着一条强壮的长喙，内部有一层肌肉构成的鞘，里面裹着一条非常奇怪的舌头——那是一种精致的微型器官，回到家后，我再向你们展示它的外形和构造。

欧洲峨螺（*Buccinum undatum*）

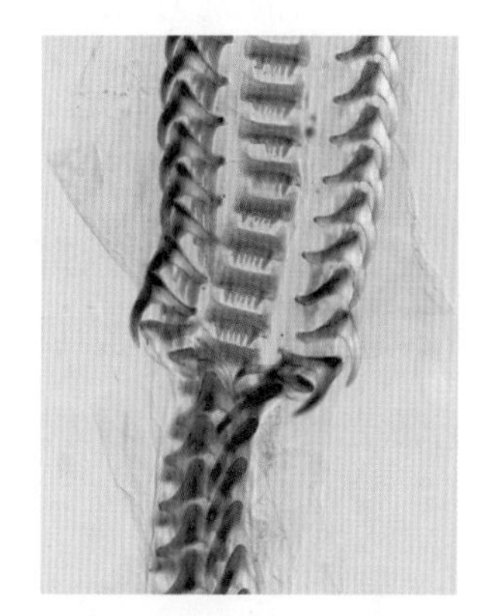

显微镜下的欧洲峨螺舌头

峨螺喜欢在沙地里打洞，我经常在沙滩上挖到它们。格温·杰弗里斯[1]先生说，他曾在一条大西洋鳕的胃中见过三四十个峨

[1] 约翰·格温·杰弗里斯（John Gwyn Jeffreys），英国贝壳及软体动物学家，著有《英国贝类学》。

大西洋鳕（*Gadus morhua*）

螺壳。

“人们会像吃蛤蜊和玉黍螺那样吃峨螺吗？”杰克问。

伦敦有很多人喜欢吃峨螺，我经常看见有人把它们摆出来卖。在十九世纪的伦敦街头，一年能售出五百万只峨螺。英格兰人从很久以前就开始吃峨螺了，罗马人在登陆时也品尝到了峨螺的美味。

“爸爸，您是怎么知道的？”梅问。

考古学家在肯特郡的里奇伯勒发现了混在一起的峨螺壳和牡蛎壳，而那里曾是罗马军团的驻地。众所周知，古罗马人非常喜欢吃带壳的动物，蜗牛对它们来说是美味的小菜。除此之外，他们还经常吃海胆和海葵。

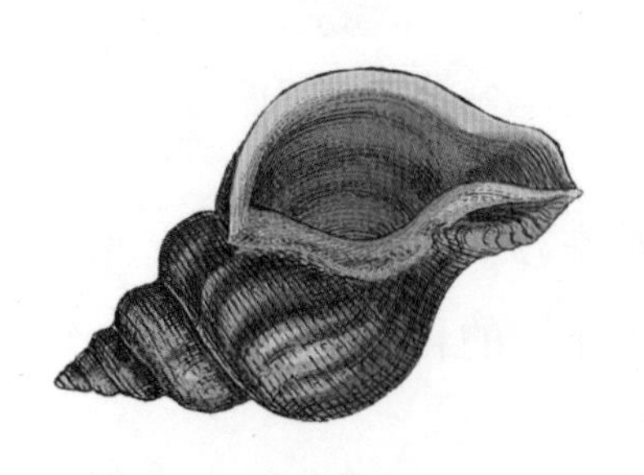

古香螺（*Neptunea antiqua*）

在伦敦海鲜市场的贝类摊位上，峨螺被称作白螺或普通海螺，以此和古香螺区分，后者被称作红螺或杏仁螺。这些供食用的峨螺主要产自惠特斯特布尔、拉姆斯盖特、马盖特、格里姆斯比以

及哈维奇。

捕获的峨螺会在第二天送到海鲜市场，它们必须在当天卖完。如果供过于求，商贩会把剩下的峨螺煮熟，这样可以保存数天而不变质。英国下议院特别委员会曾在《惠特斯特布尔牡蛎捕捞业法案》中提到，该海湾的一个沙地上每年捕获的峨螺产值为一万两千英镑，其中一部分作为食物在伦敦市场上售卖，另一部分被储存起来，送到捕捞大西洋鳕的渔场制成鱼饵。在大不列颠岛的北部地区，很少有人食用峨螺。在迪耶普和南特，偶尔可以看到它们在海鲜市场上出售。

“这个轻飘飘的球是什么东西？”威利一边问，一边踢了它一下。

那是我们一直在谈论的峨螺的空卵囊。有人叫它“海上洗手球”，据说过去的水手们会拿它代替肥皂。

你们看，它由上百个相互黏在一起的扁球形口袋组成，每个口袋里都曾装着数百枚卵。

欧洲峨螺的空卵囊

关于峨螺卵，有一个非常奇怪的事实——虽然母螺会产下数量众多的卵，但其中只有二三十枚能孵化成幼螺。那其他卵是怎么回事？

善于观察的约翰·卢伯克[①]先生认为，是第一批孵化出来的幼螺把其他卵吃光了。人们普遍认为这种观点是正确的。

① 约翰·卢伯克（John Lubbock），英国政治家、考古学家、博物学家。

2 犬峨螺：能用来做紫色染料的海螺

“爸爸，”威利问，“这块粗糙的大礁石上有一个海螺，它是什么品种？”

那是峨螺的表亲，叫犬峨螺，是一种骨螺科海螺。

你们看，它的螺壳形状与峨螺差不多，但是要小一些。

你们仔细看，礁石上还有很多像小蛋杯的奇怪东西，它们是犬峨螺的空卵囊。

犬峨螺对牡蛎捕捞业有很大的害处，它们能导致牡蛎的大量死亡。

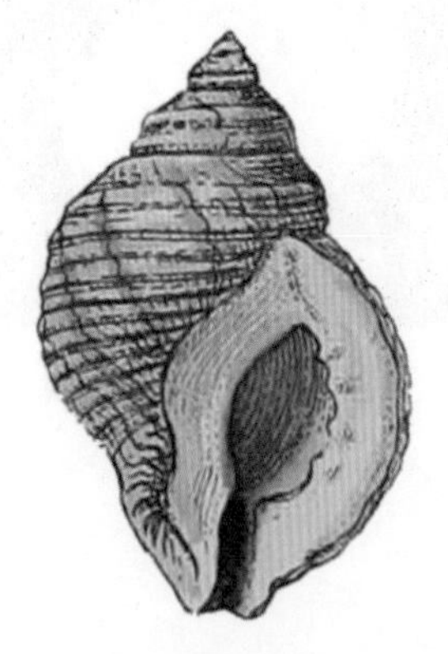

犬峨螺（*Nucella lapillus*）

犬峨螺的卵囊

“它是如何捕食牡蛎的？”杰克问，“牡蛎可是有坚硬的外壳保护着的呀！”

犬峨螺有一条长长的舌头，上面长着很多硬刺。它会用舌头一圈圈地舔舐牡蛎壳，直到舔出一个洞。毫无疑问，这会是一个缓慢的过程。人们观察到，犬峨螺要花费两天时间才能舔破一个中等大小的贝壳。

犬峨螺能分泌一种紫色液体，所以古人会用它们来制作紫色染料。我打碎了一个犬峨螺，你们有没有看到淡黄色的液体？

“但是，您刚刚说它的液体是紫色的呀。”威利说。

你等一会儿就能看出颜色的变化了。看，它正在变绿；再观察一会儿，它变成青紫色了；现在变成紫色了。这种颜色变化是阳光照射导致的。

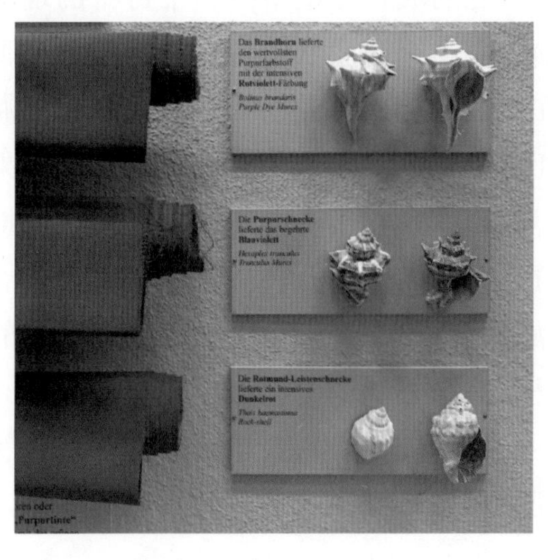

其他可以制作染料的海螺，从上到下分别为：染料骨螺（*Bolinus brandaris*）、环带骨螺（*Hexaplex trunculus*）、红口岩螺（*Stramonita haemastoma*）。

3 海龙：爸爸长着育儿袋的奇怪小鱼

我们再看看这块礁石里的潮池。那里有一条鱼，让我们抓住它。

“它长得真奇怪，有些像鳗鱼。”杰克说。

这不是鳗鱼，而是尖海龙。它是英国最常见的海龙属动物。

它的头长得很特别。你们看，它的嘴是一个圆柱形的管子，上下颌是连在一起的。它的鳃和大多数鱼类不一样，是成簇排列的。

我们发现，海龙的成长过程中有一个奇特的现象：雄海龙腹部靠近尾巴的地方有一个薄膜状的育儿袋，配偶产下的卵会装在育儿袋里，并在里面孵化成海龙幼体。育儿袋也是海龙幼体躲避危险的地方。亚雷尔先生说，渔民曾向他证实，如果海龙幼体不小心从育儿袋里掉出来，它不会游走，而是待在原地，等它的父亲游到合适的位置，再游进育儿袋里。

“爸爸，”威利问，“海龙的上下颚是连在一起的，那它想吃东西的时候，是怎么张开嘴的呢？”

海龙当然不能把颚分开。它会扩张喉咙，从管状嘴的开口处吸水，将小甲壳纲动物、蠕虫等连同海水吸进嘴里，就像注射器吸水一样。

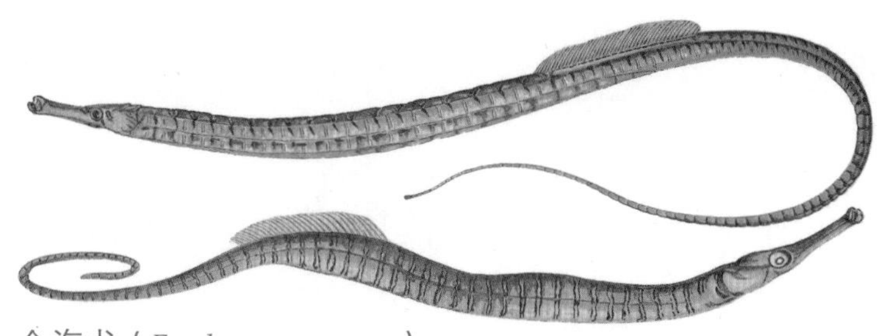

金海龙（*Entelurus aequoreus*）

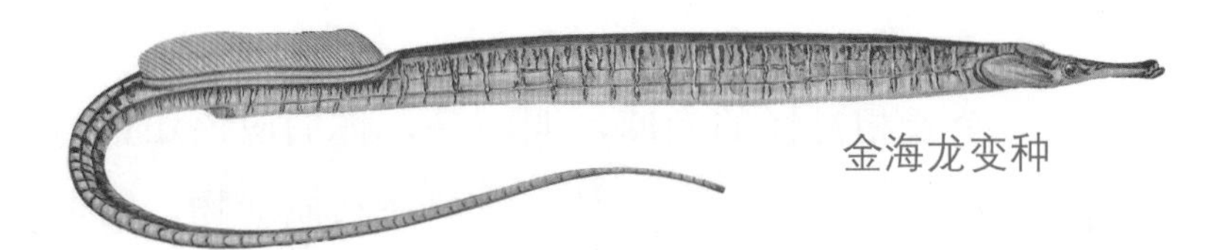

金海龙变种

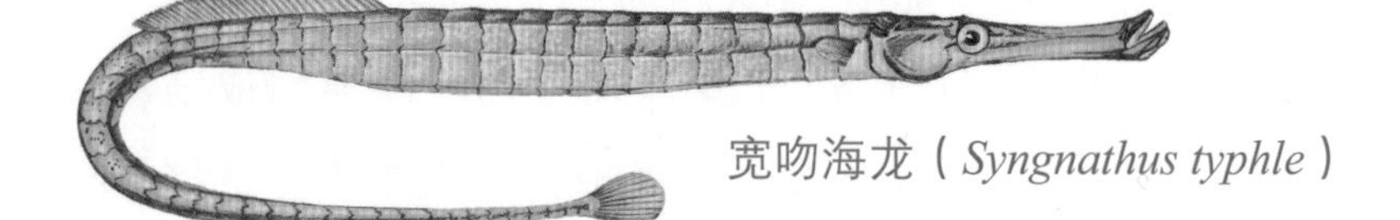

宽吻海龙（*Syngnathus typhle*）

尖海龙（*Syngnathus acus*）

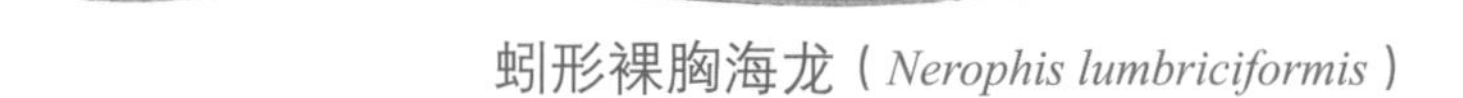

蚓形裸胸海龙（*Nerophis lumbriciformis*）

裸胸海龙（*Nerophis ophidion*）

4 海马：站着游的海龙亲戚

海龙有一个长相奇怪的亲戚，叫海马，你们应该还记得我在家里泡的一只海马标本吧。海马是海龙科海马属动物，它们的生活习性和海龙很相似。

在英国海岸偶尔能看到欧洲海马，它身长十五到二十五厘米，身体非常紧凑，尾巴被许多脊线分割，伸缩性很强。它以垂直姿势游动，时刻准备着用尾巴抓取水中的物体。和海龙一样，雄海马也用育儿袋保护卵和幼体。

“爸爸，您见过的形态最奇特的鱼类有哪几种？”威利问，“海马肯定算得上其中之一。虽然我们不大可能在这里遇到它，但我记得家里玻璃瓶中的那只。”

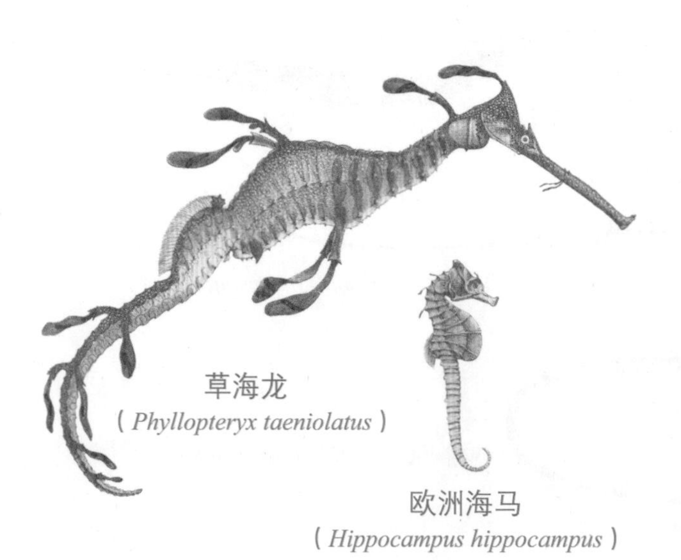

草海龙
（*Phyllopteryx taeniolatus*）

欧洲海马
（*Hippocampus hippocampus*）

你让我想起了海龙科最奇怪的成员——生活在澳大利亚南部沿海的草海龙，也叫叶状海马。它的头部、背部和尾部都有一些强壮、粗糙的突刺，上面附着了很多叶状物，使它看起来像穿着破衣烂衫。乍一看，你会认为这些叶状物是被刺破的海草叶。

“爸爸，快来。”梅大叫着，“这里有一块很漂亮的海藻，藏在礁石缝隙里。”

这是红叶藻，确实很漂亮。它有着艳丽的深红色膜状叶片，上面长着精致的中脉和分支叶脉。可惜它有些破损，如果我们在五月发现它，它的保存状态会更好。

看，这是另一种漂亮的海藻——红橡叶藻。它长着通透明亮的红色硬质叶片，喜欢生长在水洼里突出的礁石下面。

红叶藻（*Delesseria sanguinea*）

红橡叶藻（*Phycodrys rubens*）

5 穴栖无眉鳚：喜欢躲在洞里的小鱼

这里还有一条小鱼。杰克，去把它抓上来，我看看是什么鱼。

“它躲在礁石下面了，但我很快就会把它抓出来。”

很好，你抓到它了，让我看看。这是一条穴栖无眉鳚（wèi），属于鳚科无眉鳚属，在大西洋东北部海域很常见。与其他鳚科鱼类不同，无眉鳚的眼睛下方没有扇形卷毛。

穴栖无眉鳚习惯把自己隐藏在礁石底下，以躲避贪婪的鱼类和鸟类捕食。但鸬鹚会用它又长又尖的喙，把一条条穴栖无眉鳚从这些隐蔽处拽出来，然后吃掉。

潮水退去时，很多穴栖无眉鳚会藏到礁石下或潮池里。而体型较大的穴栖无眉鳚会离开水面，利用胸鳍爬到附近的洞口，然

穴栖无眉鳚（*Lipophrys pholis*）

后头朝外、倒退着爬进洞里，躲上几个小时，直到上涨的潮水让它重获自由。通常，每个洞里只会躲着一条穴栖无眉鳚，它一旦被敌人发现或觉察到危险，就会退到洞的底部。

拉塞佩德[1]记录了这样一个案例。根据他的猜测，一条穴栖无眉鳚试图吃掉一只张开壳的牡蛎，结果牡蛎把壳闭上了，它被关在壳里，成了囚徒。然而，它在这种情况下依旧活了很长时间。那只牡蛎被挖出并运到了很远的地方，人们再次打开牡蛎壳时，这条穴栖无眉鳚立马逃了出来。它活蹦乱跳的，看起来身体没有任何不适。

和变色龙一样，穴栖无眉鳚的眼睛也能够一百八十度旋转。

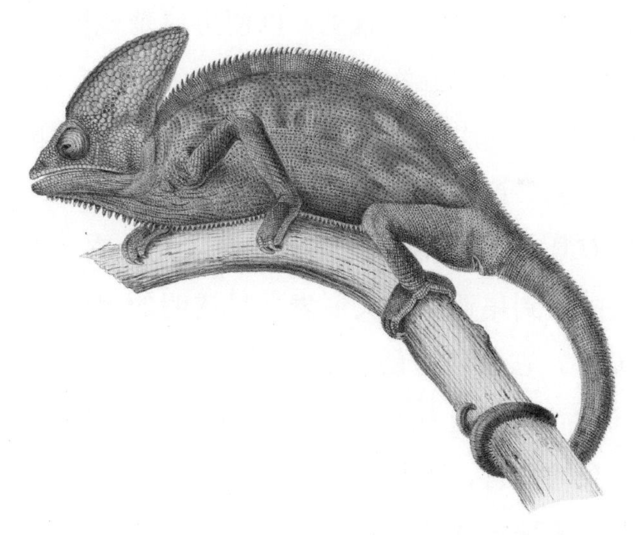

高冠变色龙（*Chamaeleo calyptratus*）

① 贝尔纳·热尔曼·德·拉塞佩德（Bernard Germain de Lacépède），法国博物学家，主要从事爬行动物和鱼类研究。

6 双耳灰翼海牛：最美丽的裸鳃类软体动物

“这个美丽的小动物叫什么？”梅问，“它趴在一片海带上，好可爱啊。”

它叫双耳灰翼海牛，属于一种有趣而优雅的软体动物——裸鳃类。让我们把它放到广口瓶里，以便更清楚地观察。

看，它的背上长着五六簇精致的瑰红色短棒，稍带一点儿蓝色，让它看上去像一个开满灵动花朵的微型花坛。那些短棒是它裸露在外的鳃羽。这也是它们被称作“裸鳃类”的原因。

我认为双耳灰翼海牛是最漂亮的裸鳃类。它有两三厘米长，身材纤细，由头到尾逐渐变尖；表面呈透明的水白色，稍带一些玫红和浅黄色。它有两对触角：一对在嘴边，称为“口触角”；一对在头部与背部的连接处，称为“背触角”。头部两侧长着一对很像尖耳朵的器官，那是它的前足。

海洋中有各种各样的裸鳃类软体动物，我每次发现它们都很开心。不过，我认为初春是采集裸鳃类标本的最佳时期，因为它们会在那个时候到浅滩的礁石下产卵。它们的卵被包裹在胶状的卵带里，卵带则排列成螺旋状的圆圈。

看，这个小家伙卷起触角的样子多优雅啊，它的触角时而伸展，时而突然紧缩。

你们知道吗？尽管这些裸鳃类软体动物有着美丽迷人的外表，却是一种肉食动物。我有证据证明它们会吃掉海葵的触手。奥尔德[①]与汉考克[②]在合著的《英国裸鳃类软体动物》里还提到了更残忍的事——

"饿了一两天后，这些裸鳃类软体动物甚至会吞食同类，弱者沦为强者的食物。那些体型较大的家伙会互相拔下对方的鳃羽。如果附近有容易捕食的弱小同类，强壮者就会尽可能地接近对方，以更好地瞄准。攻击者通常会首先抓住对方的尾巴，接着发动凶猛而坚决的攻击。它会鼓起并摇晃鳃羽——就像受到刺激的豪猪会抖动身上的刺，将背触角向后放倒，卷起口触角，将突出的长喙和下颚固定在猎物身上。这时，猎物的身体会抽搐、收缩，然后被攻击者一小口一小口地吃掉。我们经常看到类似的情况——一只较大的裸鳃类软体动物吞下另一只有它一半大的猎物。"

裸鳃类软体动物的卵带

① 约书亚·奥尔德（Joshua Alder），英国软体动物学家。

② 奥尔巴尼·汉考克（Albany Hancock），英国博物学家、生物学家。

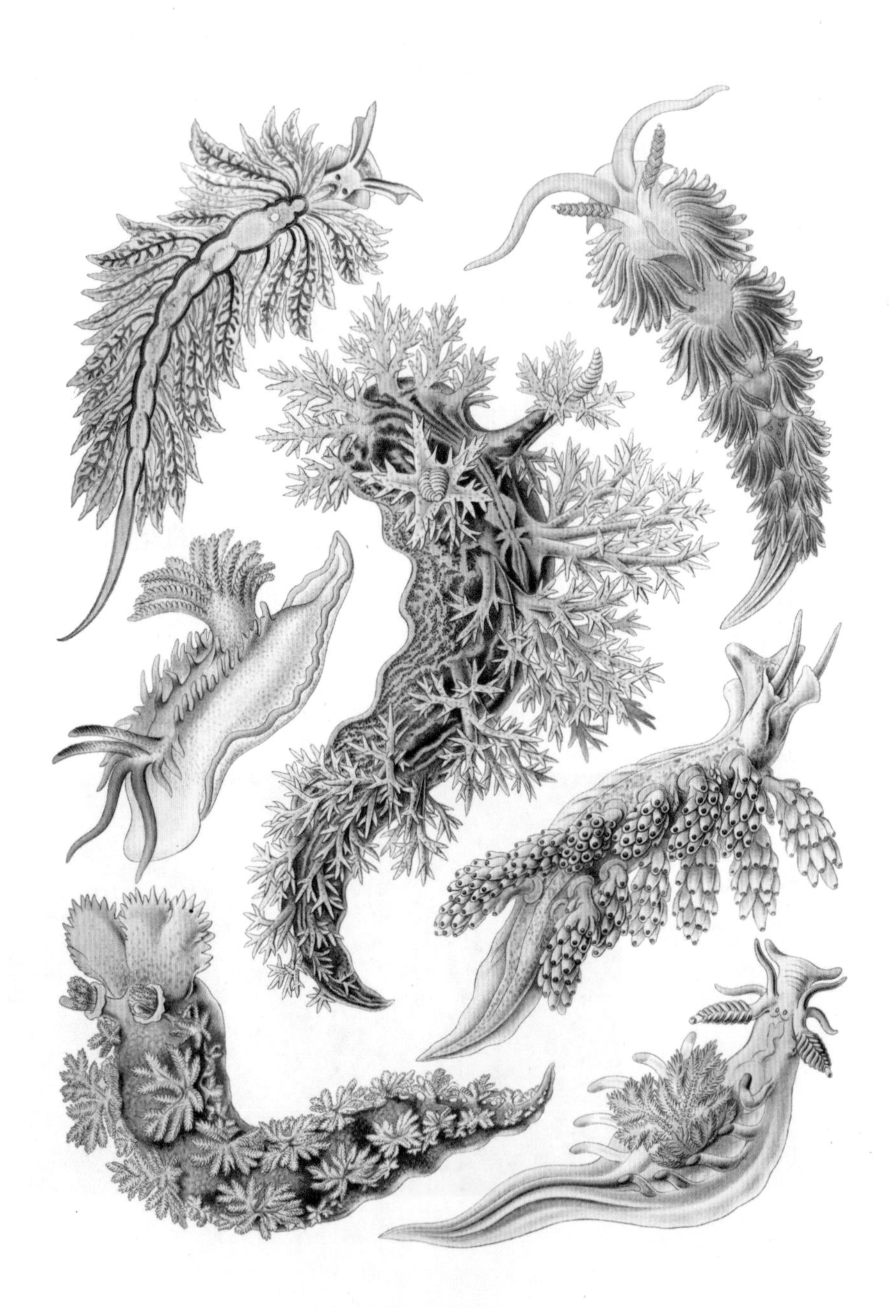

各种各样的裸鳃类软体动物，
右上角为双耳灰翼海牛（*Facelina auriculata*）。

7 巨纵沟纽虫：世界上最长的动物

“爸爸，快过来，这里有个长得很丑的动物，我可不想碰它。”杰克说，“我是在这块扁石头下发现它的，我想它应该是某种蠕虫。”

这确实是一条蠕虫，而且非常奇特，叫巨纵沟纽虫。

我不得不承认，它的外表的确不讨人喜欢。它毫无规则地蜷缩着，看起来像一团根本无法解开的绳子。

这条巨纵沟纽虫大约有六毫米粗，通体呈红褐色，大约有两米长。它的头部有一个纵向的切口，里面有一根管状的长喙。

米托什[①]先生说，他

巨纵沟纽虫（*Lineus longissimus*）

① 威廉·米托什（William M’Intosh），英国医学家、海洋生物学家，著有《英国环节动物》。

曾在海边看过一条长达五十五米的巨纵沟纽虫尸体，堪称世界上最长的动物。不过这种动物的身体具有很强的延展性，所以它生前的真实长度有待商榷。

达利尔先生养过这种奇怪的动物，他说："我曾为它的食物来源困惑了很久——它如此笨拙，很难操纵自己的身体，似乎没有能力击败任何抵抗的猎物。不过在自然状态下，它的确能进入须头虫的管壳，吃掉里面的住户。有一次，我亲眼看见它抓住并吃掉了一只失去庇护的沙匠虫[①]，而且是在猎物的体型和力量都强过它的情况下。它还以贻贝为食。"

须头虫（*Amphitrite*）

我很少碰到这种蠕虫，能够再次有机会研究它真是太幸运了。让我们把它带回住处吧。

① 详见《海洋生物》（下）第134页。

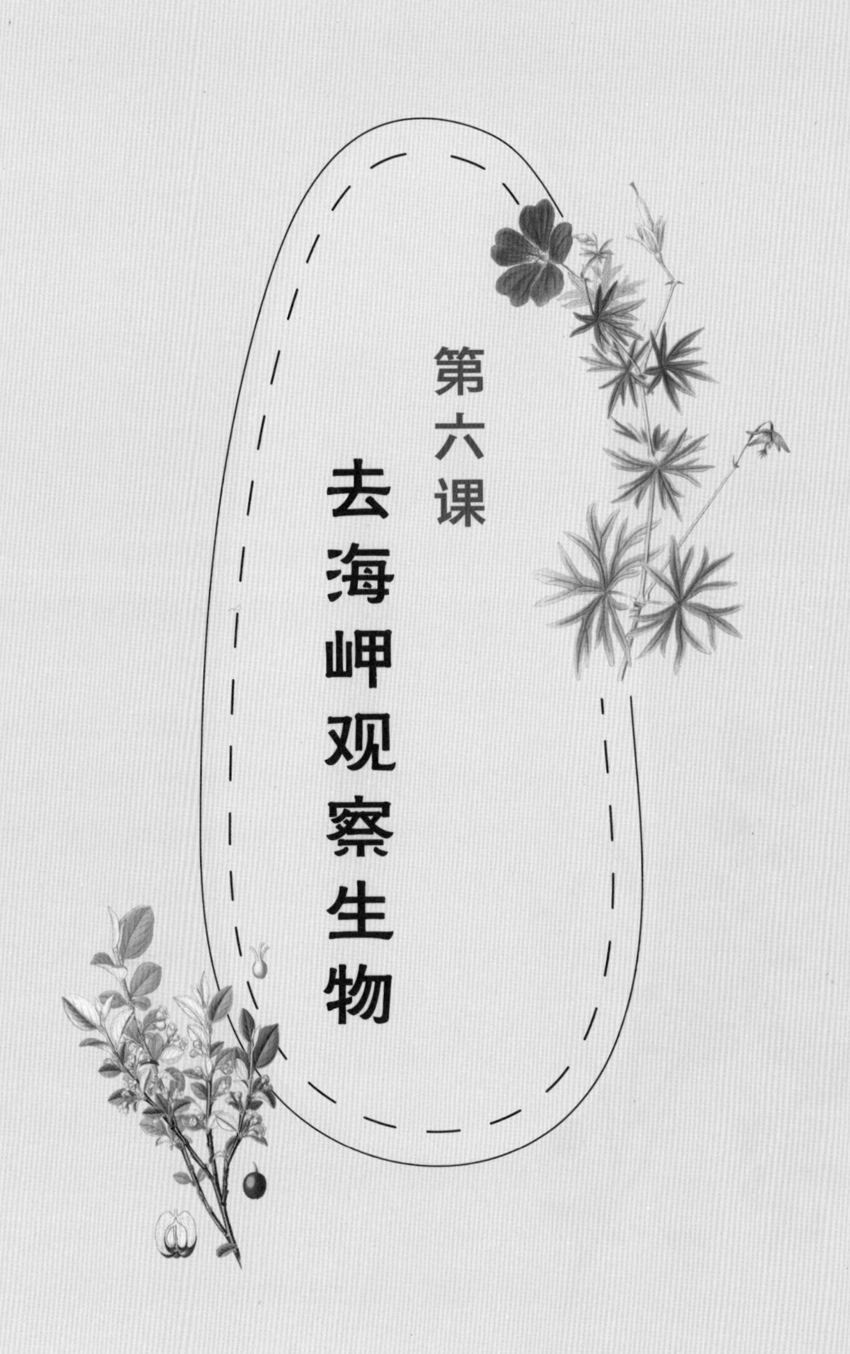

第六课 去海岬观察生物

1 全缘栒子：开着玫红色小花的罕见灌木

今天我们要坐火车去兰迪德诺，在大奥姆海岬附近散步。天气还算晴朗，我们能看到美丽的风景。

我们很快到了兰迪德诺，然后立刻动身前往大奥姆海岬。那里的岩石是石灰岩，有利于植被生长，于是各种各样的植物让我们看花了眼。

全缘栒子（*Cotoneaster integerrimus*）

这里有一种叫全缘栒（xún）子的灌木，在英国其他地方都找不到完全野生的。我记得多年以前，曾在一块面向内陆的石灰岩棱角上发现过它。虽然找到它要花费不少功夫，但我们还是要找一找。

全缘栒子开着玫红色的小花，叶子呈深绿色，秋天会结出非常漂亮的红珊瑚状浆果。它通常被种在花园里，你们一定见过。下次见到它时，我会指给你们看。

2 半日花：只在天空明亮时开花的植物

“爸爸，”梅问，“这里开着许多漂亮的黄花，这些是什么植物？”

这些是金钱半日花，也叫岩蔷薇。你看，明亮的阳光照耀着它们的侧面，花朵绽放出金色的花瓣，看起来多漂亮啊。这种植物只有在天空特别明亮时才会开花。

看，这些雄蕊多敏感啊。它们被我的别针碰一下，

金钱半日花（*Helianthemum nummularium*）

就立刻缩到花瓣下去了，而且很长一段时间都没有伸展开来。

这是另一种非常罕见的半日花——灰毛半日花，也叫灰岩蔷薇，因为它的叶片上长着灰色的绒毛。和金钱半日花一样，它的花也是黄色的，但是比较小。

人工培育的金钱半日花粉色品种

灰毛半日花（*Helianthemum canum*）

3 蝇子草：能粘苍蝇的小花

这是另一种不常见的植物，叫欧亚蝇子草。蝇子草有很多品种，我敢说，我们在漫步时肯定能找到很多其他品种。

“这种花的名字真奇怪！”杰克说。

是的。之所以这么取名，是因为某些品种的蝇子草会在茎的表面分泌黏液，经常粘住小飞蝇。

欧亚蝇子草不像半日花那样喜欢明亮的阳光，而是喜欢在傍晚时分开放，星星点点的花朵非常漂亮，而且很香。但它散发出来的香味过于浓烈了，放在室内会让人难以忍受。

有一首赞美欧亚蝇子草的小诗是这么写的——

> 躲避正午烈日的花，
> 在午夜月光下吹风。
> 它们不祝福这艳俗的世界，
> 只是享受孤独。

A 叉枝蝇子草（*Silene latifolia*）：1 花瓣；2 雄蕊。
B 欧亚蝇子草（*Silene nutans*）：3 花瓣；4 白天未开放的花；5 子房；6 种子。

4 穗花婆婆纳：只长在石灰岩上的稀有植物

“这里还有一株漂亮的植物。”梅说，“您知道它叫什么吗？”

这株植物的确非常漂亮，开着穗状的蓝紫色花朵。它叫穗花婆婆纳，是一种稀有植物，只生长在石灰岩上。

穗花婆婆纳（*Veronica spicata*）

我经常在花园里看见这种植物，它的花穗有时候能长到三十厘米长。因此，园丁们也叫它“猫尾婆婆纳”。

5 拖网渔船：海洋中最常见的渔船

在我们绕着大奥姆海岬走了差不多半圈的时候，杰克说："爸爸，天气太热了，我们坐在阴凉处休息一下吧。"

好主意。我们的时间很充裕，可以先休息半个小时，恢复精力后再去海边。

"爸爸，我们的对面是一座岛吧？"威利问，"它叫什么？"

是的，那是海鹦岛。它之所以叫这个名字，是因为以前有很多北极海鹦会去那里。

"远处的是一艘渔船吗？"威利问。

我确定那是一艘拖网渔船，船上可能有很多鱼，其中大部分应该会被运到利物浦的市场。

"什么是拖网渔船？"梅问。

有一种专门的捕鱼网叫"拖网"，用这种网捕鱼的船就叫拖网渔船。很多年以前，来往于博马里斯和利物浦之间的汽船会在海鹦岛停留片刻，从旁边的拖网渔船上买下一筐筐鱼，然后运往利物浦。

"我想，在拖网渔船上能看到很多被网住的鱼和其他奇怪的生物，那一定很有趣。"威利说，"您见过拖网渔船是怎么

捕鱼的吗？”

我见过。趁现在是休息时间，我给你们讲讲几年前我在别的地方见到的拖网渔船及其工作原理。

我见到的那艘船用的是“单船底层拖网”的捕鱼方式。它用的是一种手提袋形状的拖网，长约二十米，网口约有十二米宽，后面不断缩窄。最窄的部分叫“鳕鱼兜”，约有三米长、一米多宽，末端用拉绳收紧。

宽宽的网口用木梁撑开，木梁两端分别固定在一米高的铁架上。这种铁架叫“拖头”，底部是平的，以方便将网搁在水底。

托网的底部也是平坦的，只有网口处向内深深弯曲。网底的前段边缘固定着一条叫“底绳”的绳子，底绳两端分别拴在拖头上。当网被放在水底时，底绳就摊在网底。

这种拖网有两个网袋，其网眼大小不一，从靠近网口的十厘米逐渐减小至鳕鱼兜处的六毫米。鳕鱼兜被几块破旧的渔网保护着，上半部分是用马尼拉麻绳编织的，可以保持浮力；下半部分是用较重的麻绳编织的。

将拖网与船连在一起的拖绳有一百八十米长，和人的手腕一样粗，非常结实。

船长下达了下网的命令。渔民们

单船底层拖网

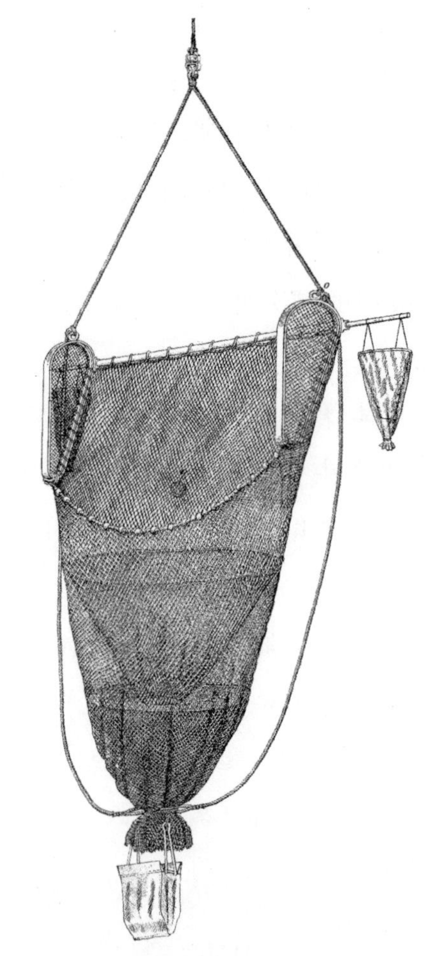

被吊起来的拖网

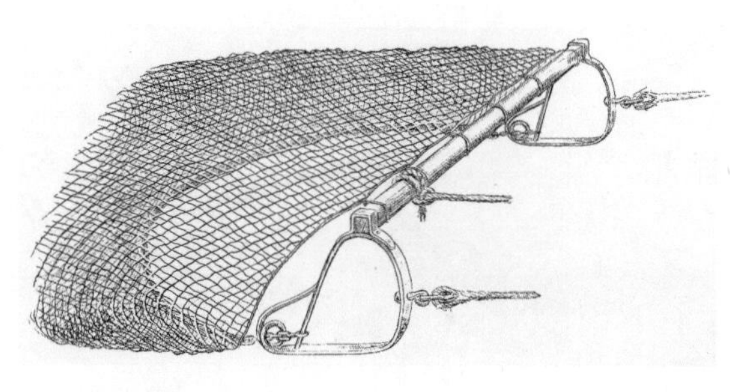

拖头

移开渔船一侧的舷墙[①]，将拖网推入水中，再将舷墙移回去。拖网会以拖头在下、木梁在上的姿态下沉入四十五米深的水底。底层拖网捕鱼只适合底部平坦的水域，因为这种拖网会被高低起伏的岩石划烂或掀翻。拖头必须贴着水底，这样做有两个目的：一是让底绳惊起水底的鱼群；二是万一拖网翻了，拖绳也会跟着摇摆，渔民便可以察觉到。

鱼有着喜欢逆流游动的天性，所以渔船会顺着水流，以比水流稍快的速度拉动拖网。这样，被惊起的鱼群就会快速朝渔船的反方向，也就是网里游。

船长下达了收网的命令。渔民们再次移开舷墙，借助绞盘的力量回收拖绳。承受着巨大拉力的拖绳被稳稳回收，巨大的拖网被拉回甲板。

扑腾的鱼鳍、摆动的鱼尾、一张一合的鱼嘴！各式各样的鱼被从网里倒出来，多么令人兴奋呀！

奇形怪状的螃蟹四处乱爬，这是欧洲蜘蛛蟹，它的腿像蜘蛛腿；那是寄居蟹[②]，它将身体的柔软部分装进单壳类动物废弃的壳中。

空牡蛎壳被会钻孔的环节动物钻了无数小圆孔，变成了海绵的栖息地[③]；壳的表面有外形精致的龙介虫[④]，它们把小小的头隐

---

① 船上沿着露天甲板边缘安放的挡板，主要作用是阻止海浪涌上甲板，防止船员和货物掉落。

② 详见《海洋生物》（下）第148页。

③ 详见《海洋生物》（下）第142页。

④ 详见《海洋生物》（下）第145页。

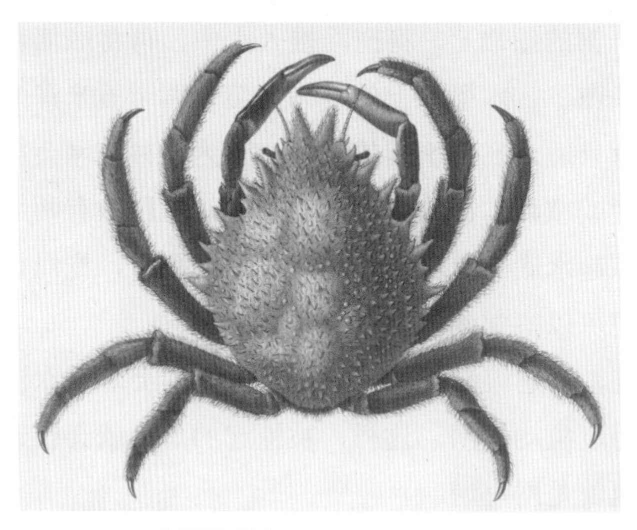

欧洲蜘蛛蟹（*Maja squinado*）

藏在弯曲的管壳里。

还有各种各样的海星亚门动物：棘（jí）轮海星、普通蛇尾、栉（zhì）蛇尾、红海盘车[①]。它们是牡蛎养殖者深恶痛绝的动物，因为它们会伤害那些非常珍贵的软体动物。

四处乱爬的各类蠕虫虽然有彩虹般的颜色，且随处可见，但它们不怎么引人注意。

我还看到了许多海胆，大的如婴儿的头，小的像核桃。它们身上长着大小和形状各异的紫刺。

还有大量的海参[②]、苔藓虫、海洋水螅、海鞘[③]、峨螺卵、美

---

① 详见《海洋生物》（下）第172页。

② 详见《海洋生物》（下）第138页。

③ 详见《海洋生物》（下）第187页。

丽的扇贝、葡萄状的乌贼卵[①]、鳐鱼和小点猫鲨的皮质卵壳。

还有太平洋牡蛎，虽然味道比不上本地的牡蛎，但对于经历过海风考验的渔民来说，也足够美味了。

对博物学家来说，这些几乎所有的东西都非常宝贵——我们之后如果遇到了，我会详细讲给你们听。但它们对渔民来说都是“垃圾”，所以它们很快就被扔回了海里。

接下来，渔民开始给鱼分类，并把它们装到对应的鱼筐里。

我看到了几条鳐鱼，它们有着长长的刺状尾巴，眼睛眯成缝。这种鱼如果烹调得当，加上鸟蛤或鸡蛋酱，也是不错的食物。很久以前，用鳐鱼做的菜肴受到了大学教授们的推崇，但现在没那么受欢迎了。

我还看到了黑线鳕、鳎鱼、菱鲆、将近三十斤重的大菱鲆、小点猫鲨、欧洲鲽、欧洲川鲽。

这里还有大龙螣，我之前给你们讲过这种鱼，要小心不要碰到它。它背上竖起的尖刺预示着危险，它能用有毒的武器给人造成严重伤害。

---

① 详见《海洋生物》（下）第190页。

黑线鳕（*Melanogrammus aeglefinus*）

鳎鱼（*Solea solea*）

菱鲆（*Scophthalmus rhombus*）

大菱鲆（*Scophthalmus maximus*）

欧洲鲽（*Pleuronectes platessa*）

欧洲川鲽（*Pleuronectes platessa*）

6 北极海鹦：喜欢挖洞的海鸟

“爸爸，您捉过这里的海鸟吗？”威利问。

我在很多年前捉过三种——北极海鹦、海鸠（jiū）和刀嘴海雀，它们在大奥姆海岬和海鹦岛上曾经很常见。我把捉到的鸟做成了标本。

北极海鹦（*Fratercula arctica*）

北极海鹦长得非常奇怪，它的喙和鹦鹉有些相似。这种鸟在四月来到英国海岸，大约在八月底离开。雌鸟会在四月上旬产下一枚很大的蛋，有时会把蛋产在

刀嘴海雀（*Alca torda*）

悬崖峭壁上的竖直裂缝中，这些裂缝通常有一米深。英国海岸上有不少野兔挖的洞，北极海鹦经常与野兔争夺一些洞的所有权。

塞尔比[①]先生观察到，许多北极海鹦会飞到弗恩群岛，挑选那种有腐殖层的土地，然后在地上挖洞——这里没有野兔替它们挖洞。它们大概在五月的第一周开始挖洞，一般挖到一米深，内部是弯曲的，偶尔有两个入口。挖洞工作主要由雄鸟完成，它有时挖得非常投入，我把手伸到洞里就能抓到它，不过我的手可能会被它尖而有力的喙啄伤。人们也可以用手抓住正在孵化中的北极海鹦。

北极海鹦会把蛋产在洞的最深处，但不会收集任何材料来铺垫子。它的蛋和鸡蛋差不多大，刚产下的时候是白色的，有时还夹杂着淡淡的肉色斑点，同泥土接触后很快就变得脏兮兮的。

刚孵化出来的雏鸟身上覆盖着长长的黑色绒毛，后来逐渐长成羽毛。在一个月或五周后，它就能走出洞外，跟随父母去海边。之后不久，大约在八月的第二周，所有的北极海鹦都会离开英国海岸。

“北极海鹦吃什么？它擅长潜水吗？”威利问。

北极海鹦以小鱼和各种甲壳类动物为食，非常擅长潜水。亚

---

① 普里多·约翰·塞尔比（Prideaux John Selby），英国鸟类学家、植物学家、插画家，著有《英国鸟类学插图》。

守在洞口的北极海鹦

海鸠（*Uria aalge*）

雷尔先生说，成年北极海鹦要喂食雏鸟时，会衔着几条小鱼回到岩石上。

约翰·麦吉利夫雷[①]先生说："在圣基尔达，有许多北极海鹦在岩石上栖息，过去的捕鸟人用拴在细竹竿上的马鬃套索就能捉到它们。这种方式在天气潮湿的时候更容易成功，因为这时的北极海鹦更喜欢待在岩石上，捕鸟人可以靠近至几米内。熟练的捕鸟人能在一天之内捕到多达三百只北极海鹦。"

但这种过度捕猎使北极海鹦几近灭绝，直到政府颁布了禁捕令，它们的种群数量才得以恢复。

喂食雏鸟的北极海鹦

① 约翰·麦吉利夫雷（John MacGillivray），英国博物学家。

7 疗伤绒毛花：能治疗伤口的花

好了，我们休息得够久了，必须动身继续前行了。梅，再去收集一些植物。

这是亚欧唐松草。你们看，它的花蕊数量非常多，就像一束束金色的线。什么？梅，你不喜欢这种气味吗？我也觉得这味道确实不好闻。

亚欧唐松草（*Thalictrum minus*）

这是血红老鹳草，开着鲜艳的紫色花朵，叶子边缘呈明显的锯齿状。

这儿还有很多疗伤绒毛花，白色的花萼上覆盖着绒毛，所以一些地方叫它“羊蹄花”。它的拉丁学名里的*vulneraria*是“伤口”的意思，因为它在过

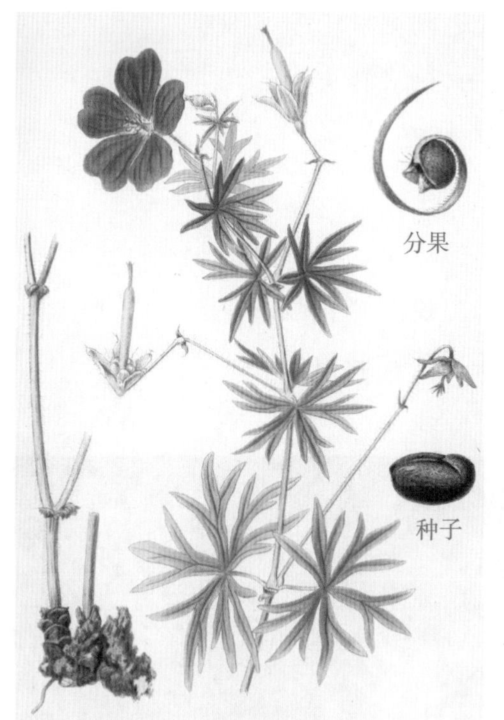

血红老鹳草（*Geranium sanguineum*）

疗伤绒毛花（*Anthyllis vulneraria*）

去曾被用于疗愈伤口。

我们必须尽快前往兰迪德诺车站了，尽管我很想在这里多停留一会儿，寻找更多的野花。

> 在我看来的幸福
> 漂泊的草药师，
> 能摆脱虚荣，清除邪恶，除去烦恼。
> 无意关注粗糙的形式，
> 窥视四周，寻找山间流水或峭壁上的植物。

他知道无法赢得渴求之物，
他敏锐而急切地像一只细鼻猎犬，
在灵魂深处的本能驱使下，
穿过树林或空地。
他毫无邪念地保持他的追求，
在这些崎岖的山丘上，没有鲜花盛开，
他能判断出树林里每一朵花的出处。

疗伤绒毛花的花朵

致谢

本册所用的部分图片来自知识共享平台 Wikimedia Commons，
特此向图片提供者表示感谢。

裹着小点猫鲨幼体的卵壳（P004）：©Sander van der Wel from Netherlands, CC BY-SA 2.0

大白鲨的牙齿（P006）：©Auckland War Memorial Museum, CC BY 4.0

柏状枞螅聚落（P008）：©Bernard Picton, CC BY 4.0

项链镰玉螺的卵团（P013）：©Hans Hillewaert, CC BY 4.0

鳞柄玉筋鱼（P025）：©Hans Hillewaert, CC BY 4.0

加州笔帽虫（P027）：©EcologyWA, CC BY 2.0

指状海鸡冠（P032）：©Haplochromis, CC BY-SA 3.0

欧洲海滨草的根（P038）：©Alfred, CC BY-SA 3.0

等指海葵（P041）：©Martyn Gorman / Aberdour bay: beadlet anemone in rock-pool, CC BY-SA 2.0

草莓海葵（P041）：©Nilfanion, CC BY-SA 3.0

绿迎风海葵（P047）：©Pline, CC BY-SA 3.0

镰状海榧聚落标本（P080）：©Muséum national d’histoire naturelle, CC BY 4.0

欧洲峨螺（P083）：©Ecomare/Oscar Bos, CC BY-SA 4.0

欧洲峨螺的空卵囊（P085）：©Sarah Smith / Egg cases - Common Whelk, CC BY-SA 2.0

犬峨螺的卵囊（P086）：©Lamiot, CC BY-SA 4.0

其他可以制作染料的海螺（P087）：©Photograph: U. Name. MeDerivative work: TeKaBe, CC BY-SA 4.0

裸鳃类软体动物的卵带（P095）：©Elias Levy, CC BY 2.0

灰毛半日花（P102）：©Robert Flogaus-Faust, CC BY 4.0

穗花婆婆纳（P105）：©Stefan. lefnaer, CC BY-SA 4.0

博物学家爸爸的自然课

海洋生物 下

〔英〕威廉·霍顿 著
李坤钰 译

南方出版社
海口

图书在版编目（CIP）数据

海洋生物 / (英) 威廉·霍顿著 ; 田烁, 李坤钰译
. —海口 : 南方出版社, 2022.7（2022.9重印）
（博物学家爸爸的自然课）
ISBN 978-7-5501-7668-3

Ⅰ. ①海… Ⅱ. ①威… ②田… ③李… Ⅲ. ①海洋生物—儿童读物 Ⅳ. ①Q178.53-49

中国版本图书馆CIP数据核字(2022)第116113号

博物学家爸爸的自然课：海洋生物

BOWUXUEJIA BABA DE ZIRANKE：HAIYANG SHENGWU

〔英〕威廉·霍顿 【著】　　李坤钰 【译】

责任编辑： 高　皓
封面设计： Lily
出版发行： 南方出版社
邮政编码： 570208
社　　址： 海南省海口市和平大道70号
电　　话：（0898）66160822
传　　真：（0898）66160830
经　　销： 全国新华书店
印　　刷： 河北鹏润印刷有限公司
开　　本： 710 mm×1000 mm　1/16
印　　张： 31
字　　数： 347千字
版　　次： 2022年7月第1版　2022年9月第2次印刷
定　　价： 298.00元（全四册）

目录

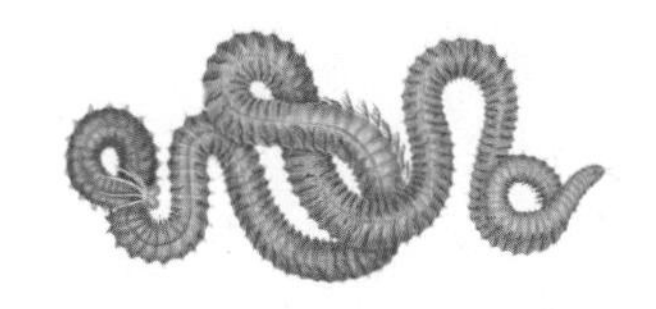

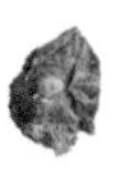

第九课　在岩石海岸的新发现

第十课　探索涨潮前的海滩

第十一课 再次探索暴风雨后的海滩

第十二课 探索风平浪静的海滩

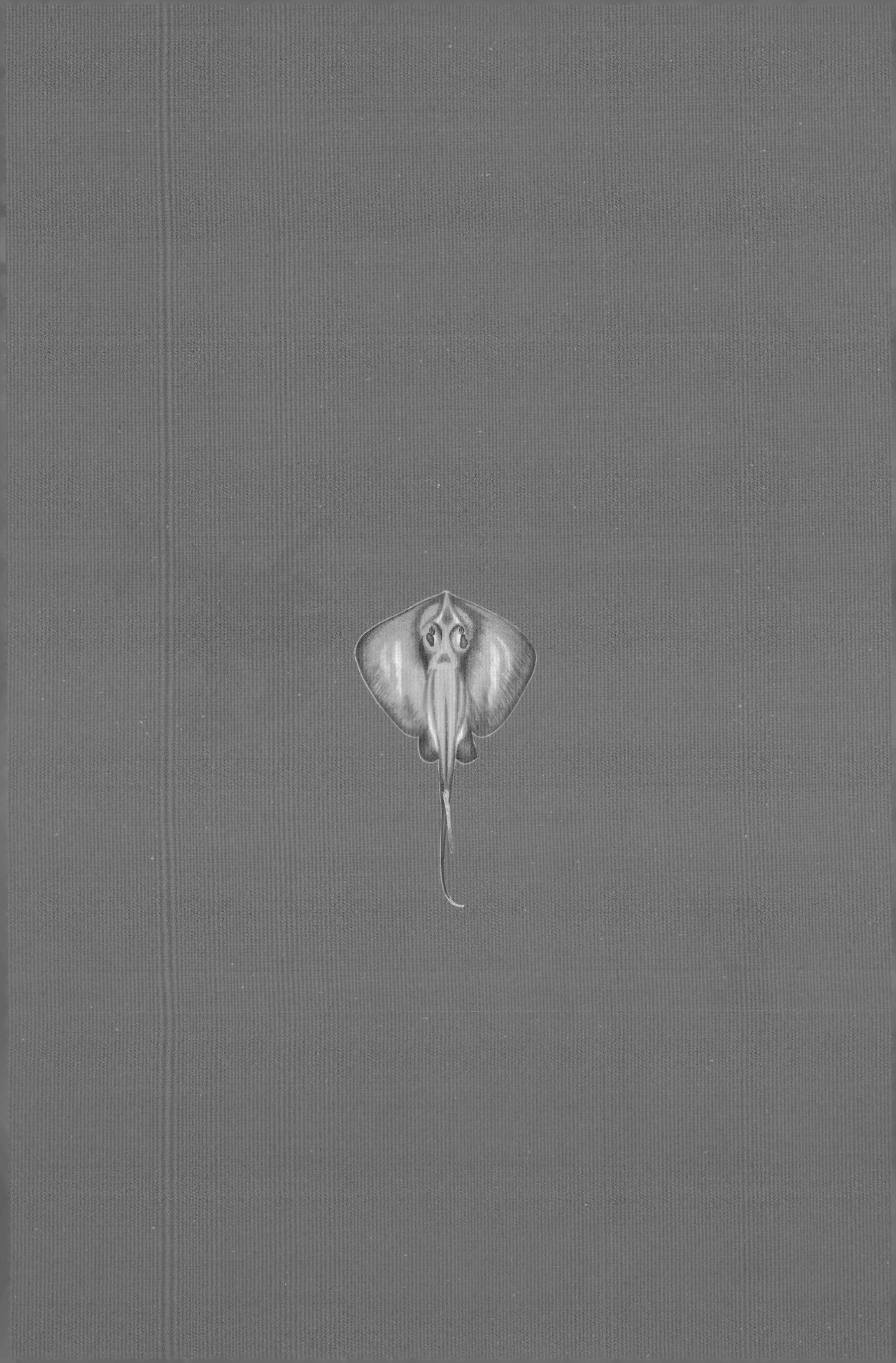

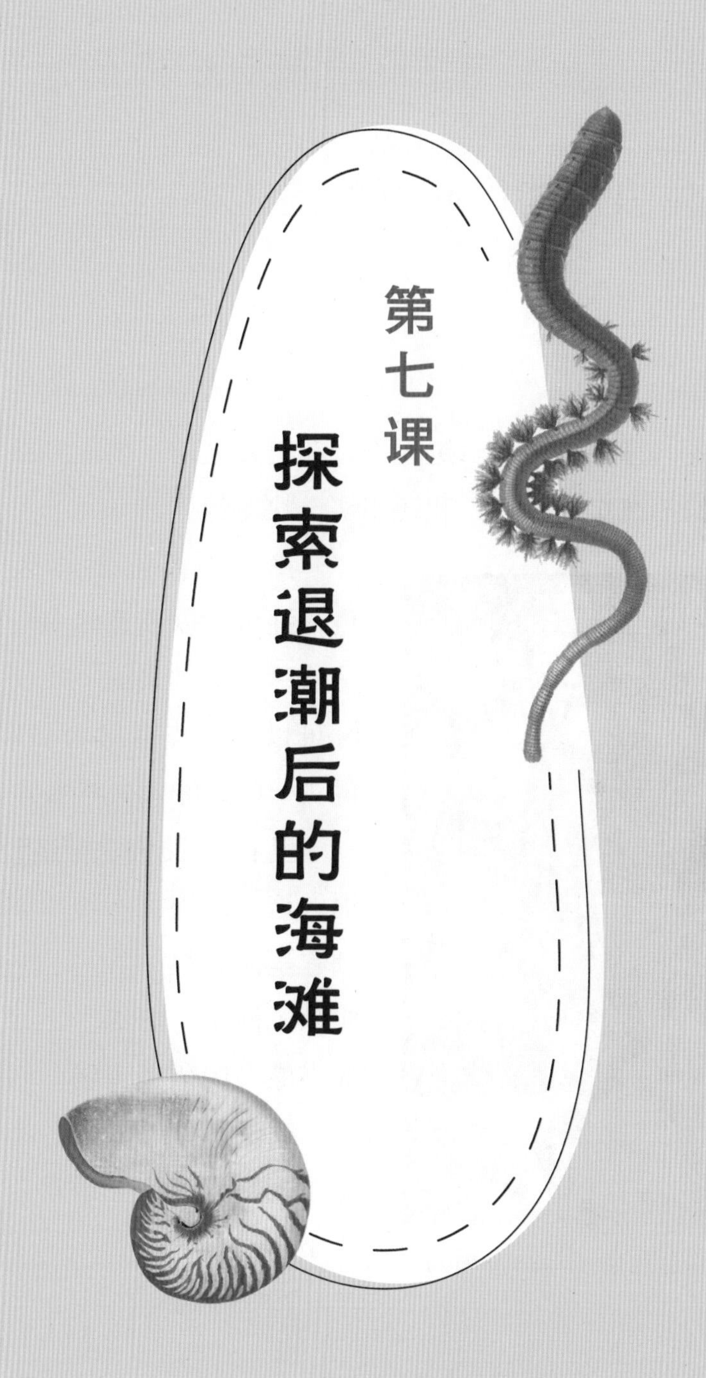

第七课 探索退潮后的海滩

1 有孔虫：能堆起座座高山的微型生物

今天我们再去海边逛一逛，不过在出发之前，要先到镇子上看看鱼贩们都在卖些什么。我还想买一块海绵[①]。

各种各样的有孔虫（*Foraminifera*）

我认为摊位上的这些鳎鱼、鲑鱼，以及熏鲱鱼应该都是从里尔运过来的。我们回来时可以买一点儿鲑鱼做晚餐，再买一些熏鲱鱼做早餐。

现在，我们去药店买海绵。这块海绵很不错，你们看到它里面有很多沙子了吗？其实除了沙子，海绵里还有一些非常漂亮的微型生物，叫有孔虫。它们体型不一，但都十分微小，钙质外壳上通常会有许多小孔。

---

① 详见本册第199页。

我们用放大镜来观察这块海绵，会看到那些钙质外壳，只不过里面已经空了。这些空外壳里曾经居住着一些小小的有孔虫，它们是生活在海洋里的低等生物，身上有很多长长的触手，可以从外壳上的小孔中伸出来，帮助它移动。

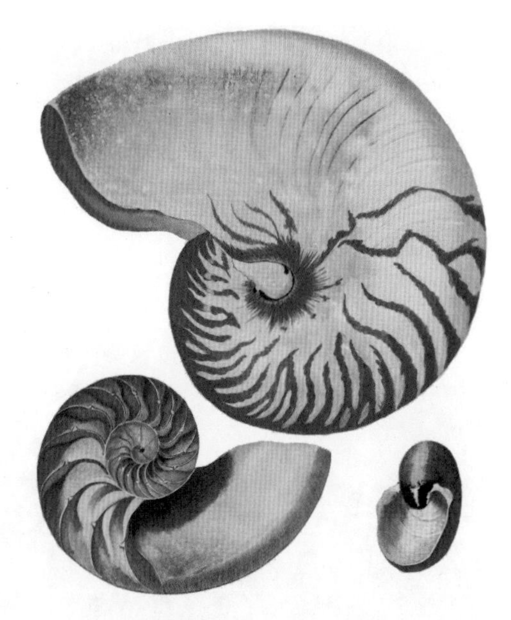

鹦鹉螺（*Nautilidae*）

有孔虫的外壳主要由石灰质的碳酸钙构成。不同种类的有孔虫，其外壳的模样也千差万别——有些是不透明的，像瓷器一样，没有小孔；有些有密密麻麻的小孔；有些是透明的，像玻璃一样；有些很容易让人联想到鹦鹉螺。

有孔虫曾被认为属于软体动物，与鹦鹉螺有亲属关系。不过，博物学家们在很久以前就已经发现，有孔虫除了外壳形状之外，在其他方面一点儿也不像微型软体动物。

我必须告诉你们的是，有孔虫虽然十分微小，但在自然界中扮演了非常重要的角色。在一段长长的山脉间隆起的白垩地质层，就是由有孔虫的钙质外壳聚合而成的。它们在大不列颠岛的边缘筑起了巨大的白色山崖，英国的古称“阿尔比恩[①]”就由此

---

① 阿尔比恩（Albion）是大不列颠岛已知最古老的名称，意思是“白色山崖”。来自欧洲大陆的船只航行到大不列颠岛时，最先看到的就是多佛尔海峡北侧的白色山崖。

航行在白色山崖附近的船

而来。在俄罗斯的伏尔加河附近、法国北部、丹麦、瑞典、希腊、西西里岛、非洲以及阿拉伯半岛，许多白垩质山脉都有相似的起源。

埃及金字塔的石头上布满了一种有孔虫，它们因外形像硬币而得名货币虫。我坚信，古罗马地理学家斯特拉波在金字塔附近看到的东西就是有孔虫。他说："我在附近看到了一些无法忽视的东西。金字塔的前方有一堆从采石场运来的石头，我在里面发现了一些形状和大小类似扁豆的碎片，还有一些像半剥皮的谷物。据说，这些是工匠们的食物残渣变成的化石，但我不相信这种说法。"

我收藏了一些非常漂亮的有孔虫外壳，回家后，我会拿出来让你们在显微镜下观察。

第一位给有孔虫命名的博物学家阿尔西德·道比尼[1]说：

货币虫（*Nummulites*）化石

“一个人无意间将目光停留在这些精致的小东西上，怎能不令人羡慕？因为很少有人会把优雅和美丽与有孔虫这样的微型生物联系起来。鹦鹉螺就是这样小却优雅如仙女的代表性生物。优雅的瓶虫（一种有孔虫）预示着阿提卡双耳陶罐和古罗马泪瓶的出现。有孔虫可能是那些照亮迦太基女王大厅的古代灯具的原型，那时候，‘燃烧的蜡烛在金色的天花板上悬着，明亮的火焰驱散了黑夜’。

“我们可以长期陶醉在这些可爱的生物中，并且永远能找到发挥想象力的丰富空间。如果回到十九世纪，可能还有人会对这些生物皱起眉头，认为它们不值得认真研究。那么请提醒他，自然界和艺术界一样，美丽的事物会带来永恒的快乐。”

① 阿尔西德·道比尼（Alcide d'Orbigny），法国博物学家，他在动物学、病理学、古生物学、地质学、考古学、人类学等许多领域做出了重大贡献。

2 海沙蠋：会吞食沙粒的蠕虫

退潮的时间到了，我们要前往海边了。威利，你跑回我们的住处，借一把铲子，我要用它挖海沙蠋（zhú）。

你们看到沙地上的那些小洞了吗？洞口旁边那一堆堆螺旋状的沙粒就是海沙蠋的粪便，数量如此之多！海沙蠋是钓鱼时常用的诱饵，我要挖一条出来，我敢说它就藏在离地面六十厘米深的洞底。在那里，我挖到了一条非常完整的海沙蠋，没有任何伤痕。

“爸爸，”梅说，“它的样子看起来好恶心。”

好吧，我承认它不怎么讨人喜欢。

看，它被我捏住的时候会分泌一种黄色的液体，弄脏了我的手指。我要把它放进这个装满海水的高颈瓶里。好了，现在你觉得它的样子怎么样？

“哇！它确实不那么丑了。它的身体两侧有一簇簇美丽的紫红色绒毛，长度大概是身体宽度的一半。这些是什么呢？”梅问。

这一簇簇绒毛是海沙蠋的鳃羽。你们看，它们的样子多漂亮，那些细小的分支就像一根根小树枝。鳃羽里有极细的血管，从里面流过的血液能吸收溶解在水中的氧气。

让我们更仔细地观察这条海沙蠋。它大约有二十五厘米长，

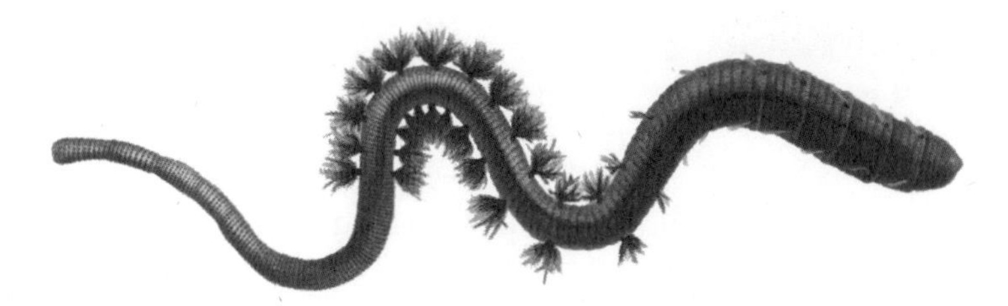

海沙蠋（*Arenicola marina*）

有可收缩的圆柱形身体，从头部开始的前半截较粗壮，后半截突然变细。它的身体呈淡黄色，但也有其他颜色的。它的身上大约有十九对圆环状的凸起，只有腹部的凸起上长着鳃羽。口部有一条粗而短的管状喙。

你们可以观察到，海沙蠋的身体两侧有十几对刚毛似的足，它们不仅能支撑身体，并且能用来挖洞。海沙蠋会分泌一种黏稠的液体，用来把自己黏在挖出的沙洞内侧。

说来奇怪，海沙蠋在挖洞的时候，会不断把较大的沙粒吞进肚里，然后排泄到洞口外。这里随处可见的螺旋状小沙堆就是这么来的。

“海沙蠋是不是和蚯蚓一样，可以重新长出身体缺损的部分？”威利问。

毫无疑问，蚯蚓无论被切去头部还是尾部，都可以再生，但海沙蠋只能再生缺损的尾部。不过，有一种叫岩虫的海洋环节动物被证实可以重新长出被切去的头部。

岩虫（*Marphysa sanguinea*）

3 小黑背鸥：会啄人帽子的海鸟

我们走到海边了。威利发现几百米外有一只鸟正在水中嬉戏。借助望远镜，我看出那是一只小黑背鸥。事实上，它的背部并不是黑色的，而是深灰蓝色的。它的颈部、胸部以及尾部则是美丽的纯白色。

休伊森先生告诉我们，小黑背鸥在保护它们的蛋时非常勇敢。他说："有一只小黑背鸥真是把我逗乐了。当时，我正坐在它的巢旁边，它先后退一段距离，做好蓄力准备，然后向我的头发起进攻，却在冲到离我还有两三米远的地方突然停了下来，然后又后退，再冲过来。它不停地做出这样的动作，直到我远离它的巢。我还听说，有一位经常捡鸟蛋的老婆婆，她的帽子几乎被小黑背鸥啄成了碎片。"

彭南特[1]博士最初发现小黑背鸥的时候，它们正在威尔士西北的安格尔西岛上繁殖，于是他便把这种鸟当作英国的本土鸟类。但实际上，小黑背鸥是候鸟，会飞往非洲西部越冬。

小黑背鸥在威尔士很常见，毫无疑问，它们和其他鸥科鸟类一样，是来大奥姆海岬和海鹦岛的岩石、悬崖上繁殖的。

---

① 托马斯·彭南特（Thomas Pennant），英国博物学家、旅行家、作家。

小黑背鸥（*Larus fuscus*）

1、2、3 小黑背鸥
4、5 银鸥（*Larus argentatus*）
6 冰岛鸥（*Larus glaucoides*）

4 贼鸥：喜欢打劫其他海鸟的强盗

“是不是有一种鸥几乎不会自己捕鱼，而是喜欢追赶其他海鸟，逼迫它们丢掉捕到的鱼？”威利问。

你说的这种鸟叫贼鸥。它们虽然在外形上与鸥相仿，但并不属于鸥科。博物学家将它们划分为贼鸥科，因为它们在具体形态和生活习性上与鸥有明显不同。

英国有四种贼鸥——大贼鸥、短尾贼鸥、长尾贼鸥，以及中贼鸥。前三种贼鸥会在英国北部繁殖，但中贼鸥只是在英国过境，所以很少被观察到。

贼鸥的脚趾上长着弯曲的长趾甲，能够牢牢地抓住并撕碎猎物。它们的喙也十分有力，像钩子似的，这让我想到了那些不会

大贼鸥（*Stercorarius skua*）

短尾贼鸥（*Stercorarius parasiticus*）

长尾贼鸥（*Stercorarius longicaudus*）　　中贼鸥（*Stercorarius pomarinus*）

游泳的隼科鸟类。几年前，什鲁斯伯里的亨利·肖先生养了一只中贼鸥，可惜它在飞向房屋的尖顶时，不慎将自己撞死了。

“贼鸥从来不去费力气亲自捕鱼吗？”杰克问。

贼鸥很少去亲自捕鱼。圣约翰先生在谈到短尾贼鸥的习性时说：

“当其他海鸟都在忙着寻找食物以填饱肚子时，短尾贼鸥却安静地待在海岸上，对忙碌的鸟群毫不在意。然而，它一旦发现某只海鸟抓到了一条鱼，并正要吞下时，不论鱼有多大，它都会腾空而起，迅速飞去追逐那只海鸟。被追逐的海鸟会发出尖叫声，并迅速向周围盘旋，试图甩掉短尾贼鸥，但它这么做只是白费力气。

“为了避免遭到短尾贼鸥更进一步的袭击，海鸟只好把口中美味的鱼吐出来。短尾贼鸥会在鱼落到海里之前抓住它，并吞进肚子里。这个强盗就是以这种方式生存的。显然，短尾贼鸥不愿意亲自捕鱼，而是迫使其他海鸟放弃它们辛辛苦苦捕捉到的食物。”

5 沙匠虫：用沙子盖房的巧工匠

杰克，你刚刚从海滩上捡到了什么东西？

“我也不知道，它看起来像某种海洋蠕虫的管壳。”

你说得很对，这是沙匠虫住过的管壳。你们看，这根管壳由碎贝壳、沙子及砾石制成，大约有五毫米粗，两端都是开口的，顶端有十一二条突起的须状物。

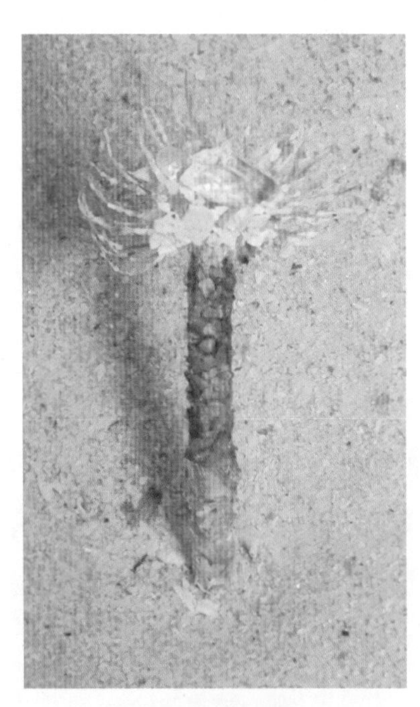

沙匠虫的管壳

“之前住在这根管壳里的沙匠虫在哪里？”威利问。

它可能把自己藏在沙子里了，也可能已经死掉了，只留下了这根空管壳。

我们很难找到沙匠虫的完美样本，因为它们只有在建造管壳或进食的时候会出现在管壳顶端，其他时间几乎都躲在底部。它们一旦认为有入侵者会从管壳顶端发起进攻，就会以最快的速度从底端的出口溜走。但我还是能够把它挖出来。

威利，把铲子给我。我快速刨着沙子，成功挖到了一条沙匠虫。

沙匠虫（*Lanice conchilega*）

“爸爸，它的样子真奇怪，头部附近有很多长长的须。”梅说。

那些是沙匠虫的触手，也是它建造管壳的好工具。约翰·达利尔先生告诉我们：

“如果把一条沙匠虫从它的管壳里拉出来，它会在水中剧烈地扭动身体，并快速游走。这一点跟沙蚕等其他环节动物类似。不过它很快就会累得精疲力竭，然后沉入管子底部。

“它的触手和树状鳃像毛刷似的集中在头部周围。此时，如果在管壳顶端撒一些沙子，它就会立即伸展触手，在很短的时间内把能够到的沙子全部收集起来，作为扩建管壳的材料。沙匠虫不能长时间将身体暴露在阳光下或空气中，否则就会受到伤害，所以它必须为自己建造一个房子。

“沙匠虫在挑选材料、规划及建造管壳方面所展现出来的技艺实在是令人钦佩，并且足够满足那些好奇心强的人了。有一条沙匠虫在玻璃瓶里建好了自己的管壳。我发现，它从早上开始就一直藏在管壳里，只露出一些触手的末端。到了正午，它变得躁动起来。到了下午四五点之间，它开始向上爬，在接近傍晚时才把触手全部伸展出来。等到太阳落山后，它的触手才进入最活跃的状态，像许多细绳一样从管口垂下。每一条触手都会用分泌的黏液黏起一粒或几粒沙子，并送到管壳顶端，根据需求加以使

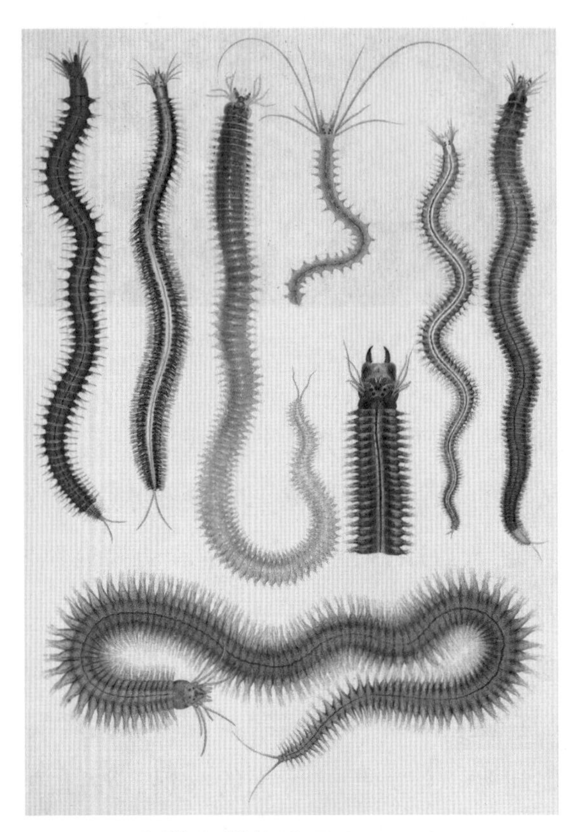

各种各样的沙蚕（*Nereis*）

用。如果某条触手上的沙粒掉了，它就会赶紧在瓶底不停寻找，直到找回那粒沙子并重新送到管壳顶端。

“尽管这样的动作进行了几个小时，但管壳看起来并没有明显变化。然而，我在第二天早上再次查看时，惊奇地发现管壳延长了，也或许是被沙粒黏成的须状物围住了。这位灵巧的沙匠已经退回管壳底部休息了，等到夜晚来临，它又会继续开始工作，在太阳出来之前继续加高它的房子。所有沙匠虫都是夜间工作者，实际上，这是喜欢住在孔洞底部的生物的共有习性。当孔洞之外的世界熟睡的时候，它们正干得热火朝天。”

达利尔先生还告诉我们，沙匠虫不会重返被它放弃的管壳。当需要一个新房子时，干活儿麻利的它会从根基开始重新建造。

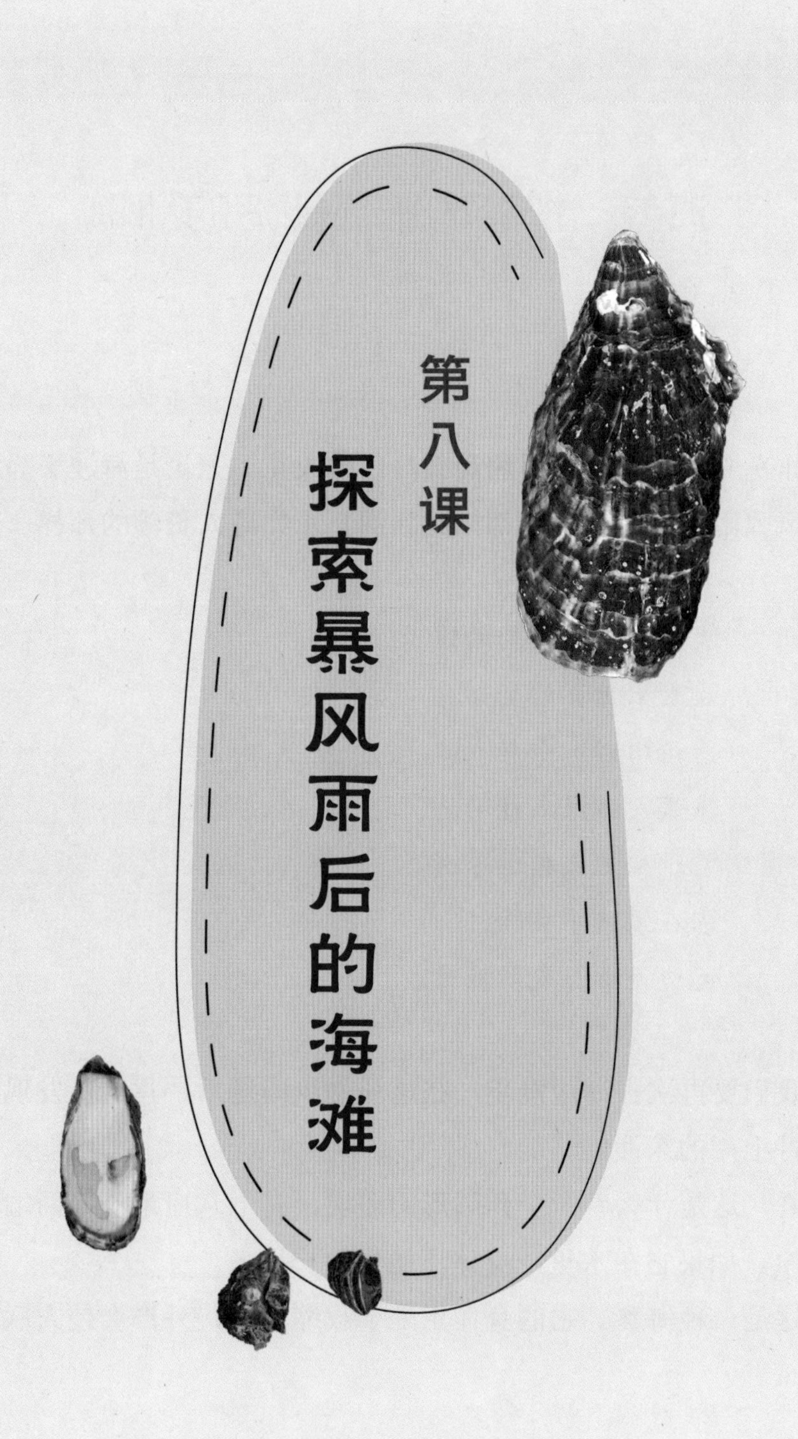

第八课

探索暴风雨后的海滩

1 海参：抛弃内脏还能活的动物

昨晚的风很大，海面翻涌着白色的浪花。无论是海波平静还是狂风骤雨，浩瀚的海洋都如此壮丽！正如诗人赞颂的那样——

大海如一面光亮的镜子，
反射出世界的全部。
无论何时，平静或汹涌，
微风、狂风或暴雨，
靠近极地或接近赤道。
它在黑暗中翻腾，
无边无际，无所匹敌。

我们要再次去海边漫步，在这场暴风雨过后，肯定能发现一些被冲上岸的东西。

看，这是什么？一个椭圆形的肉块，有七八厘米长，两端略微收窄。如果它在水里，身体还能再伸长很多。

这是一种海参。它的身体正处于收缩状态，外形会使人联想到黄瓜。

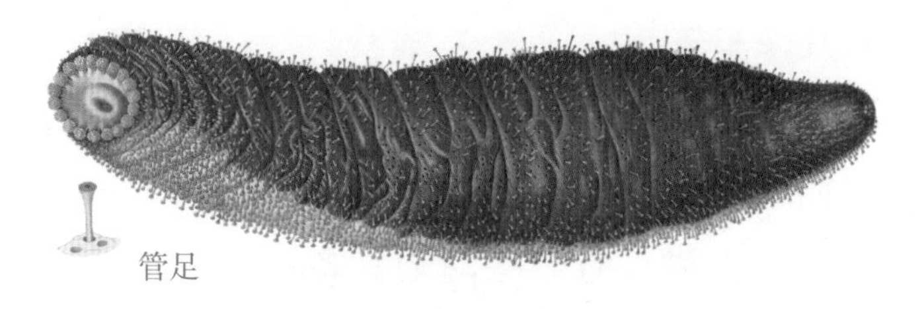

海参（*Holothuries*）

海参有时也被称作“海布丁”。它的身上长着许多管足，形状与海胆和海星的管足相似。但是不同品种的海参，身上的管足排列方式也有差异。海参的头部长着一圈触手，但这只海参的触手被缩进嘴里了。

海参的皮肤和红海盘车一样，含有许多分散的钙质物，非常粗糙。我如果剪下一片薄薄的海参皮肤，将其放入碳酸钾溶液中溶解，然后用清水仔细清理留下的沉淀物，最后将沉淀物放在显微镜下观察，就能看到一些微尘似的物质。这些物质是由无数个骨片组成的，非常精致。

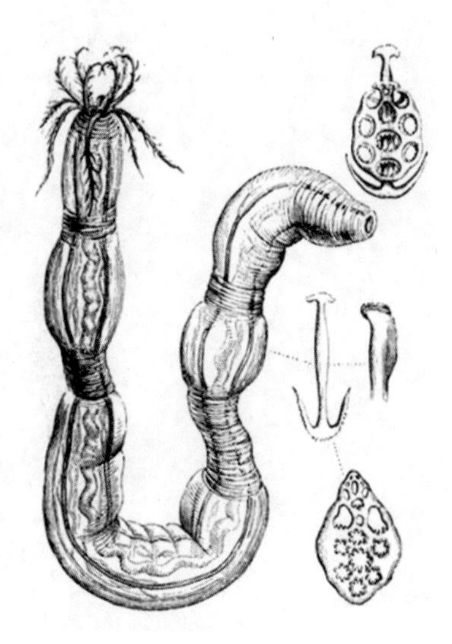

粘细锚参（*Leptosynapta inhaerens*）

有一种叫粘细锚参的海参，它的外形非常显眼，而且很漂亮。粘细锚参的皮肤里嵌入了很多微小的椭圆形骨片，上面有规律地排列着一些孔洞，顶端有一根突起的骨针，外形很像船锚。

还有一种叫轮骨指参的海参，它

皮肤里的骨片像车轮。

所有海参的骨片都非常漂亮，我在家里收藏了不少标本，之后我会把它们放到显微镜下给你们看。

我经常同你们讲，有一些动物具备再生身体缺失部分的能力。但海参的再生能力非常特殊，它能在遇到危险时吐出身体里的所有内脏，且不会因此遭受不良影响。不仅如此，海参在吐出内脏后，很快就能生出一副新内脏，开启新生命。这种奇妙的生理特性令那些患有消化系统疾病的人类羡慕不已。

海参和各种骨针

你们可能听说过，中国人把海参当作食品。你的叔叔罗伯特在中国出差时经常喝海参汤或海参粥，他觉得味道不错。

2 牡蛎：残破的外壳上也有大秘密

这里有一只活的欧洲峨螺，应该是昨晚的暴风雨把它从深水中冲上了岸。我把它放在这块石头上，也许它会爬走。看这里，它露出了一对触角和扁平厚实的身体。

这里有一只粉红樱蛤，也是活的。我把它放在装有海水的玻璃瓶里，并在瓶底撒了一点儿沙子。现在，你可以看到它探出了两根长长的虹吸管，水从其中一根吸入，从另一根排出。

这是一只活的截形斧蛤。

这是一片旧牡蛎壳，上面布满了小孔。

牡蛎（*Ostreida*）

许多人遇到这种被穿了孔的贝壳，都会不屑一顾地从旁边走过；在河边看到它们，也只是不经意地瞥上一眼；也许还会想起他们晚餐时吃的牡蛎。但是，随着我们了解到更多关于自然的知识并产生了兴趣，一片贝壳也能激发起我们的好奇心。尽管它看起来简单而普通，但仅仅对壳中动物的成长记录，就可以写出很长的文章——从一只安静地躺在其他牡蛎壳上的幼虫，成长到有了自己坚固的房子，可以抵抗入侵者的攻击，再到现在这片千疮百孔的壳，如同一座经历枪林弹雨，却最终被来自各个方向的炮弹打穿的堡垒。牡蛎会遇到数量众多的敌人，甚至还有在正面发动攻击的天敌。

毫无疑问，我们面前的这片旧牡蛎壳经历过几轮攻击。第一批攻击者可能是小小的海洋蠕虫，它们穿透牡蛎壳，从各个角度发动攻击。起初，牡蛎用分泌出的新鲜钙质物来抵御攻击，这些钙质物夹在它的柔软部位与攻击者的嘴之间，可以暂时阻挡攻击。但不幸的是，攻击者太过狡猾，它们调转方向，在一个没有保护的地方继续攻击，直到可怜的牡蛎在挣扎中耗尽力量。

接着，或许会有黄海绵从这些被海洋蠕虫破开的洞里钻进去，进一步侵蚀牡蛎的要害部位，使其开始腐烂并蔓延全身，如同被干腐菌腐蚀掉的坚固木梁。在接二连三的攻击下，可怜的牡蛎最终死去了，脱下的壳任凭海浪摆布。

长在牡蛎壳里的黄海绵
（*Cliona celata*）

“爸爸，牡蛎幼虫是什么样子的？”威利问，“为什么这几年来，牡蛎变得越来越稀少、昂贵呢？”

牡蛎幼虫在离开母亲的身体时，样子和父母完全不一样。它们有一个由桨状纤毛构成的游泳器官，通过不断摆动这些纤毛来四处游动，寻找食物和休息场所。

我不知道这种四处游动的生活要持续多久，但它们最终会在一些旧贝壳或其他海底物体上定居，成为幼年期牡蛎，也就是我们俗称的“蚝仔”。牡蛎从幼年长到成年，大约需要四年时间，之后就可以进入市场销售了。

至于牡蛎为何变得越来越稀缺，我暂时给不出你们确切的解释。研究者们认为其中一个原因是随着气候变化，那种最适合牡蛎产卵的平静而温暖的水文条件越来越难以满足。但目前还有一些令人困惑的问题没有得到解决，也许在几年之后，研究者们就可以在布莱顿新建成的大型水族馆里通过试验找到答案。

“爸爸，您看这儿。”威利说，“我在翻动这些石头的时候，发现了一只螃蟹，它的背上有好几只牡蛎。”

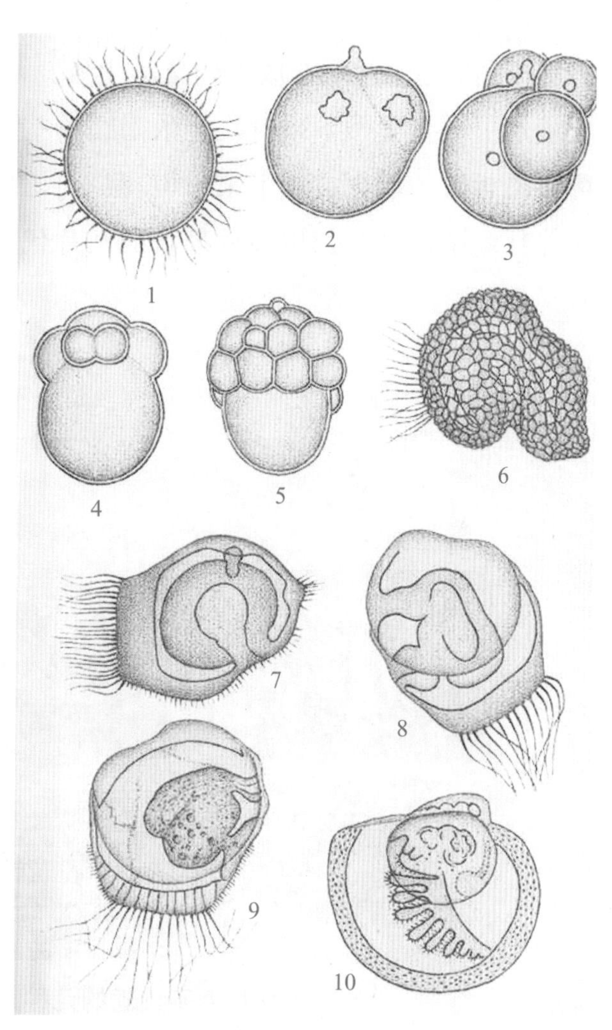

牡蛎从卵到幼体的发育过程

牡蛎寄生在螃蟹和其他甲壳类动物身上，这种情况并不罕见。我猜测，这些牡蛎已经寄生了三四年。它们还是卵的时候就落在了螃蟹壳上，并在那里生长。这只螃蟹的螯很细，毫无疑问，它肯定因牡蛎的寄生而变得不健康了。螃蟹每年都会脱壳，但这只螃蟹显然已经好几年没有脱壳了。

说起牡蛎卵，我想起了一种人工养殖牡蛎的模式，曾在法国广泛采用。方法就是在成捆的柴火上绑一块石头，使其沉入海中。牡蛎幼虫准备安顿下来时，会依附在这些柴火上。等它们长大到可以出售时，就会被取下来。但我觉得，现在已经很少有人用柴火养牡蛎了，大多都用各种形状的瓦片代替了。

用瓦片养殖牡蛎的几种方式

3 龙介虫：长着美丽触手的胆小蠕虫

“爸爸，”威利叫道，“看我发现了什么？有许多扭曲的硬管子连在一个旧牡蛎壳上。它们是某种海洋蠕虫的管壳吗？”

是的，它们是龙介虫的钙质管壳，那是一种漂亮、有趣的海洋蠕虫，属于毛足纲。让我们猜猜这些管壳的主人还在不在里面，会不会开门迎客吧！

噢，它们肯定在里面，我从这些堵着管口的“塞子”就可以判断出来。让我们在这块大石头上坐下，把这些弯管子放进潮池里观察。我敢说，不一会儿就会有一些龙介虫探出它们的小脑袋。

龙介虫（*Serpula vermicularis*）

你们看，有三四个小脑袋从管壳里探出来了，是不是很可爱？看它头上那一对形如发夹的猩红色触手，是不是像珊瑚一样美丽？触手中间还有一根喇叭状的东西，也是猩红色的。

那些触手既能用来捕捉食物，也是它的鳃羽；那根喇叭状的东西叫鳃盖，是用来堵管口的“塞子”。我摸了摸其中一根触手的顶端，它立刻以闪电般的速度同其他触手一起缩了回去。

龙介虫是一种胆小且容易紧张的动物。著名博物学家雪利·希伯德[1]告诉我们：

“起初，由于龙介虫的胆子特别小，研究者们无法对它进行细致的检查。但不管怎么说，把龙介虫这种似乎没有智慧的生物关在玻璃瓶里养一段时间，它的习性也会有所改变，不再因为周围小小的动静就害怕得缩进管壳里，即使在玻璃瓶旁滚过一个足球，或飘过一个黑影。最后，它变得非常大胆，即使受到打扰，也仍然保持触手伸展的状态。这时候，它就会给研究者提供各种观察自己的机会。没有什么东西比它更值得研究了。”

龙介虫偶尔会甩掉它的鳃盖，并在之后继续存活一段时间。这是我亲眼观察到的。

---

① 詹姆斯·雪莉·希伯德（James Shirley Hibberd），英国维多利亚时代的博物学家、园艺作家。

1 华丽光缨虫 *(Sabellastarte spectabilis)*；2 斯氏缨鳃虫（*Sabella spallanzanii*）；
3 华丽矶沙蚕（*Eunice magnifica*）；4 白垩树蛰虫（*Pista cretacea*）；
5 龙介虫；6 歇斯赫女虫（*Hermione hystricella*）7 绿海毛虫（*Chloeia viridis*）

4 寄居蟹：住在空螺壳里的小螃蟹

看，这个家伙真有意思，在以它的腿所能达到的最快速度溜走。它好像是认为自己干了坏事，不想被人抓走。

“爸爸，我完全看不出它是什么动物。”杰克说，“它看起来有一部分是螃蟹，另一部分是软体动物。”

这是寄居蟹。它占据了海螺的壳，难怪要逃跑。英国有好几种寄居蟹，它们都住在软体动物的壳里。你看，它长着一对大小差异明显的螯足，它会用那只大螯足搬动它的壳。

杰克，你觉得这个狡猾的家伙是单单找了一个空螺壳，就像住进公寓的租户那样，还是为了占据这个螺壳而杀死了里面的海螺？

我来告诉你答案。寄居蟹通常不会恶意杀死海螺，只会住在幸运发现的空螺壳里。它不在乎那句古老的谚语——“宁有空房一栋，不愿内住恶人”，而且肯定觉得自己没有抢其他小动物的“房子”。

“寄居蟹为什么要住在螺壳里呢？”威利问，“通常来说，螃蟹不是不需要另找外壳吗？”

因为寄居蟹的腹部非常柔软，需要被硬壳保护起来。有趣的

寄居蟹（*Paguroidea*）

是，当一只寄居蟹被赶出螺壳，需要另寻新住处时，它会钻进一个又一个新螺壳试住，看看是不是住得舒适，是不是便于搬运。

寄居蟹生性好斗。我经常看到它们在互相争斗，有时还能看到一只寄居蟹强行把它的对手拖出螺壳，自己则泰然自若地住了进去。

萨尔特先生告诉我们：

“我曾多次在被拖网捞上来的动物中发现从壳里出来的寄居蟹，并曾三次观察到没有壳的寄居蟹是如何找到新住处的，它们似乎很愿意展示自己找螺壳的技能。我的观察方法很简单——把一只没有壳的寄居蟹放进装着海水的大玻璃罐里，然后在它的旁边放一个和它体型差不多大的螺壳。每一次，寄居蟹都是以同样的方式找螺壳的。

“寄居蟹很快就看到了我准备的螺壳，并爬了上去，以便探查里面有没有住着其他动物。它的探查方法依靠的不是视觉，而是触觉。它会钻到螺壳里，用两条腿钩住壳的开口处，并尽可能地把身体伸进壳的空腔，然后绕着壳的边缘爬行。显然，它在试探里面是否已经有了住户。它每次都沿着同样的方向探测，从螺壳突出的一侧开始，到内缩的一侧结束。在完成这个过程之后，它用一眨眼的功夫就钻了进去，让自己从光滑的螺壳边缘滑入深处的管道，敏捷的动作令人惊叹。

“此时的寄居蟹和刚刚那个无家可归、胡乱甩动尾巴的可怜流浪汉完全不一样了，不再悲惨地爬来爬去。它的样子像是在直视着你的脸，说：‘你好吗？我在这里已经相当自在了。’我每次看到它这副样子，都会忍不住笑。”

故事讲完了，我们也该回家了。

第九课

在岩石海岸的新发现

1 翘鼻麻鸭：爱吃鸟蛤的美丽水鸟

今天，我们将坐火车到科尔温，重访鱼梁附近的岩石海岸。今天的潮水刚刚好，伴着清爽的海风，我们一点儿也不觉得热。

“在科尔温车站前方约八百米的树林中，有一座看起来很漂亮的大房子。那是什么地方？”威利问道。

那是普利克罗昌酒店，以前是厄斯金夫人的住所，如今成了一处非常受欢迎的景点。如你想象的那样，从那里可以看到非常漂亮的海景。

等到放秋假时，我们可以再来这里度假，去那片树林里寻找蘑菇，也许能找到些以前没见过的东西。我敢说，我们从科德科奇的劳埃德·怀恩夫人那里出发，漫步到那边的树林里，一定能找到多种多样的蘑菇。

我们很快就下了火车，到达了海岸。

“你们看，不远处的海岸上有一些鸟。”梅叫道。

我用望远镜观察，发现它们是翘鼻麻鸭。

翘鼻麻鸭是一种非常漂亮的鸟，有红色的喙，白色和栗色相间的身体，头部和颈部泛有绿色光泽，还长有粉红色的脚。我小的时候住在帕克盖特附近，曾经在那里的海滩上看到过刚出生的

翘鼻麻鸭（*Tadorna tadorna*）

翘鼻麻鸭，它们非常可爱。

翘鼻麻鸭会把蛋产在废弃的兔子洞或者沙地上的其他洞里。所以在某些地区，它们被称为“洞穴鸭”。母鸭在孵蛋时，公鸭会在附近看守。如果母鸭想出去寻找食物，公鸭就会接替它继续孵蛋。

翘鼻麻鸭的巢距离水边有一段距离，公鸭和母鸭有时会用嘴把雏鸭叼到水边。它们的食物基本上只有贝类，而且特别喜欢吃鸟蛤。

圣约翰先生告诉我们，翘鼻麻鸭会用双脚划动或者踩踏沙地，把鸟蛤从沙子里拨出来。他还提到，虽然家禽养殖场里的翘鼻麻鸭通常以谷物、湿面包等为食，但如果它们饿极了，也会用脚扒拉地面。

翘鼻麻鸭的肉质粗糙，味道也不好闻，所以养殖场会把它们卖给公园当观赏用鸟。但是它们会与其他鸟类发生争斗。

2 对虾：头顶长着锯子的虾

“爸爸，我用网捕到了一只虾！”杰克叫道。

确实，这是一只对虾，虽然个头比较小。你是在哪里捕到它的？

“我是在那个潮池里捕到的。”杰克说，“那里可能还有一些呢。”

的确如此，那些如影子般游来游去、活蹦乱跳的就是对虾。它们的身体是半透明的，像小精灵。

“我以为虾都是红色的呢，可这些虾几乎看不出颜色。”梅说。

它们被煮熟后会变成红色，但活着的时候就是你现在看到的那样。

对于生活在自然环境中的对虾，人们很难研究它们的习性，因为人只要一靠近，它们就会迅速躲到海草丛或岩石缝隙里。所以我有时候会把它们养在水族箱里，观察它们的游动，非常有意思。

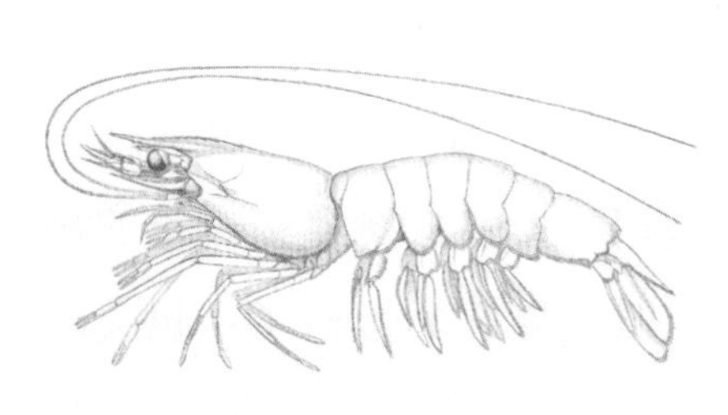

对虾（*Penaeidae*）

莱莫·琼斯[①]教授说，只有在游动起来的时候，这些漂亮

① 托马斯·莱莫·琼斯（Thomas Rymer Jones），英国外科医生、学者、动物学家。

的透明甲壳类动物才是最优雅的——胸部的五对步足通常向后收起，蜷缩在身体下面，就像小鹿在跳跃时的那样；比身体还长的精致触角在两侧优雅地摆动；腹部还有五对强而有力的桨叶状泳足，能推动它在水中迅速移动。对虾的前三对步足末端长有钳子，它会机智地把它们当手来用，抓住食物，送到嘴里。

琼斯教授还说，他会在夜晚黑暗的房间里，借助微弱的灯光观察对虾，它突出的眼睛会反射出亮光，非常吸引人。对虾并不会待在一处不动，而会慢慢地在石块上方游动，寻找食物，这就增加了观赏的趣味性——我们很难在漆黑的水中看到对虾的身体，但可以看到一些亮晶晶的小球在移动，就像一辆微型火车上的信号灯，在夜色中缓缓移动。

与同属于十足目的真虾一样，对虾会把它的卵团产在腹部。幼虾的成长需要经历很多阶段，蜕很多次壳。你们看，对虾头上突出的额角非常锋利，上面还有七八个锯齿，就像一把锯子。

“人们是如何捕捞对虾的？”梅问。

用虾网可以捕到很多对虾，用柳条编成的虾笼也可以。与喜欢生活在沙滩边的真虾不同，对虾喜欢岩石较多的海岸，在英国南部比较常见。记得多年前在卢洪斯，我吃到了所见过的最大也是最多汁美味的对虾。

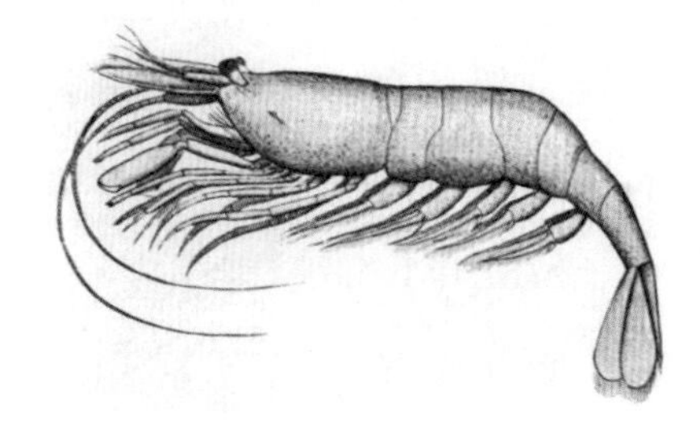

真虾（*Caridea*）

3 船蛆：擅长在木头上钻孔的贝类

“这里有一块腐朽的木头，上面被钻了几个圆洞。爸爸，您说这些洞是什么东西钻出来的？”杰克问。

你看，这些洞的直径大约有一厘米，而且大多沿着木头纹理的方向。我敢说，这些洞是一种极具破坏性的动物——船蛆钻出来的。

船蛆看起来像蠕虫，却属于贝类。它的身体修长，通常能长到两三厘米，但有时候也能发现更长的。它的身体前端长着一对半环形的厚壳，配合足部分泌的能溶解木材的黏液，能让它钻进木船或者码头的木桩里。木桩上的铜护套就是防止船蛆搞破坏的。船蛆的身体还能分泌一层石灰质的膜，用于减少身体与木材的摩擦。

1732年，船蛆曾引发荷兰人的大恐慌。据说，有数不清的船蛆在破坏支撑海堤的木桩，一旦海堤倒塌，近海地区就会被海水淹没。荷兰人十分恐惧，也不知道该如何阻止灾难的到来，只能虔诚地祈祷。最后，一场严重的霜冻消灭了危险的船蛆，解救了恐慌中的荷兰人。

值得注意的是，船蛆经常结伴而行，但彼此从不相互干扰，

行进路线也不相互交叉。当木头上偶尔出现硬瘤时，它们会改变方向以避开，但行进路线依旧是顺着木头的纹理。

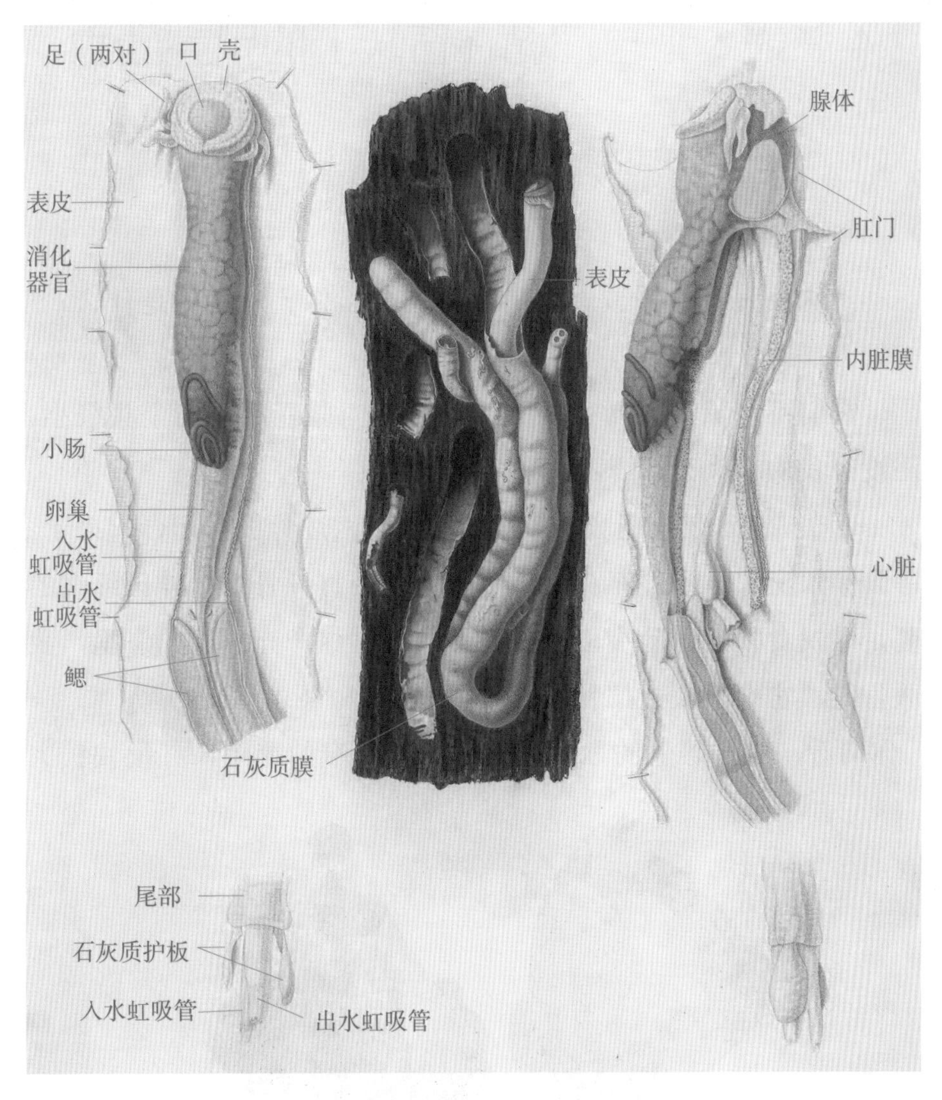

船蛆（*Teredo navalis*）

4 藤壶：把自己黏在石头上的甲壳动物

“这块石头几乎被一些尖贝壳完全盖住了，这些是什么？”梅问。

它们不是贝类，而是甲壳类动物，叫藤壶。它们个头很小，还没有我的拳头大。

现在，潮水已经退去，藤壶外壳上的六片骨板都闭合起来了。等到潮水上涨，没过石头，这些藤壶就会打开骨板，伸出纤细的蔓足寻找食物，送到嘴里。我把石头放进这个充满水的洞里，我敢肯定，它们很快会把骨板打开。

你们看，这些藤壶的顶端裂开了一道狭窄的缝隙，并很快扩大

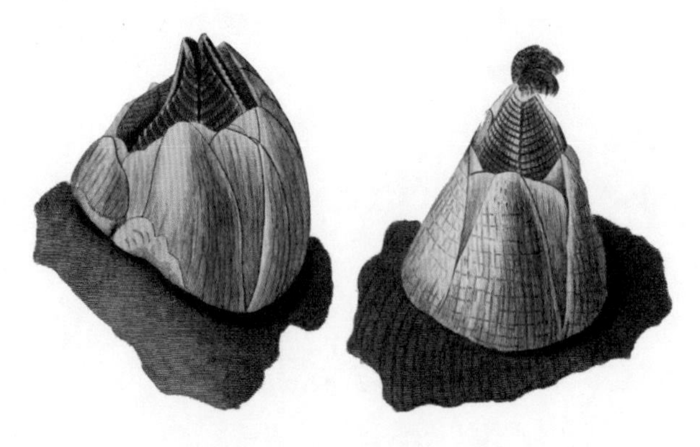

藤壶（*Balanus*）

成一个椭圆形。随后，一条非常精致、如同羽毛的蔓足伸了出来，呈扇形展开，然后又迅速从尖端卷起，一瞬间缩了回去，消失在闭合的骨板下面。然而很快，它们再次将蔓足伸展开来，不断重复这个过程。

这些藤壶的底端被黏在了石头上，所以它们无法主动出击寻找食物，只能从壳里伸出蔓足，捞取水流带来的微生物。

不过，幼虫阶段的藤壶是可以自由活动的。它的幼虫与成虫在形态上差异很大，更容易让人联想到水道和池塘里的剑水蚤。许多动物会经历非常奇妙的蜕变过程，藤壶的蜕变可能是最令人惊叹的。

其他国家的藤壶品种也很有趣，比如智利海岸的鹦鹉巨藤壶，体型能达到三十厘米。据说它的肉肥厚而细腻，尝起来像蟹肉。

鹦鹉巨藤壶（*Austromegabalanus psittacus*）

5 茗荷：被认为会变成鹅的甲壳动物

“爸爸，”威利问，“鹦鹉巨藤壶是那种曾经被认为可以变成鸟的藤壶吗？我在您的某些书中读到过。”

你说的那种动物是茗荷，也叫鹅颈藤壶，不过它并不属于藤壶科，而属于茗荷科。茗荷有一根中空的长肉柄，十分灵活，能把自己固定在水下物体——如木桩、船底的表面。

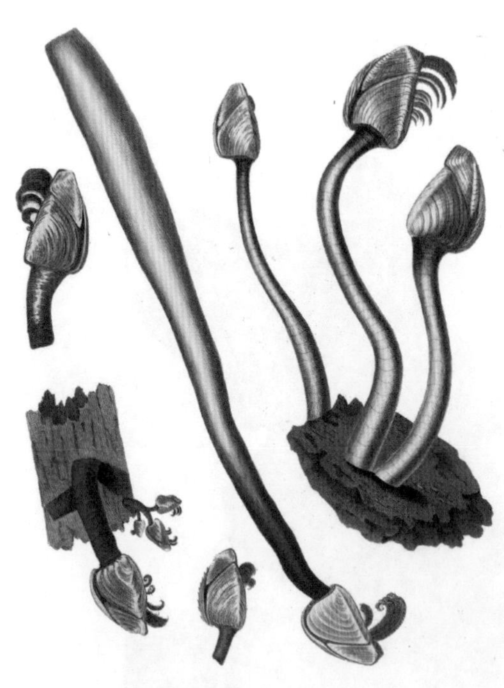

茗荷（*Lepas anatifera*）

“爸爸，”杰克说，“您的意思是，真的有人那么愚蠢，居然相信水生甲壳动物会变成鹅？”

孩子，有些人从来不会验证自己的想法，他们什么事都相信。甚至有一些杰出人物也相信茗荷会变成鹅，比如十六世纪的

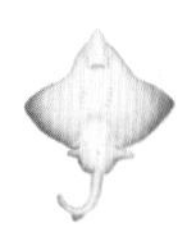

约翰·杰拉德[1]在他的《草药志》中写道：

“只要是眼睛所看到的、手所触摸到的，我们就可以确定它是真实的。在兰开夏郡有一座名叫福尔德的小岛，岛上有一些破旧的船只碎片，其中一些可能是海难后被潮水冲到这里的。岸边还有一些腐朽的树木枝干，上面会冒出一些白色泡沫。久而久之，泡沫中会长出一些像贻贝的动物，但是比贻贝的形状更尖，颜色发白。贝壳里面还有一块像带花边的白布条的东西，一端固定在壳的内部，另一端固定在某种表面粗糙的物体上。

“过一段时间，它就会变成鸟的样子。当它完全成型时，壳就会裂开，上述那种像白布条的东西会先露出来，接下来是鸟的腿。随着鸟的发育，它会慢慢把壳打破，直到最后全部露出来，只有喙还和壳相连。在很短的时间内，它就能够完全发育成熟，并落入海中，在海里长出羽毛，成长为比野鸭大一些、比鹅小一些的鸟。鸟的腿和喙是黑色的，羽毛上有黑色和白色的斑点，就像我们常见的喜鹊。有些地方管这种鸟叫安妮特雀，兰开夏郡的人叫它树鹅。上面提到的地方和所有毗邻的地方都有很多这样的鸟，三便士就可以买到一只品相很好的。如果有人怀疑我讲述此事的真实性，请他们来找我，我会用完善的证词和充足的证据来让他们信服。”

《草药志》中的“树鹅”

① 约翰·杰拉德（John Gerard），英国植物学家、草药医生。

6 鳐鱼：身形扁平的鲨鱼亲戚

“爸爸，”杰克叫道，“这里躺着半条死鱼，它的尾巴很长，长相很奇怪。”

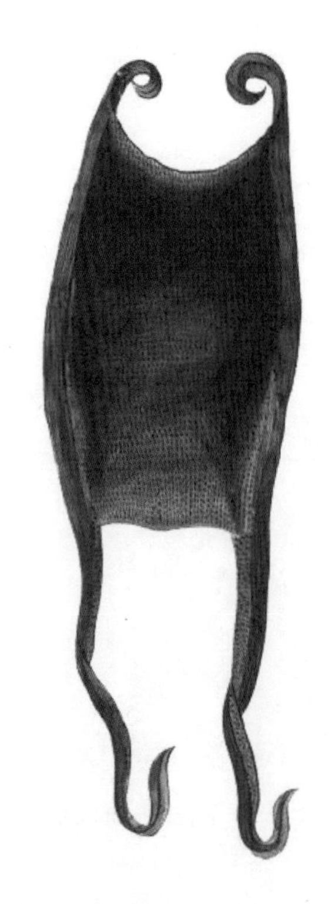
鳐鱼的卵壳

很显然，这是鳐鱼的尸体，具体说是灰鳐。你看，这是它的牙齿。

“这些钝钝的小疙瘩就是它的牙齿吗？”威利问，“我还以为鳐鱼像鲨鱼一样，长着锋利的尖牙呢。因为您曾经告诉过我，鲨鱼和鳐鱼有亲缘关系。”

几乎所有鳐鱼的牙齿都是扁平的，就像我手中的这半条灰鳐。很明显，这种牙齿非常适合粉碎它们的主要食物——甲壳类和软体动物。

鳐鱼幼体被包裹在一个方形卵壳里，周围有四个突出的角，看起来类似方盘子。它们和我们之前看过的猫鲨卵壳有些像，但四个突起的角更短，没有长长的卷须。鳐鱼和鲨鱼一样，通常有五对鳃裂，

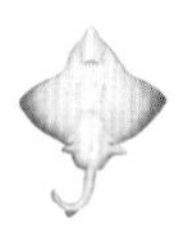

但是都长在身体下面。

一些鳐鱼的尾巴上有尖锐的刺，能够给敌人造成严重的伤害。比如在英国南部海岸经常能捕获到的蓝纹魟（hóng），它的尾巴上有一根带有锯齿的锋利长刺，杀伤力很大。不过，正如前人认知的那样，它的刺没有毒。

库奇先生说，渔民不会特意钓鳐鱼，因为每次偶然钓到鳐鱼时，相比于收获，它更可能带一些麻烦。上钩的鳐鱼仿佛意识到了危险，会保持静止，就像钩住了一块石头。在这种情况下，唯一的办法就是耐心等待。因为如果试图把它从水里拉起来，只会让它静止不动。然而，如果鳐鱼的头被拉上来，它的身体也会跟着上来，它就会像风筝一样升到空中。这时候，渔夫就需要尽力收拢鱼线，不能再让鳐鱼头朝下冲进海里。如果它再次落入海中，渔夫用再大的力气也很难把它拉上来了。

鳐鱼有很多种类，其中一些曾被用来食用。威洛比先生告诉我们，曾有一条重达一百八十斤的鳐鱼被送进了剑桥大学圣约翰学院的食堂，有一百二十名教师享用了用它做的菜。我听说鳐鱼很好吃，就像乌蛤，但很多人不愿意吃。在过去，利物浦市场上会售卖大量鳐鱼，它们被以低廉的价格卖给穷人。

现在，我们要回到科尔温，然后坐火车离开了。

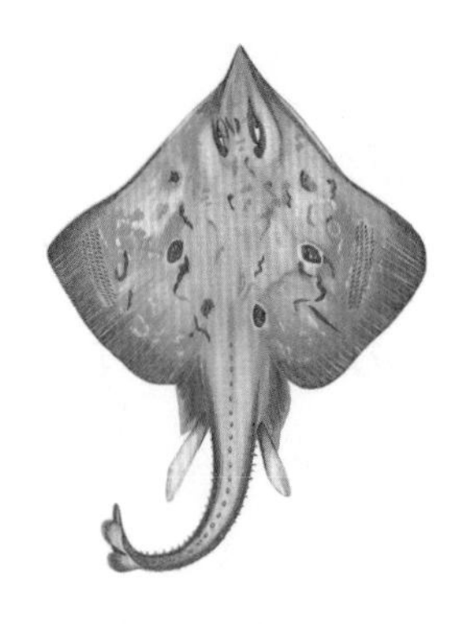
灰鳐（*Dipturus batis*）

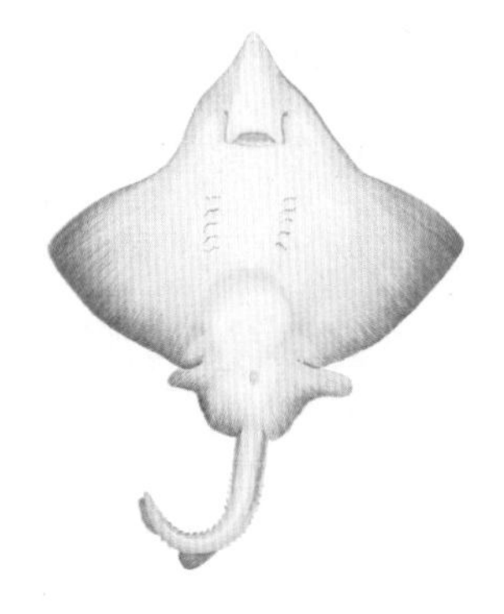
灰鳐（腹部）

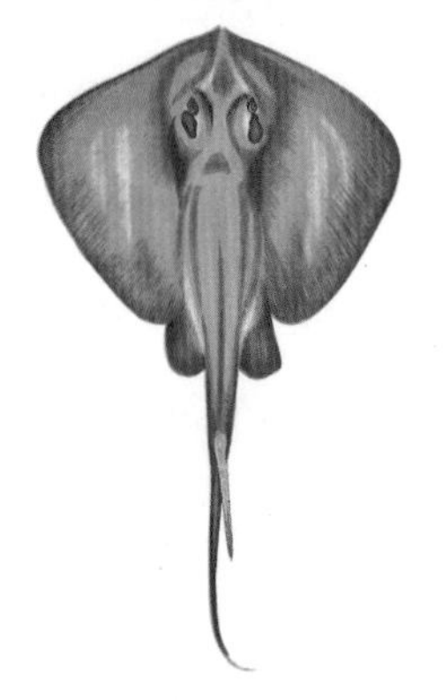
蓝纹魟（*Dasyatis pastinaca*）

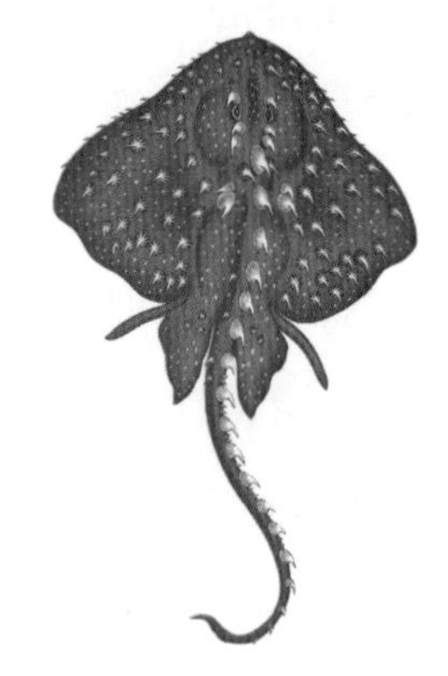
棘背钝头鳐（*Amblyraja radiata*）

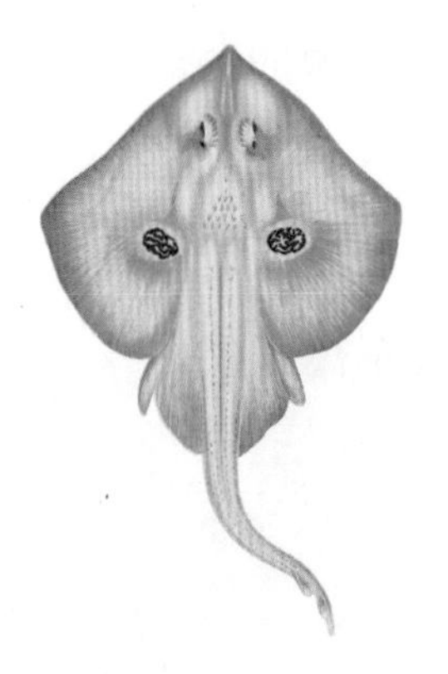
肩斑白鳐（*Leucoraja naevus*）

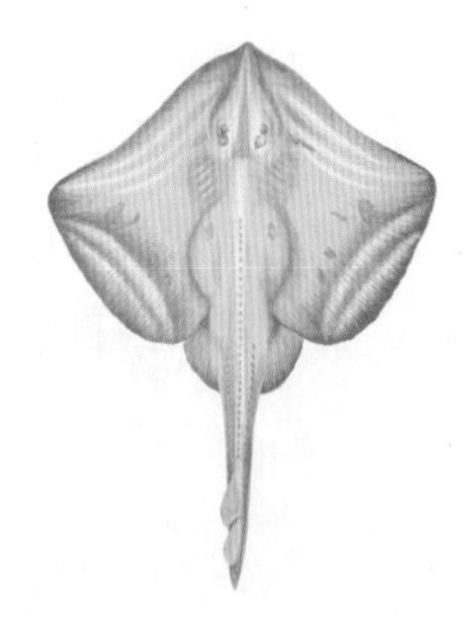
小睛斑鳐（*Raja microocellata*）

第十课 探索涨潮前的海滩

1 小豆长喙天蛾：常被误认为蜂鸟的飞蛾

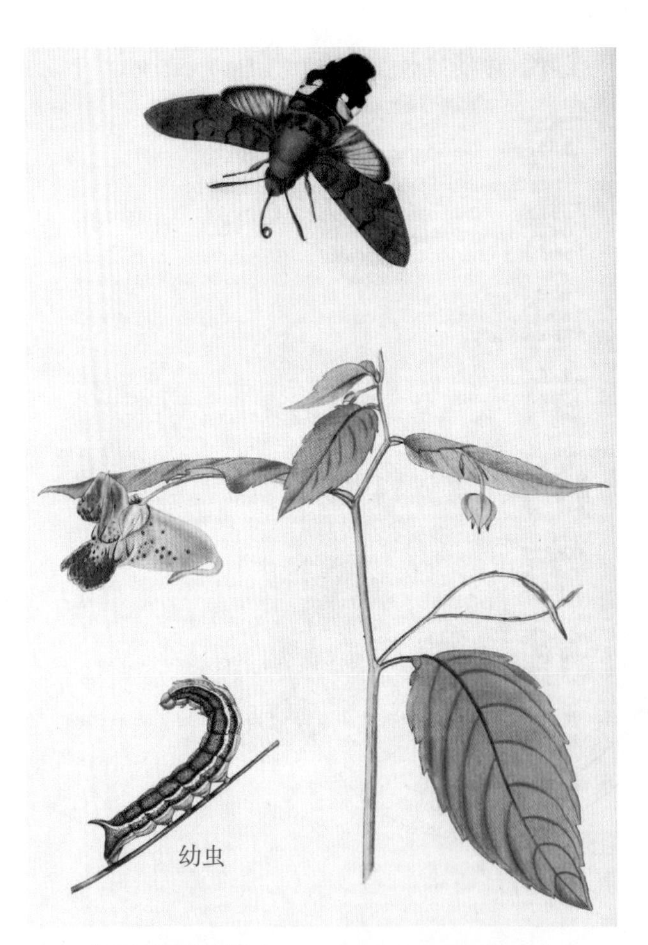

小豆长喙天蛾（*Macroglossum stellatarum*）

今天早上，我们在朋沙恩散步时，看到商店的橱窗里有一只美丽的小豆长喙天蛾在飞来飞去。店员非常友善地邀请我们进去捉住它，现在，它已经成了梅的昆虫收藏品。

小豆长喙天蛾的一个特点是飞行迅捷。它时不时会在花朵前快速震动翅膀，以优雅的姿态悬停在半空中，同时把长长的喙伸

红节天蛾（*Sphinx ligustri*）

进花瓣里吸取花蜜。它的这种行为与姿态，以及它呈束状张开的尾巴，让人们经常把它误认为蜂鸟，因此又称它为蜂鸟鹰蛾。它是一种非常有趣的昆虫，你们有机会在普雷斯顿的花园里看到它。

赫带鬼脸天蛾（*Acherontia atropos*）

在过去，小豆长喙天蛾大量出现在英格兰、爱尔兰和苏格兰的几个区域。它的幼虫是翠绿色的，身体两侧有贯穿头尾的黄色和白色条纹，以拉拉藤属植物的叶子为食。

天蛾科还有一些体型较大的品种，比如红节天蛾、赫带鬼脸天蛾等，它们的飞行方式像隼，十分引人注目。

2 沙蚤：在沙滩上跳来跳去的小虫

我们现在又要去岸边了。

“爸爸，这些干海藻下面有很多蹦蹦跳跳的小动物。哈哈，看它们跳来跳去真有趣。它们是什么？”杰克问。

它们是欧洲沙蚤（简称“沙蚤”），是一种非常善于跳跃的甲壳类动物，法国人称其为海跳蚤。

沙蚤并不是用腿来跳的，而是用尾巴。它的尾巴短而有力，折叠在身体的下面，用力弹射就能让它跳出相当远的距离。沙蚤所属的跳虾科的拉丁学名是 *Talitridae*，原意就是“跳跃”，十分恰当地描述了这类小虫善于跳跃的特性。

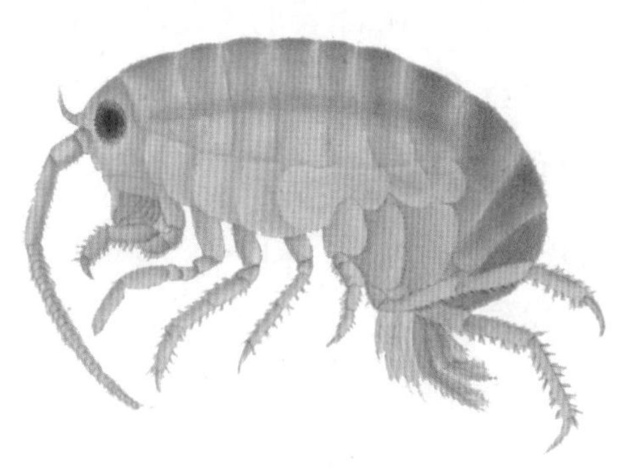

欧洲沙蚤（*Talitrus saltator*）

毫无疑问，威廉·佩利[①]提到的“小虾”就是这种动物——

“风平浪静的傍晚，在

① 威廉·佩利（William Paley），英国哲学家，著有《道德与政治哲学原理》等。

潮水退去的沙滩上走一走，我时常能看到水边飘浮着浓浓的雾气。这些雾气大概有半米高、两三米宽，沿着海岸线一直延伸到目之所及的地方，并且总是随着水流飘来飘去。我靠近并仔细观察，发现这只不过是很多聚集在一起的小虾，它们不停地从浅滩跳到半空中，在潮湿的泥沙上飞舞。如果这些不会说话的小动物是在用跳跃来表达快乐，那么我敢肯定，我在这里看到的是一个快乐而满足的大集体。”

威利，用你的手抓一只沙蚤。你有没有注意到它是怎样试图从你的手指间钻出来的？你感受到它的力量了吗？

戈斯先生告诉我们，沙蚤从不会在水中出现，因为它们喜欢住在腐烂的海藻或其他东西下面，以减缓炎热沙滩上的水分蒸发。他曾在十几厘米深的半腐烂海藻沉积物中发现过沙蚤，海藻发酵产生了巨大的热量，连他的手都难以承受了。

“爸爸，这些沙蚤以什么为食？”杰克问。

沙蚤一点儿也不挑食，几乎会吃任何死掉甚至腐烂的动物。韦斯特伍德[①]教授和斯宾塞·贝特[②]先生在合著的《英国无柄眼甲壳动物志》中说：“我们曾见到沙蚤在吃一条蚯蚓，淹死的小狗和其他哺乳动物对它们来说是奢侈的食物。”

“如果找不到其他食物，沙蚤甚至会互相啃食。”两位作者继续描述道，“朋友斯温先生告诉我们，有一天，他在惠特丹的沙滩野餐会上看到数以百万计，甚至可以说是一车沙蚤堆在一

① 约翰·额巴迪·韦斯特伍德（John Obadiah Westwood），英国昆虫学家、考古学家。

② 查尔斯·斯宾塞·贝特（Charles Spence Bate），英国动物学家、牙医。

剑鸻（*Charadrius hiaticula*）

起。它们跳来跳去地相互啃食，仿佛非常享受。一位女士的手帕掉在它们中间，很快就被咬成了一块破布。”

沙蚤是剑鸻（héng）等涉禽[1]的理想食物。也曾有人看到两种甲虫在捕食沙蚤。

“爸爸，我们走吧。”梅说，“要不然的话，这些讨厌的沙蚤没准会咬我们。它们会吃女士的手帕，那也可能会吃我的衣服。我不喜欢这些沙蚤。”

---

① 涉禽，指那些适应于在浅水或岸边生活的鸟类。

3 海星：外形像星星的棘皮动物

你们看，这里有一只叫红海盘车的海星纲动物，或者按渔民的习惯叫它五脚海星。它是活的，正在移动它那带有无数管足的脚。

海星纲在生物分类上所属的棘皮动物门，其拉丁学名是*Echinodermata*，愿意是“刺猬皮”，十分恰当地描述了这类动物身上最明显的特征。

“可是，我没有在这种海星身上看到尖锐的长刺啊。”威利认为这个名字不是很合适。

并不是所有棘皮动物身上都有长刺，而是其中的部分动物会有明显的长刺，比如海胆纲的所有物种。有证据表明，海星、海胆和海参之间存在明显的亲缘关系，它们在成长过程中的每一阶段都非常美丽。我希望有一天能为你们提供有趣的标本，引发你们的思考。

你们看这只红海盘车是如何移动那些蠕虫状的管足的。对于海星、海胆和海参而言，这些管足就是它们的移动工具。观察海星或海胆在玻璃缸中移动，是一件非常有意思的事情。我们会看到许多来回摆动的管足，它们在接触到玻璃后会吸附在上面，并通过肌肉发力，拖动身体前进。

1 棘轮海星（*Crossaster papposus*）；2、3 红海盘车（*Asterias rubens*）；
4 脆刺蛇尾（*Ophiothrix fragilis*）；5 白蛇尾（*Ophiura albida*）；
6 沙海星（*Astropecten irregularis*）；7 欧洲食用海胆（*Echinus esculentus*）；
8 绿海胆（*Psammechinus miliaris*）；9 心形海胆（*Echinocardium cordatum*）

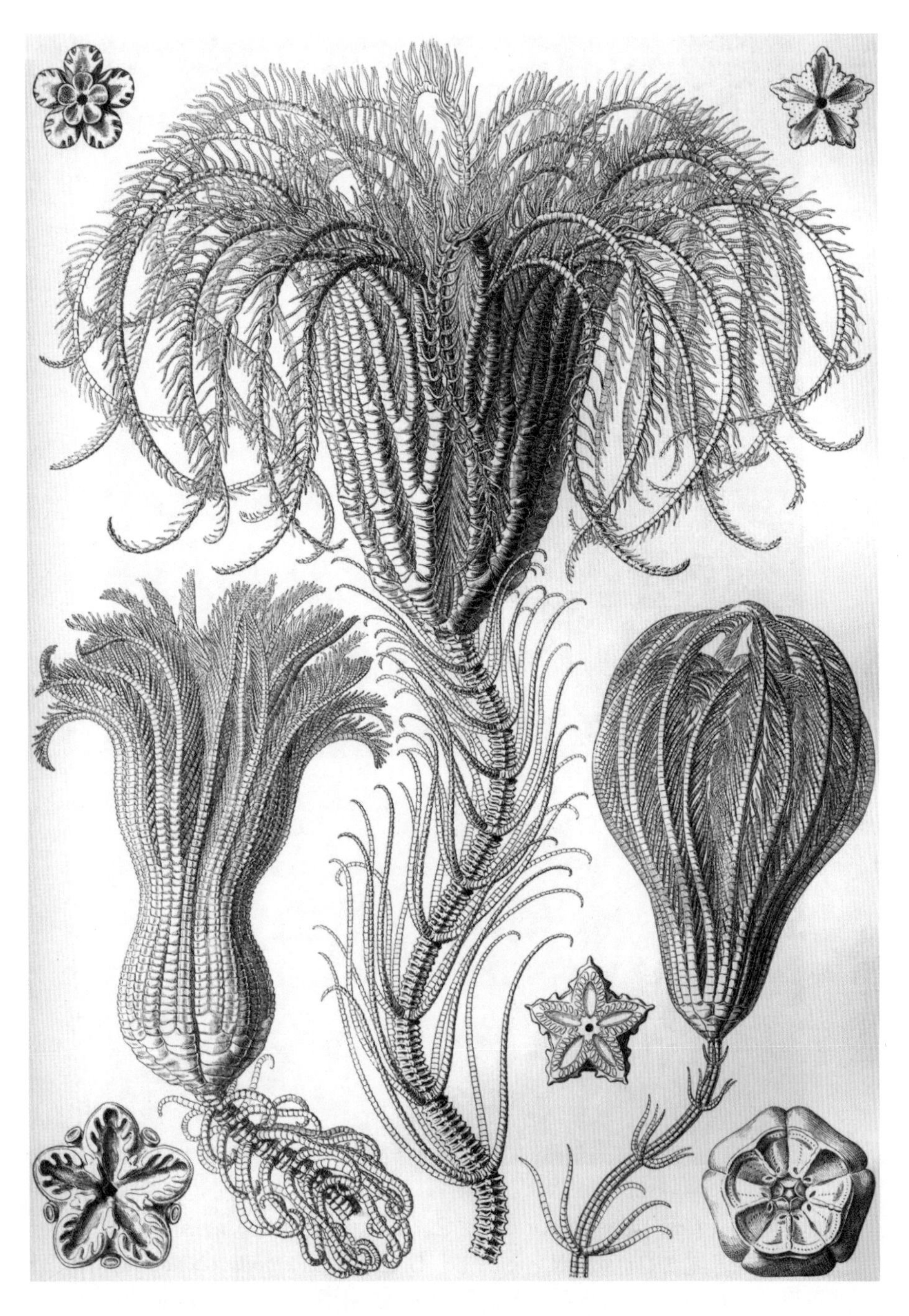

海百合（*Crinoidea*）

我们在英国海岸能发现好几种海星，比如棘轮海星、鹅掌海星、血鸡爪海星、沙海星，以及曾经被划分到海星纲里、非常有趣的海百合和蛇尾。我在挖泥船上经常看到这些生物。

“再告诉我们一些关于海星的知识吧。”杰克说，“以后我们自己在外面遇到它们时，可以继续观察。不过，我还是希望您哪天能带我们坐船出去，从海底挖出一些稀奇古怪的动物，那肯定很有意思。”

1 鹅掌海星（*Anseropoda placenta*）
2 血鸡爪海星（*Henricia sanguinolenta*）

好的，我一有机会就带你们去。我希望你们长大后能学习更多关于自然的知识，更好地理解你观察到的东西。

渔民们对包括红海盘车在内的所有海星都深恶痛绝，因为海星会一次又一次地吃掉他们钓鱼时抛下的鱼饵。海星还是牡蛎的天敌，它们会成群结队地来到牡蛎养殖场，吃掉牡蛎娇嫩的肉。

“海星是怎么打开牡蛎壳的？”威利问，“我见您要花好长时间才能打开牡蛎壳，有时候还需要用牡蛎刀来撬。”

古人认为海星会在一旁观察，发现牡蛎打开壳时，就会把它的一只脚伸进去，使牡蛎完全张开外壳。有一首小诗写的就是这个过程——

带刺的海星匍匐前进，
逼迫牡蛎离开它的藏身处。
牡蛎张开外壳，露出裂缝，
一旁监视的海星光速将脚插入。
壳内的宝贝被掠夺一空，
只留下一个空壳躺在沙滩上。

“哇，真有趣啊！”威利说。

“爸爸，”梅问，“牡蛎为什么不赶紧关闭外壳，夹住海星的脚呢？它们有时会用壳夹住其他动物，难道不是这样吗？”

是这样的。弗兰克·巴克兰[①]先生在他的书中讲过一只牡蛎用这种方法抓到普通秧鸡的故事——

“我在考察法尔茅斯附近的海尔斯顿著名的牡蛎滩时，从希尔先生那里得知，他有一个稀罕的标本，是一只被牡蛎夹住的鸟，被彭斯赞市的温格尔先生保存在一个小盒子里。我从希尔先生那里得到了一张标本图片，然后把它画在书里当插图。

“当时的情况是这样的。有一天，一个卖牡蛎的女人早上去

① 本名为弗朗西斯·特里维利安·巴克兰（Francis Trevelyan Buckland），英国外科医生、博物学家。

普通秧鸡（*Rallus aquaticus*）

了赫尔福德河，发现那里有一只死掉的鸟——后来确认是普通秧鸡——它的喙被牡蛎牢牢夹住，而牡蛎还活着。这只鸟很可能是在浅滩徘徊，寻找它的晚餐。而牡蛎可能是被潮水冲上岸后搁浅了一段时间，正开着壳，等待潮水涨上来。饥肠辘辘的鸟看到了一块鲜嫩的白肉，就啄了一下，可能还用喙狠狠地刺了一下。牡蛎像捕鼠器一样迅速把壳关上，这只可怜的鸟立刻成了俘虏，然后死在牡蛎壳旁——很可能是在潮水上涨时被淹死的。"

"爸爸，"威利接着说，"您还没解释牡蛎为什么不夹住海星的脚呢。"

那是因为古人的观点一开始就是错误的。像海星这样相对无力的生物是如何吃掉牡蛎的？博物学家也对此困惑了很久。海星可以毫不费力地整个吞下小型甲壳类动物和蠕虫，但显然无法吞下牡蛎。那它是如何享用到被牢牢锁在牡蛎壳里的美味佳肴的呢？

后来的观察表明，海星会用管足牢牢吸住牡蛎的双壳，然后用力拉开一条缝隙，紧接着迅速把它的胃翻出来，伸进壳里，将无力反抗的牡蛎本体包裹在宽大的胃部褶皱里，同时分泌出具有麻醉和消化作用的酶。可怜的牡蛎被彻底抓住了，就这样成了海星的腹中之物。

许多海星会在遇到危险时抛弃它们的肢体，所以经常能见到“三脚”或“四脚”的海星。特别是善于断肢逃生的脆砂海星，人们很难找到完整的样本。

爱德华·福布斯[①]教授经历过很多次失败，才获取了一个完整的脆砂海星样本。他还详细记录了失败的过程：“有一天，我带了一桶淡水上船，以便把挖上来的海生动物迅速杀死。如我所料，挖斗里出现了一只非常漂亮的脆砂海星。脆砂海星一般不会在离开海水之前断肢，所以我谨慎而焦急地将那个装满淡水的桶与挖斗放平，希望它能够游进桶里。但是，它可能是害怕淡水或这个桶，一瞬间就把身体分裂开了，并试图从挖斗中逃脱。失望之余，我抓住了它残肢中最大的一块，上面还连着叉棘和管足。那些叉棘如眨眼似的开了又合，像是在嘲笑我。”

脆砂海星（*Luidia ciliaris*）

---

① 爱德华·福布斯（Edward Forbes），英国博物学家，被誉为“现代海洋生物学之父”。

4 蛎鹬：长着亮橙色长喙的牡蛎捕手

“这里是不是有一种叫‘牡蛎捕手’的鸟？”杰克问，“我想知道它是如何吃到牡蛎肉的，以及它会不会像那只普通秧鸡那样，被牡蛎夹住。”

你说的那种鸟叫蛎鹬，在英国海边很常见。它的身体黑白相间，能跑、能游泳、能潜水；喙有七八厘米长，根部是明亮的橙色，尖端的颜色更浅一些。它能把锋利的长喙插入牡蛎壳内，吃掉里面的肉，但有时也会被牡蛎夹住。过去，在利物浦的市场上能买到这种鸟。

蛎鹬（*Haematopus ostralegus*）

蛎鹬会捕食一些小型软体动物、环节动物和其他海洋生物，经常从礁石上啄下笠螺来吃。古尔德先生认为，我们不能因为蛎鹬会捕食人们爱吃的牡蛎而指责它。

亚雷尔先生说，人们经常把蛎鹬雏鸟和其他家禽养在一起。

怀斯曼先生曾看见一只小嘴乌鸦在退潮时飞过来，叼起一只牡蛎飞到空中，再把牡蛎摔到石头上，然后飞下来，尽可能多地叼出牡蛎壳里的肉。

小嘴乌鸦（*Corvus corone*）

5 玉黍螺：长着粗糙舌头的美味海螺

这簇墨角藻上爬着一些玉黍螺，我们带走几个，回到住处后仔细观察一下。

玉黍螺有一条粗糙而锐利的舌头，在显微镜下看非常漂亮。玉黍螺很适合养在水族箱里，因为它们可以用粗糙的舌头舔掉附着在玻璃上的绿藻。在光合作用下，这些绿藻长得很快，用不了多久就会让玻璃模糊不清，影响观赏。

玉黍螺（*Littorina littorea*）

“玉黍螺是不是人们平时会吃的一种螺？”杰克问。

是的。在海港城镇，玉黍螺是人们普遍食用的螺类，你可能经常看到老妇人用别针把它们的肉挑出来，津津有味地吃着。从三月到八月的六个月内，玉黍螺的供应量约为每周七万升，剩余六个月内每周供

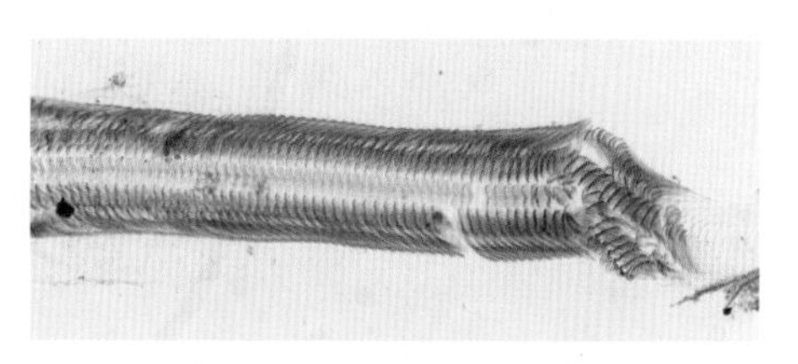
显微镜下的玉黍螺舌头

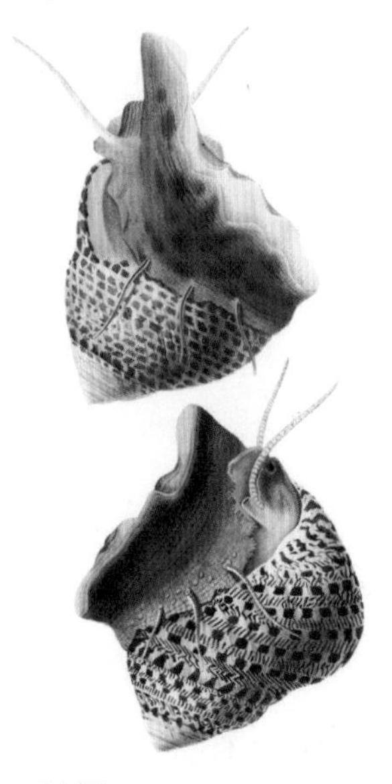
钟螺（*Trochus*）

应约两万升。至少要雇用一千人采集玉黍螺，售卖的人则需更多。最好的采螺地是苏格兰、奥克尼、设得兰群岛以及冰岛的海岸。玉黍螺的个头越大，价格就越高。从礁石上采集的玉黍螺能在夏季保存两周，在冬季保存一个月。

“那个在大石头上爬行的漂亮贝类叫什么？”梅问。

它叫钟螺，是一种非常漂亮的大型贝类，也能舔掉水族箱里的绿藻。

潮水正在迅速涌上来，我们要回住处了。

向河流、岩石和海岸致敬！
波涛汹涌的大海啊，万岁！
一会儿阳光灿烂，桨声阵阵；
一会儿狂风吹起，天色骤暗，
云影在你的怀抱中飘动。
银翅的海鸟在高处飞翔，
像流星一样包围着天空，
或潜入海湾，或逍遥而去。
浪花上的泡沫，犹如美丽的天鹅。

第十一课 再次探索暴风雨后的海滩

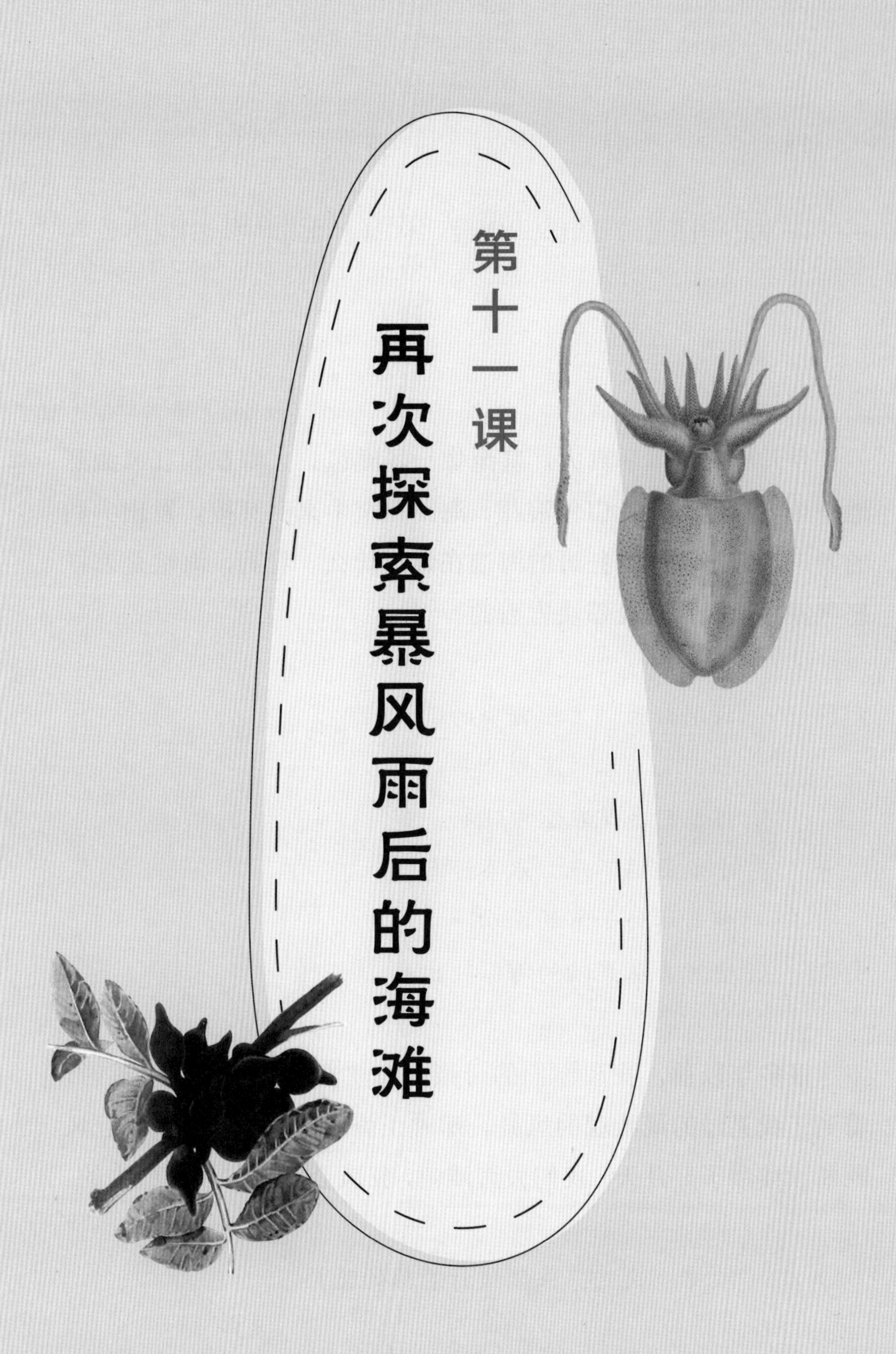

1 鼠海豚：体型不大的海洋哺乳动物

今天早上的风暴真大，甚至像一场飓风。大海在和狂风激烈地争斗，涌起一片片白色浪花。海鸥在空中来回穿梭，发出尖利的叫声，像是在争论狂野的海浪在诉说什么。看啊，海浪是怎样怒气冲冲地拍打远处那块岩石的。

海浪翻腾，发出嘶嘶的吼声，
如同火与水的激烈争斗。
愤怒的水花在空中飞扬，
水流滔滔不绝，永不停息。
伴着远处如雷的涌动，
咆哮着从黑暗的海心冲出。

很多年以前，我和你们的母亲在海峡群岛的赫姆岛度假时，看到了我见过的最壮观的风暴。那时正值风暴频发的季节，狂风断断续续刮了好几天。我们去海滩吧，狂风会让我们兴奋起来的。

吹吧，吹吧，狂风吹打着你的脸颊。

狂风伤害不到我们，反而会把一些动物学研究的宝贝带到岸上来！

你们看那是什么？远处的海面上有什么动物在翻滚，白色浪花中露出了一些黑色的背影，只出现了一两秒钟就消失了。

“我知道，”威利说，“它们是鼠海豚。看那里！有一条跃出了海面。鼠海豚不是鱼类，而类似于鲸鱼。是这样吗，爸爸？它们不靠鳃在水中呼吸，而是跃出水面呼吸空气。”

你说得对，它们应该是北半球近海常见的港湾鼠海豚。鼠海豚虽然外形看起来像鱼，但它和鲸鱼一样不是鱼类，而是哺乳动物。它的体型不大，身长不到两米。

几年前，伦敦摄政公园的动物园里养着一条鼠海豚，看它在水箱里游来游去是一件非常有趣的事。它会时不时把位于头顶的换气孔伸出水面，然后再沉入水中。它的头部沉下去时，背鳍会露出来，然后消失不见，给人一种它在翻身的错觉。

你还记得两年前，惠灵顿的鲍林先生送给我的那条死去的鼠海豚吧，它有着厚厚的脂肪层。脂肪层也被生动地称为外套或毯子，能够抵御海水的寒冷，保持身体内的热量。脂肪层还能增加浮力，因为它的密度显然比海水小。我尽可能多地割掉了这条鼠海豚身上的肉，然后把它埋在花园里。改天我们再把它挖出来，把骨架拼接好制成标本。

港湾鼠海豚
(*Harbour porpoise*)
灰海豚
(Grampus griseus)
太平洋短吻海豚
(*Lagenorhynchus obliquidens*)

2 海鞘：长得像皮袋子的动物

“爸爸，”梅问，“这种附着在扇贝壳上的东西是什么？它的样子怪怪的，像一个坚韧的皮革袋子。”

这是一种叫海鞘的动物。看，我按了它一下，它顶部的两个孔里就喷出了水。海鞘纲的拉丁学名 *Ascidians* 来自古希腊语里的 askos，意思是“皮”或“酒袋”，指的就是覆盖在它们身上的这层胶质或纤维质的被囊。我经常能挖到数量众多的海鞘，对它们的身体结构和成长阶段都很感兴趣。

海鞘通常会附着在岩石、贝壳或海藻上，但也有一些漂浮在海水中。它们种类繁多，有一些颜色非常漂亮。

看到海鞘身体顶端的那两个孔，你们有没有联想到之前来海边漫步时，我向你们讲过的贝类的虹吸管①。它们具有相似的功能——一个是入水孔，负责吸入海水；另一个是出水孔，负责排出体内的水和其他废物。

海鞘以鼓藻、硅藻和其他藻类的孢子为食。它的嘴位于入水孔后端，连接着一个圆鼓鼓的咽袋，咽袋底部连接着胃。咽袋内

---

① 详见《海洋生物》（上）第18页。

五颜六色的海鞘（*Ascidiacea*）

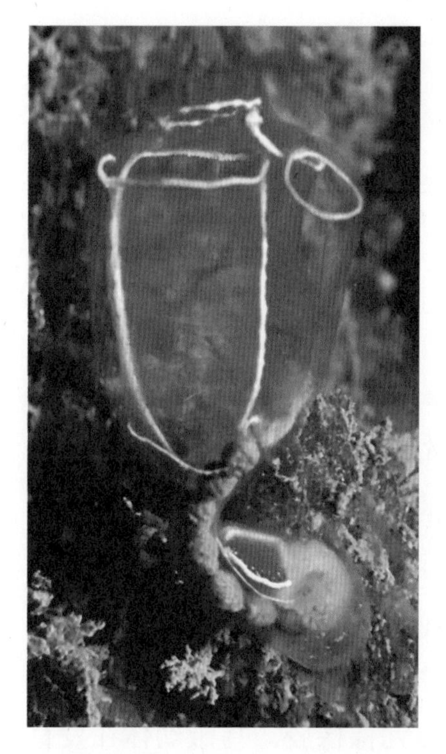

灯泡海鞘（*Clavelina lepadiformis*）

壁上长有无数纤毛，通过不断摆动这些纤毛，海鞘可以将混杂着食物的海水引向胃部。

几年前，我在格恩西岛发现了几只灯泡海鞘，它们的美丽模样让我终身难忘。它们的被囊有超高的透明度，能让人清楚地看到内部的所有结构。

“海鞘幼虫是什么样子的？”杰克问，“它在不同生长阶段的外形也会变化吗？”

会的。刚孵化出来的海鞘幼虫与蝌蚪非常相似，有椭圆形的身体，黑色的眼睛，短短的触角，以及一条用来游泳的长尾巴。随着时间的推移，尾巴会被吸收掉，海鞘幼虫就变成了它们父母的样子。

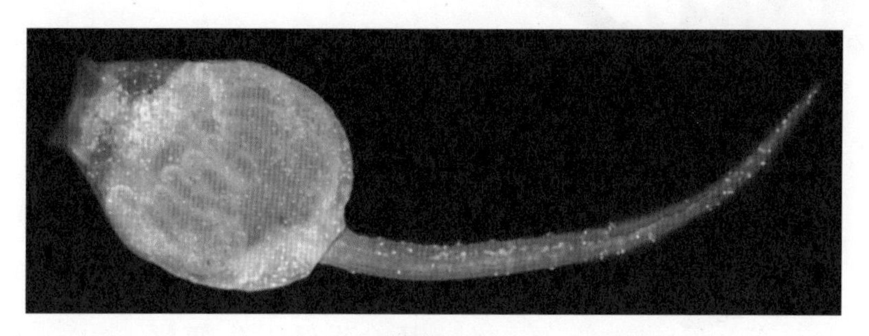

海鞘幼虫

3 乌贼：会喷射墨汁的软体动物

“看，我发现了一些很特别的东西，”杰克说，“它们被一群海草缠住了，看起来像生长在海里的葡萄。啊，这真是个有趣的想法。”

你发现的是乌贼卵。正如你所说，它们看起来非常像葡萄，只是顶部更尖一些，卵柄黏在或盘绕在海生植物的茎上。你看，这些卵摸起来柔软但结实，手感有点儿像橡胶。乌贼幼体在发育好时会顶破卵膜，开启全新的一生。

以欧洲常见的普通乌贼（简称“乌贼”）为例，它的身体呈椭圆形，长三四十厘米，背部有许多灰白色的条纹。这些条纹能扩张、收缩，改变形状、位置甚至颜色，而且变化得很快。我曾三四次亲眼见到这种奇异的景象。甚至在乌贼死后，这些斑点还会继续发生变化。

乌贼卵

乌贼的嘴部周围长有八条短

而粗的腕，每条腕上都有四排吸盘。乌贼还有两条比那八条短腕长得多的触腕，是它最主要的捕食工具，平时会缩在囊里。触腕的大多数部位是细长的，只在末端膨大成舌状的触腕穗，触腕穗内侧有十排小吸盘。乌贼还长着一圈几乎环绕整个身体侧部和后部的扁平肉鳍，用来游泳与爬行。

普通乌贼（*Sepia officinalis*）

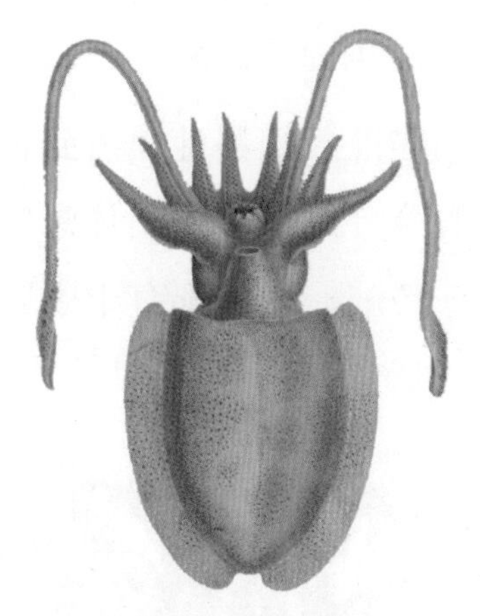

普通乌贼腹部

乌贼的嘴就像鹦鹉的喙一样强劲有力，能对猎物和敌人造成严重的创伤。

“画家们用的墨色颜料是从乌贼身上提取的吗？”威利问。

是的。更确切地说，曾经是这样的。如今，墨色颜料还有很多其他的获取方式。乌贼体内有一个小小的梨形墨囊，里面装有浓稠的墨汁。墨囊通过一根导管与肛门相连，让乌贼可以大力喷射出墨汁。

“乌贼为什么要喷墨汁？”杰克问。

为了逃生。乌贼会在遭到追捕时喷出墨汁，染黑身后的海水，阻止敌人看到它，并借着喷射的冲力向前移动。古希腊人和古罗马人都观察到了这一奇特现象，他们还把乌贼墨汁当墨水使用。

正如珀尔修斯[①]记载的："墨汁太浓会黏在笔上，如果加点儿水，墨色就会变淡，稀释后的墨汁还会在纸上留下污点。"

我要讲一段关于乌贼喷墨汁的轶事，你们听了估计会哈哈大笑。有一天，一位军官穿着十分合身的白色长裤，正在海边捡贝壳。他突然发现礁石内一个隐蔽的凹槽里藏着一条乌贼，并盯着它看了片刻。此时，乌贼也在盯着军官，观察他靠近的步伐，在精确瞄准后把墨汁喷射到他的白裤子上。于是，军官只能穿着这条脏兮兮的裤子进出休息室和餐厅。

乌贼、鱿鱼都有十条腕，属于十腕总目生物。与它们相似的蛸（章鱼）只有八条腕，属于八腕总目生物。

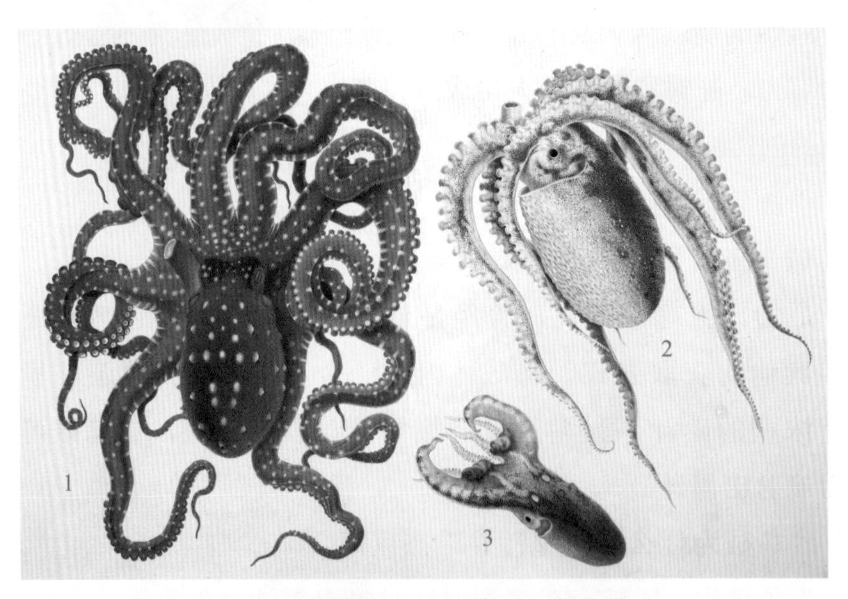

1 大西洋白点柔蛸（*Callistoctopus macropus*）
2 印太水孔蛸（*Tremoctopus violaceus*）
3 快蛸（*Ocythoe tuberculata*）

① 珀尔修斯（Persius），古罗马诗人、作家。

4 欧洲飞鱿鱼：能跃出海面滑翔的鱿鱼

鱿鱼是乌贼的近亲，也长有八条短腕、两条触腕，不过它们的身体更加修长，两片三角形的肉鳍位于身体后端，与身体连成菱形。英国常见的欧洲飞鱿鱼甚至能借助这两片肉鳍将自己抛出水面，并在空中滑翔一段距离。

贝内特[①]先生说："在北纬三十度，海面风平浪静的时候，欧洲飞鱿鱼更容易出现。它们的滑翔距离比我以前看到的还要远，可能是因为遭到了长鳍金枪鱼的追捕。长鳍金枪鱼喜欢在风平浪静时下潜到深处，在离船较远的地方寻找食物。欧洲飞鱿鱼成群结队地从海里跃出，姿态和滑翔距离与大飞鱼相似。其中一条为了躲避水里的追捕者，不顾一切地跳到比船舷还高的地方，然后重重地摔

欧洲飞鱿鱼（*Todarodes sagittatus*）

① 弗雷德里克·德贝尔·贝内特（Frederick Debell Bennett），英国船医、生物学家。

在甲板上。一些欧洲飞鱿鱼会在跳跃过程中被海鸟捕捉到。”

有一种体型巨大的鱿鱼叫大王鱿（大王乌贼），民间流传着许多大王鱿袭击人甚至是船只的故事，但大都是虚构的。

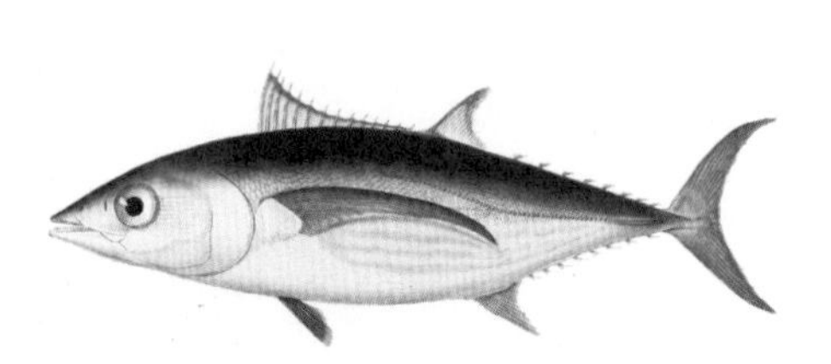

长鳍金枪鱼（*Thunnus alalunga*）

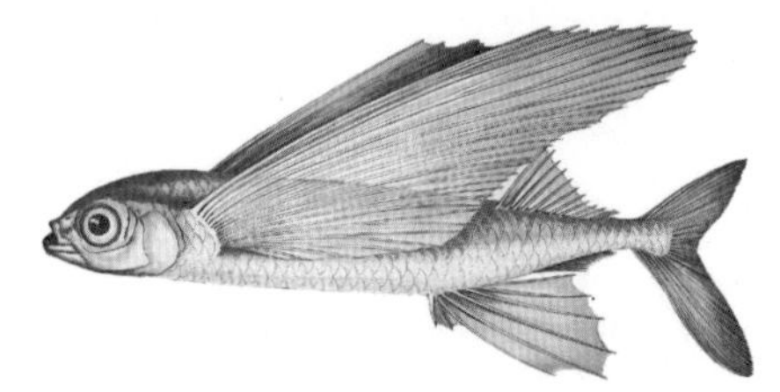

大飞鱼（*Cheilopogon exsiliens*）

大王鱿（*Architeuthis dux*）

5 刀蛏：长得像刀鞘的贝类

狂风把沙子刮到岸边了！梅的帽子掉了，杰克、威利，你们现在去和风赛跑，把帽子追回来。威利，干得漂亮，你在帽子落到水里之前抓住了它。

“这枚躺在沙滩上的长贝壳是什么？它长得好像刀鞘。”梅问。

这是刀蛏的壳，现在已经空了。听说它的肉很好吃，但我从来没有吃过。

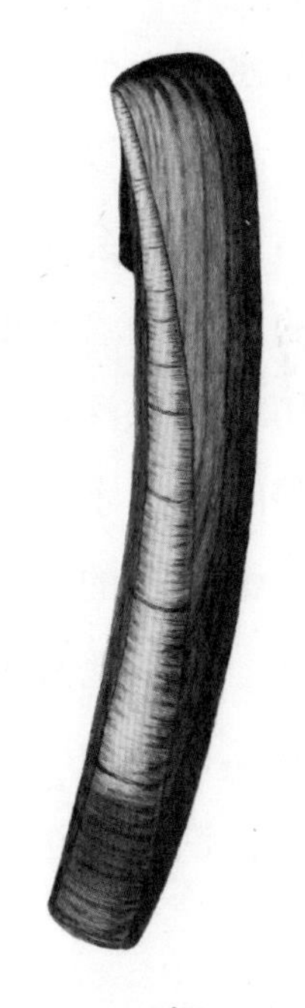
刀蛏
（*Ensis ensis*）

刀蛏喜欢在浅滩的沙地里挖洞。它会在涨潮时把几乎一半身体探出洞外，以获取水分、氧气与食物。如同陆地上的我们能感知风的变化，刀蛏也能感知到远近水流的变化，并做出预警。它一旦察觉到危险，就会压缩身体，向上喷出强劲的水柱，同时向下喷出形如挖掘器的长足，很快就能躲进洞内半米多深的地方。所以，捕捉刀蛏很不容易，需要在它暴露于洞外时尽可能地接近它。刀蛏的肌肉力量与它身体大小的比例，远远超过人类的成年男性，所以单纯用手去挖基本上会一无所获。

杰克，你总是嘲笑那些迷信在鸟尾巴上撒一小把盐就能将其捕获的人，但有趣的是，撒盐真的能捕到刀蛏。渔民在刀蛏的洞口撒一把盐，它就会从洞里探出头来。

“这是为什么呢？”威利问。

有些渔民认为这样做会让刀蛏以为潮水来了，然后爬出来吸水。也可能是这些有棱有角的盐粒刺痛了它身上脆弱的薄膜，所以它会爬出来，想把盐粒冲刷掉。

在意大利那不勒斯，有一种古老而奇特的捕捉刀蛏的方式。波利[①]在他的书中写道：“沙地上的洞口暴露了刀蛏的藏身之处，洞口形状与它身上的虹吸管一致。在潮水位较浅的时候，渔民会在水面上洒一些油，以便更清楚地看到这些洞口，然后左手扶着一根棍子以稳住身体，用赤裸的右脚摸索刀蛏的位置。发现刀蛏后，渔民会用两根脚趾把它夹起来。刀蛏会剧烈挣扎，尽管渔民的脚上裹着亚麻带做防护，却依旧会经常被它锋利的外壳边缘割伤。当水深超过一米五时，渔民会采用另一种捕捉方式——睁着眼睛潜入水下，找到洞口，用手挖出刀蛏。有时刀蛏会激烈反抗，哪怕自己的足被扯断，甚至当场死亡，也不愿意束手就擒。”

一些地方的人会捉刀蛏吃。他们会用一根细长的铁丝来刺刀蛏，铁丝的一头被磨得非常锋利，并弯出一定的弧度。他们会猛地将铁丝插进刀蛏的洞口，刺穿壳里的肉，然后将其提上来。

---

① 朱塞佩·萨维里奥·波利（Giuseppe Saverio Poli），意大利物理学家、生物学家，收藏有众多动物标本。

6 暴风海燕：只在暴风雨前出现的小海鸟

看，那里有一只疯狂地飞来飞去的小鸟。你们知道它是什么鸟吗？

我确信那是一只暴风海燕，昨晚的大风把它带到了海岸。

暴风海燕是已知最小的全璞足鸟[①]。它们主要生活在海洋上，基本上只在繁殖季才会主动飞到内陆，产下一枚小小的白蛋。但暴风海燕经常被强风吹到很远的内陆地区，在伯明翰、考文垂和伯克郡的纽伯里附近都曾有人捕获过它们。

暴风海燕（*Hydrobates pelagicus*）

暴风海燕只在暴风雨来临之前出现，因此一些迷信的水手认为它们是不祥之兆，称它们为

① 指所有脚趾间均有蹼相连的鸟。

“凯莉妈妈的鸡”。凯莉妈妈是水手们想象中残酷而危险的大海的化身。

暴风海燕广泛分布于大西洋西北和地中海，它们以浮在海面的海藻中的小鱼、甲壳类动物和软体动物为食。暴风海燕还会跟随船只飞行很多天，既是为了寻求一个休息的地方，也是为了能捡一些船员们丢弃的食物，它们时刻准备着低头捡一些碎饼干或碎肉。

库奇先生在检查一只暴风海燕的胃时，惊讶地发现了一根约十五厘米长的羊脂蜡烛，大小与鸟的喙和喉咙都不相称。小小的暴风海燕竟然能吞下长长的蜡烛，真是不可思议。

其他种类的海燕偶尔也会来到英国海岸。

凯莉妈妈和她的鸡

7 海绵：身上长满小孔的动物

看，这里有一块非常漂亮的眼球蜂海绵。

海岸边经常能发现被潮水冲上来的眼球蜂海绵。它是一种十分有趣的动物，由许多分支组成，每个分支都有鹅毛大小，呈浅沙色。这块海绵只剩一个角质的骨架，但它在曾经附着于岩石上时，则是一个果冻状的生命体。

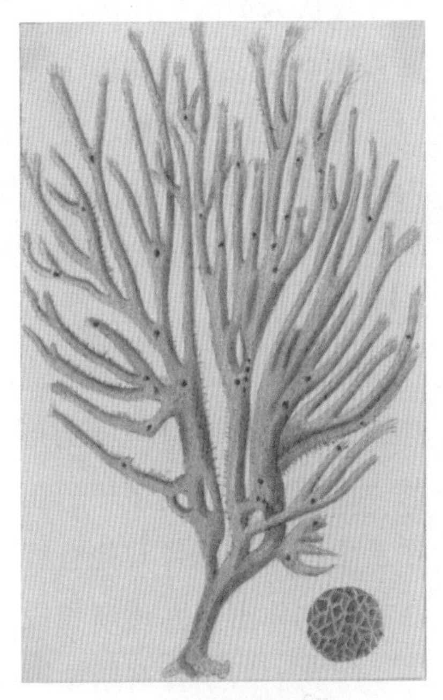

眼球蜂海绵
（*Haliclona oculata*）

海绵在活着的时候，其角质骨架的每一部分都被一种半流动的黏胶覆盖着，类似于流动的果冻，看起来没有任何生命迹象，也没有组织结构。但正是这些可以用手指按压出来的黏液承载着海绵的生命，正是它们沉积成了一块海绵，并逐渐长大。这些黏胶显然是没有感觉的，因为它们在受伤时不会收缩。

成熟海绵所表现出的唯一类似于动物的行为就是可以吸水、排水，任何一种海绵都是这样的。看看我手中的这块海绵，你们会发现它身上到处都有孔。这些孔可以分为两种——一种是数量少的大孔，内有宽阔的通道，连通海绵的中心；另一种是数量极多的小孔，覆盖了海绵整个表面，并与构成海绵骨架的无数分支通道相连通。只要海绵还活着，它就会不断从小孔吸入海水，从大孔把水喷射出来。如果把一小块活海绵样本放进装有盐水的表面皿或浅容器中用显微镜观察，就可以看到这些水流。分散在水中的营养物质会随着水流进入海绵的胃，不需要的东西和排泄物则被排出。

“我们用来洗碗的海绵是从哪里来的？英国的海绵有这种用途吗？”威利问。

我认为英国的海绵不适合用来洗碗。洗碗用的商业海绵主要产自地中海，土耳其的士麦那港是最大的销售地。

海绵有三种类型：没有骨针的角质海绵，也就是商业海绵；内含大量骨针的硅质海绵；表面粗糙、含有许多骨针的钙质海绵。这些骨针的成分不同、形态各异，在显微镜下能看到它们的美丽模样。

海绵可以通过有性生殖，也可以通过覆盖骨架的黏胶中的胚芽繁殖。这些胚芽呈椭圆形，上面覆盖着纤毛——你们一定很熟悉“纤毛”这个词了——在某一阶段，海绵幼体会通过震动纤毛在水中游动，就像其他有纤毛的微型生物一样。之后，它会固定在某些物体上，并逐渐长成海绵的形态。

等我们回到普雷斯顿，我会向你们展示海绵的胚芽和各种各样的骨针。现在，我们该回住处了。

第十二课 探索风平浪静的海滩

1 狮鬃水母：触手超长的大型水母

今天，海上微风轻拂，水面像玻璃一样光滑，可谓风平浪静，与我们四天前在海边看到的景象截然不同。我简直无法想象几天前的大海还是波涛汹涌的样子。不过对我来说，无论在什么情况下，大海总是奇迹和喜悦的源泉。狂风怒吼时，我们可以预料到会有一些有趣的动物被海浪卷到岸边；风平浪静时，我们可以看到一些水母在海中欢快地游动。除此之外，你们也知道在浪潮汹涌时游泳是一件很难受的事；浪潮平息时，我们就可以好好游个泳了。

“爸爸，在风平浪静的时候游泳，不是更容易被您最喜欢的水母螫到吗？”威利问，“我记得那天早上，您、杰克和我在早餐前去洗海水浴，您的胳膊就被水母螫了一下，当时的海面就很平静。被蜇到很疼吧？”

感觉像是被荨麻刺到了，但痛感要强烈很多。我胳膊下面被螫到的地方，马上就红肿起来，两个小时后疼痛才有所缓解。

“水母是怎么蜇人的呢？”杰克问，“它们又没有像蜜蜂和黄蜂那样尖锐的刺。”

没错，只有个别品种的水母长有尖刺。水母蜇人靠的是触手表面的刺细胞。刺细胞里面有多个刺丝囊，囊内有毒液和螺旋状的刺丝。当水母的触手碰到猎物或敌人时，刺丝就会弹射出去，蜇伤对方。

我们这片海洋里有一种非常危险的水母，叫狮鬃水母，皮肤娇嫩的游泳者都很怕它。狮鬃水母呈黄褐色，带着穗边的伞帽通常有五十厘米宽，大的甚至超过两米宽。它扑扇着身体，优雅地游来游去。

狮鬃水母（*Cyanea capillata*）

狮鬃水母长着成百上千的长长触手，游动时仿佛拖着一条无边无际的尾巴，长度能超过三十米。当它的身体还在很远的地方时，我们就可以通过拖曳的触手判断出它游动的方向。有的人会试图强行穿越狮鬃水母的行进路线，这些倒霉蛋一旦被它的触手缠住，很快就会痛得直扭身体。然而，每一次挣扎都只会使那些有毒的触手绑得更紧，让他们更难以逃脱。当狮鬃水母发现挡在自己行进路线上的人类还在苦苦挣扎时，它便决定放弃那些触手，把它们从身体分离出去，不再与人类纠缠。然而，那些触手依旧在执行命令，像是在为自己被抛弃而发起报复，更加凶狠地蜇人。

2 水母幼虫：长得像淡水水螅的小虫

水母幼虫与成年水母的样子迥然不同，反而很像淡水水螅。它们甚至曾经被看作与淡水水螅有亲缘关系的成年生物，并取了“管状水螅”的名字。

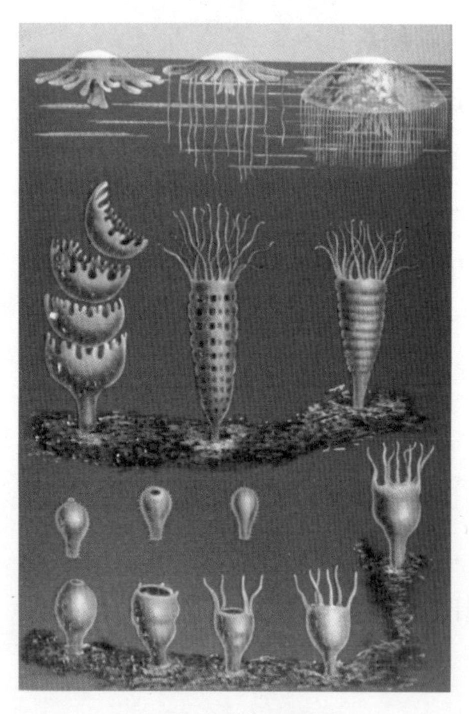

水母的成长过程

水母幼虫刚刚出生的时候，身体是椭圆形的，周围长有纤毛。一段时间后，它开始附着在一些物体上，长出四条触手，随后长出更多触手。这时，它的身体侧面会长出来肉芽，就像我们之前在池塘里看到的淡水水螅一样。然后，它的身体逐渐变长，最后变得皱巴巴的。这些皱纹会逐渐加深，在其边缘长出粗短的触手。然后，整个水母幼体会分裂为多个独立的碟形小水母，并最终长成成年水母的形态。

3 球栉水母：长得像水晶珠的小动物

看，我在靠近岸边的水中发现了一个宝贝。它像玻璃一样透明，在阳光照耀下看起来像一大颗晶莹的露珠。如果我没猜错的话，这个可爱的小家伙是球栉（zhì）水母。

梅，你往我的玻璃瓶里灌上干净的海水，我要把这颗豌豆大的小水晶珠放进瓶里。

你们看，球栉水母的身体下端有两条长长的穗状触手，这是它的捕食工具，遇到危险时可以折叠起来，缩回身体内部。

球栉水母身上最美丽的部位是用于移动的栉毛带。正如琼斯教授所说："这个半透明的小球体上有八条宽带子（栉毛带），从小球的顶端延伸到底端，就像地球仪上的经线。八条宽带子之间距离相等，比身体其他部位的排列更具一致性。这些带子上分布着三四十根桨状纤毛。放大来看，就能发现这种小动物是通过划动这些纤毛来移动的。这充分体现了人类技术和自然造物的区别。人类移动需要借助车轮，要靠锅炉这种笨重的机器驱动巨大的传动轴，使轮子转动起来。但这种小动物完全不需要这些东西，因为它的纤毛本身是有生命力的，并且可以根据需要的力度，或单独划动，或分组划动，以任意方式相互配合着运动。"

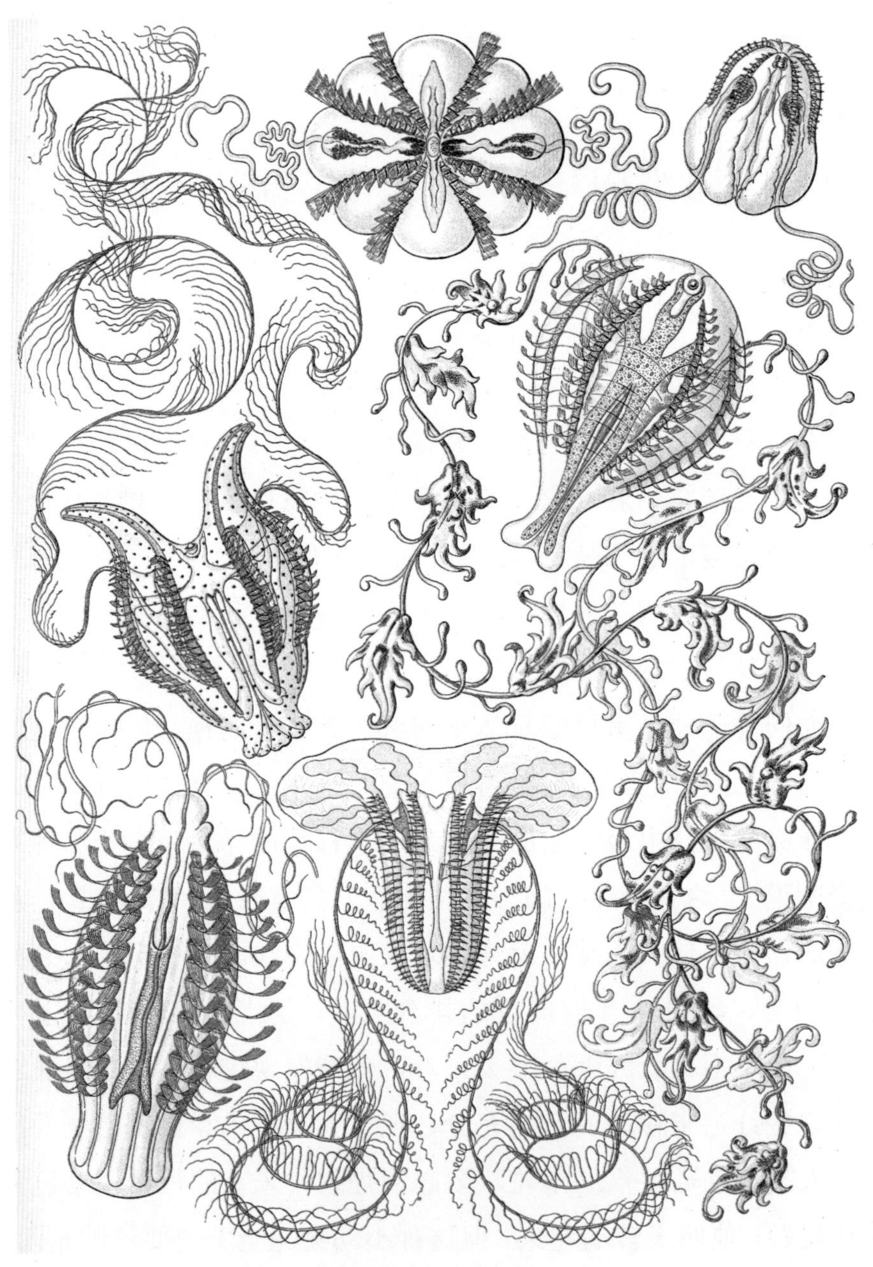

球栉水母（*Cydippe*）

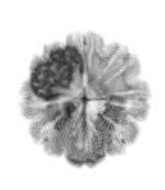

1、2 安娜赛丝霞水母（*Cyanea annasethe*）
3 普罗米修斯絮水母（*Floscula Promethea*）
4 罗盘金水母（*Chrysaora hysoscella*）

4 刺扁海蛭：寄生在鳐鱼身上的蛭

这里有几只海葵，它们的表面很光滑，是很常见的品种。但正如我之前说的，这处海岸的海葵种类不多。我希望我们能有机会去腾比或韦茅斯度过我们的海边假期，那时，我们会遇到许多种美丽的海葵。梅奈海峡也不错，如果潮水的情况适合游览，我们可以去那里看看。

“躺在沙滩上的这条像水蛭的动物是什么？”威利问，“它还活着呢。”

这是一条多刺扁海蛭。它大约有十厘米长，身上布满了灰白色的小凸起。

刺扁海蛭经常寄生在鳐鱼身上，所以也叫鳐鱼蛭。它身上有两个吸盘，尾部的吸盘可以牢牢吸附在鳐鱼身上，头部的吸盘则用来吸取鳐鱼的血液。

刺扁海蛭产下的卵囊是蛋杯形的，与犬峨螺的有些相似。

刺扁海蛭（*Pontobdella muricata*）

5 钓鮟鱇：头上长“钓竿”的鱼

“这里有一个鱼类的颌，”杰克说，“也许是前几天的风暴把它冲到岸上的。”

这个颌来自一种非常奇怪的鱼，它的头很大，嘴很宽，非常贪吃。这种鱼叫钓鮟鱇，又叫琵琶鱼。

钓鮟鱇不擅长游泳，所以它需要运用计谋来捕获猎物。它的头顶长有三根细长的附肢，里面有骨头，外面有皮肤包裹，是由第一背鳍的鳍棘演化而成的。其中最前面的第一附肢最长也最为重要，它的末端有一个膨大的穗状物，能发出亮光；底部通过圆

钓鮟鱇（*Lophius piscatorius*）

环与头骨连接，可以向任意方向转动。这根长长的第一附肢就是钓鮟鱇的“钓竿”，末端的穗状物就是“鱼饵”。

钓鮟鱇钓鱼的方式也很有趣，它会把自己藏在水底的泥沙里，然后举起第一附肢，朝不同方向转动，以引诱其他小鱼。小鱼把那个穗状物当成了美味的食物，游过去打算大吃一顿。这时，钓鮟鱇突然出现，一口咬住这条倒霉的小鱼，把它吃掉。

利物浦的布朗博物馆里有一个漂亮的钓鮟鱇骨架标本。我们下次去那里时，要记得观察它的“钓竿”是如何连接在头骨上的。

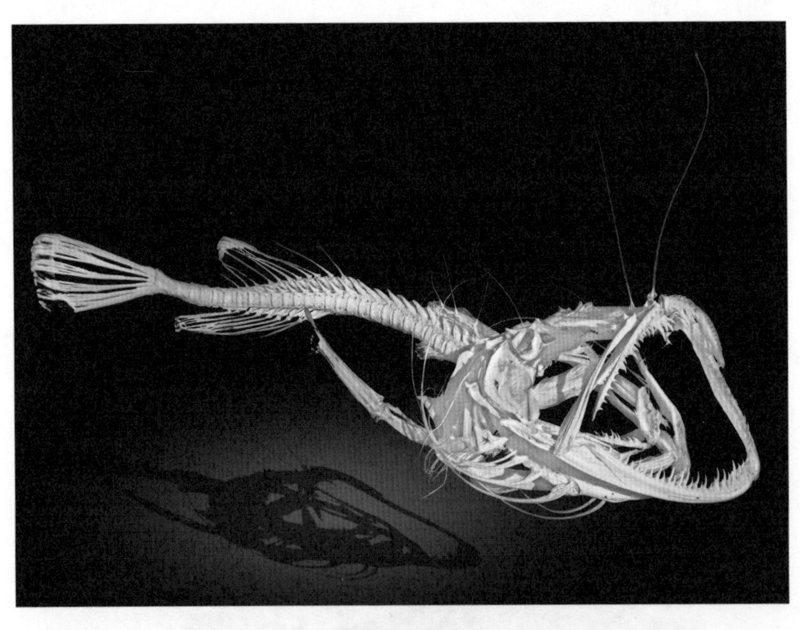

钓鮟鱇骨架

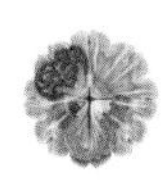

6 笠螺：牢牢贴在石头上的贝类

杰克，你去帮我拿几只笠螺，它们就附着在那块石头上。我给你们看看这些软体动物锉刀似的舌头，特别有趣。

“爸爸，它们紧紧地贴在石头上，我拿不下来。刚刚在触摸到它们之前，我还以为可以轻易拿起来呢。”

是的，笠螺足部的肌肉非常发达，使得它能牢牢地抓住石头。有一首小诗是这么写的：

笠螺（*Patella vulgata*）

从远处看，
它似乎趴在粗糙的石头上，
如此漫不经心，
即使是婴儿的小手也能将其取下。
但当小手靠近时，
它就在恐惧之下本能地缩紧肌肉，
牢牢抓住石头，
仿佛它和石头是一个整体。
即使是最强壮的手臂，
也很难将它和石头分离。
笠螺之力，坚韧不拔。
小小的贝类，巨大的能量。

“您吃过笠螺吗？”威利问。

没有。我没想过试着尝一尝，因为我觉得它的肉肯定很硬。不列颠岛北部的原始居民肯定吃掉了大量笠螺，因为经常能在那里发现很多的笠螺壳。

格温·杰弗里斯说：“笠螺主要是烤着吃的。几年前，我受邀参加赫姆岛上的一场饭局。饭局的时间不太合适，在下午一点钟，地点在户外草坪。餐前大约二十分钟，我们点燃了一堆稻草，把笠螺放到里面烤，烤熟后就蹲在旁边配着黄油和面包吃。参加饭局的有一位农民、两名工人、一只牧羊犬、卢基斯博士和我。最后，我们为这一餐留下了几百个空壳。”

在某些地区，笠螺是用来喂猪的。在爱尔兰和英格兰北部，很多穷人吃笠螺。笠螺也被渔民广泛用作鱼饵。

7 紫贻贝：不是什么时节都能吃的海贝

仔细检查海藻，往往能够发现一些非常美丽的贝类。丁尼生[①]为赞美精致的贝壳，写下了一些优美的诗句：

多么可爱的贝壳，
如珍珠般晶莹剔透，
就这样躺在我的脚边，
脆弱但宛如神造，
尖顶螺纹，如此优雅，
鬼斧神工，奇迹设计！
赐以何名？
学者只会想到笨拙的名字。
旁人赐名又能怎样？
这份美丽永恒不变。
微小的空间孤苦伶仃，
生存的意念空荡无存，

① 阿尔弗雷德·丁尼生（Alfredlord Tennyson），英国维多利亚时代最受欢迎及最具特色的诗人。

仅剩的部分被浪花搅动。
它是否也曾徘徊于镶嵌钻石的门前？
金色的肉足，纤细的触角，
深海世界，可否前行？
脆弱得仿佛用指尖就可以碾碎，
微小，但犹如神造，
虚弱，但意志顽强。
年复一年，奔腾的海浪不停呼啸，
就算是有三层甲板的大船的橡木船脊，
也被冲上岸边，横卧在脊岩上，
就在这布列塔尼的海边！

看，这里有一个小型的紫贻贝聚集体，这些紫贻贝一个挨着一个，由一种叫“足丝”的物质牢牢固定着。

紫贻贝是欧洲海岸最常见的贻贝，所以也叫普通贻贝。我把这只紫贻贝撬开，给你们讲讲贻贝的足丝。

这个像舌头似的肉质器官是它的足，可以固定在任何物体上。足丝是足的分泌物，起初只是一块如同瓷泥的半透明白色斑点，黏在石头等物体上后会立刻硬化成一个小板，这就是足丝的附着之处。贻贝从小板中心

紫贻贝（*Mytilus edulis*）

足丝

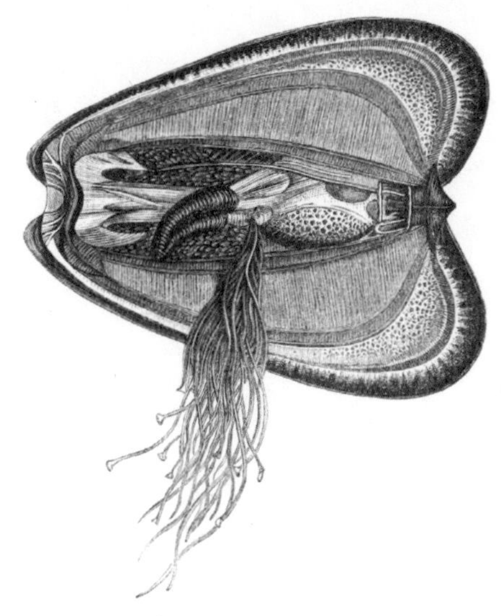
紫贻贝的内部

缓慢分泌出一条胶质丝，同时画着圈后退，并将这个过程重复十到十二次。大约二十四至三十小时后，这些胶质丝的颜色会变得类似牛角。

不同种类的贻贝分泌出的足丝，其外观和质地各不相同，有的颜色深如紫贻贝，有的呈金棕色，有的坚硬，有的软而丝滑。

在比迪福德湾，由于潮水涨落很快，那里的石头桥墩很难维修。于是，古人就用贻贝填满桥墩的裂缝，利用足丝固定石头，防止桥墩被水冲毁。

自古以来，紫贻贝一直是人们喜爱的食物。但在春夏时节食用紫贻贝是一件很危险的事，有许多人为此得了重病甚至死亡。

关于为什么春夏时节的紫贻贝会含有剧毒，人们此前的解释都没有命中靶心。有些人说是因为紫贻贝生活在腐臭的环境中，比如码头和公共下水道出口附近；有些人说是因为紫贻贝以已知有毒的海星卵为食；还有些人说是因为食客们吃了过量的紫贻贝，导致身体出现异常；也有人说是因为紫贻贝将铜元素吸收到了身体组织中；还有一种奇怪的说法曾盛行一时，认为寄生在紫贻贝身上的小豆蟹才是食客中毒的根本原因。但这些都无法解释时间的问题。而德利·奇让[1]的研究表明，许多情况下，这是由于紫贻贝正处于产卵期。在这期间，紫贻贝排解毒素的能力会急剧下降，导致体内的毒素积累处于最高峰。

豆蟹（*Pinnotheres*）

人们曾经在兰开夏郡采集紫贻贝，并将其做成肥料撒在农田里。

一位作家告诉我，可以用贻贝壳来刮胡子。但我可不敢在霜冻的早晨，或者赶着去上班时，尝试用贻贝壳刮胡子。

---

① 斯特凡诺·德利·奇让（Stefano delle Chiaje），意大利动物学家、植物学家、解剖学家、医生。

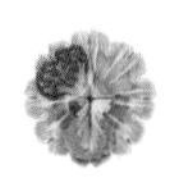

8 海兔：长着兔耳的软体动物

“爸爸，您看，这个家伙长得好奇怪。”梅说，“我可不想碰它。”

它是一种叫海兔的软体动物，确实长得很奇怪。

刘易斯[①]先生在他那本有趣的《海边研究》中写道：“人们常把它想象成经历了反复无常的变化过程的鼻涕虫，这听起来十分荒谬。一开始，鼻涕虫想变成兔子，但刚长出兔耳就改变了想法，决心要变成骆驼。但驼峰刚长出来，它就想，毕竟生命中最崇高的事情就是做一只鼻涕虫，于是就变成了现在的样子。”

你们看到了吗？我在检查这只海兔时，它喷出了很多液体。虽然海兔对人类无害，但它在很长一段时间内被看作有剧毒的动物。

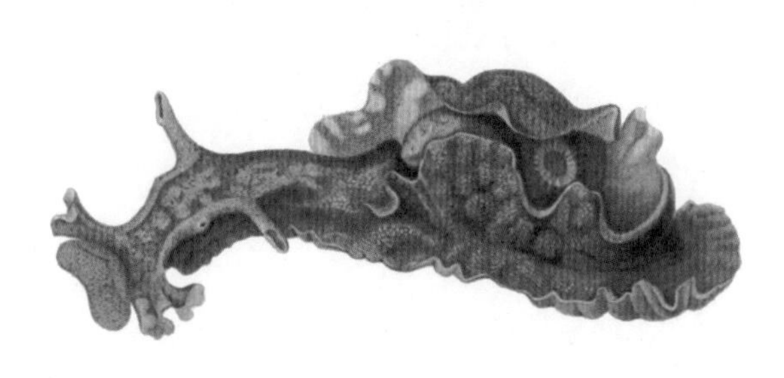

斑点海兔（*Aplysia punctata*）

海兔的舌头非常精巧。回家后，我会展示给你们看。

---

① 乔治·亨利·刘易斯（George Henry Lewes），英国哲学家、文学和戏剧评论家、业余生理学家。

我们的最后一次海边漫步到此结束，明天就要回普雷斯顿了。清新的海风为我们的四肢注入力量。我希望你们会继续用自己的双眼观察周围各种各样的生物，无论是在乡间还是海边。

人们常说，“纯粹的娱乐会自然而然地把我们带进庄严的哲学殿堂”。对于博物学家来说，任何事物都值得观察。他可能会沉迷于简单观察的魅力；可以研究动物的习性和栖息地，并评价它们的行为；可以把观察作为艰苦研究的起点；也可能会把新观察到的事实带入高水平的思辨中。无论是在大自然中的美丽角落漫步，寻找各种各样的生物样本，还是花时间安静地观察最爱的生物；无论是把研究博物学当作一种消遣娱乐，还是把它当作一种有趣又严肃的工作，都会给他带来无穷的乐趣。

让我们再看一眼大海吧。

美丽、崇高、辉煌；
温柔、庄严、奔放。
战胜时间，
塑造永恒。
这就是你，伟大的海洋！
但是，如果你已被征服，
哪能抛下情感来思索，
是谁创造了这片海洋？

致谢

本册所用的部分图片来自知识共享平台 Wikimedia Commons，
特此向图片提供者表示感谢。

沙匠虫的管壳（P134）：©Peter Southwood, CC BY-SA 3.0

牡蛎（P141）：©Llez, CC BY-SA 3.0

鹦鹉巨藤壶（P159）：©Emőke Dénes, CC BY-SA 4.0

脆砂海星（P178）：©Espen Rekdal / Espen Rekdal Photography, CC BY 4.0

灯泡海鞘（P189）：©Géry PARENT, CC BY-SA 4.0

刺扁海蛭（P208）：©Arnstein Rønning, CC BY-SA 3.0

钓鮟鱇骨架（P210）：©Muséum de Toulouse, CC BY-SA 4.0

足丝（P215）：©Brocken Inaglory, CC BY-SA 3.0

全国总经销

捧读文化
触及身心的阅读

出 品 人　张进步　程　碧

特约编辑　孟令堃
封面设计　Lily Studio QQ:244956475
内文排版　刘兆芹